10

物理テキストシリーズ

統計力学

中村 伝著

岩波書店

まえがき

　この書物は大学のコースでいえば，2年次の後半から3年次にかけての水準を念頭において書かれた統計力学の入門書である．できれば物理学以外の分野を専攻されるかたがたが読者となりうるようこころがけたが，著者の偏見のため，この希望はかなえられていないかもしれないことをおそれる．

　この書物では統計力学における見かたや考えかたを印象づけることに重点をおいたので，テクニカルな問題には触れなかった．また論理的な構成よりは教育的な構成にこころを向けた．量子力学をもちだして初心の読者に二重の負担をかけることをおそれたために，くわしい量子力学的な取り扱いを要する問題は避けることにした．しかし第III章にあらわれる量子力学的な概念については，正確を期するために量子力学の適当な教科書をひらかれることをおすすめする．

　統計力学の応用には非常に多くの題材があり，それらをこの小冊子で尽くすことのできないのは明らかである．しかし幸いなことに，読者自身の力で解くことのできる材料がかなりある．それらのいくらかを問題の形で挿入することにした．これらはまたテキストのなかで述べるべき適当な場所をたまたまもたなかったが，テキストのなかの関連したテーマについて読者の知識を完全なものにする上で重要なものを含んでいる．

　この書物を書くのに著者はあやまりなきを期するようつとめたが，もともと著者の非力のため，考え違いや説明の十分でない個所は多々ありうる．誤解の点，その他について御指摘をいただければ幸いである．

書物のなかの図面と索引の作成には大串秀世，宮城宏の両兄の御援助をいただいた．また出版については牧野正久氏と竹内好春氏にたいへん御迷惑をおかけした．お礼申し上げる．

1967年5月

著者しるす

本書は岩波全書として多くの読者に迎えられてきたが，このたび「物理テキストシリーズ」の1冊に加えられることになった．装いを新たにした本書が，今後も読者のお役に立つことができれば幸いである．

1993年9月

著　者

新装第3刷にあたって

全書版からシリーズ版へ移る際に本書に追加した「問題の略解と解説」をさらに増補することにした．増補にあたって，いくらかの問題をとりかえ，またあらたに問題をいくつか補足した．新装第1刷以来お世話になった岩波書店編集部片山宏海氏にお礼申し上げる．

1995年4月

著者しるす

目　次

まえがき

第I章　熱力学の基本概念 …………………………… 1
§1. 熱力学的な状態 ………………………………… 1
§2. 熱力学の第一法則 ……………………………… 4
§3. 可逆過程と非可逆過程 ………………………… 7
§4. 熱力学の第二法則 ……………………………… 12
§5. 道すじによらない量 …………………………… 18
　問　題 …………………………………………… 26

第II章　熱——運動の一形態 ………………………… 28
§6. 理想気体の圧力 ………………………………… 28
§7. 速度分布 ………………………………………… 32
§8. 流れのつりあいと蒸発速度 …………………… 40
§9. 自由行路，内部摩擦および熱伝導 …………… 43
§10. Brown 運動 …………………………………… 49
　問　題 …………………………………………… 52

第III章　力学と統計力学のはざま …………………… 54
§11. Liouville の定理 ……………………………… 55
§12. 量子状態 ……………………………………… 60
§13. 粒子系の量子状態 …………………………… 65
§14. 力学の問題から確率の問題へ ……………… 67
§15. 熱力学的な力 ………………………………… 70
　問　題 …………………………………………… 75

第 IV 章　エントロピーと分布 …………………… 77

- §16. エネルギー状態密度 ……………………… 77
- §17. Boltzmann の原理 ……………………… 83
- §18. 平衡分布の鋭さ ……………………… 88
- §19. Maxwell-Boltzmann 分布 ……………………… 91
- 問　題 ……………………… 98

第 V 章　状態和, 簡単な系への応用 …………………… 100

- §20. 状 態 和 ……………………… 100
- §21. 簡単な力学系の集まり ……………………… 104
- §22. 気体の混合 ……………………… 111
- §23. 古典分布, 双極子気体の誘電率 ……………… 115
- 問　題 ……………………… 118

第 VI 章　相平衡, 化学平衡および熱力学の第三法則 …………………… 121

- §24. 固定条件を変えたときの平衡の条件 ……………… 121
- §25. 化学ポテンシャル ……………………… 123
- §26. 2 相平衡 ……………………… 126
- §27. 化学平衡と電離平衡 ……………………… 130
- §28. 熱力学の第三法則 ……………………… 135
- §29. 絶対零度へのアプローチ ……………………… 138
- 問　題 ……………………… 142

第 VII 章　量子気体 …………………… 144

- §30. Fermi-Dirac 分布と Bose-Einstein 分布 ……………… 145
- §31. 光子気体 ……………………… 152
- §32. フォノン気体 ……………………… 157
- §33. 電子気体 ……………………… 161

§ 34. 理想 Bose-Einstein 凝縮 ……………………………168
問　　題 ………………………………………………172

第Ⅷ章　カノニカル分布とグランド・カノニカル分布 …………………………………175

§ 35. カノニカル分布 ……………………………………175
§ 36. グランド・カノニカル分布 ………………………181
§ 37. 理想系の大きな状態和 ……………………………185
問　　題 ………………………………………………187

第Ⅸ章　理想的でない気体 ……………………………189

§ 38. ビリアル展開 ………………………………………189
§ 39. 第2ビリアル係数と Van der Waals 方程式 ………194
§ 40. 気体の凝縮 …………………………………………198
§ 41. 電離気体 ……………………………………………201
問　　題 ………………………………………………205

第Ⅹ章　溶　体 ……………………………………………209

§ 42. 溶体のモデル ………………………………………209
§ 43. 溶体のあらい理論 …………………………………212
§ 44. 溶体の蒸気圧曲線 …………………………………216
§ 45. 合金の秩序-無秩序転移 …………………………221
問　　題 ………………………………………………226

第ⅩⅠ章　ゆらぎと相関 …………………………………230

§ 46. ゆらぎの熱力学的なアプローチ …………………230
§ 47. 密度のゆらぎ ………………………………………236
§ 48. 理想 F-D, B-E 粒子系におけるゆらぎ……………239
§ 49. 密度の相関 …………………………………………242
§ 50. 磁化率と磁化のゆらぎ ……………………………246

問　　題 ……………………………………………253
第XII章　非可逆過程 …………………………………255
　§51. 時間的に変化する量と変化をかりたてる量 ………255
　§52. 熱電気効果 …………………………………………263
　§53. Boltzmannの衝突方程式と輸送係数 ………………267
　§54. Onsagerの相反定理 …………………………………274
　§55. 平均変化, 変化のゆらぎ, 可逆性と非可逆性 ………276
　　　問　　題 ……………………………………………280

問題の略解と解説 ………………………………………283
参　考　書 …………………………………………………295
索　　　引 …………………………………………………299

第Ⅰ章　熱力学の基本概念

原子的な尺度で見たという意味で'微視的'，日常経験の尺度で見たという意味で'巨視的'という言葉がよく使われる．巨視的な世界のできごとは微視的な世界のできごとの集積の結果としてあらわれる．もし微視的な世界のできごとに触れないで，巨視的な世界のできごとの間の関係だけを問題にするならば，このとき巨視的な物理学が生まれる．

巨視的な物理学は微視的なそれより，ずっと永い歴史をもっている．それは，たぶん私たちが巨視的な次元の生物であることと関係がある．熱の巨視的な科学は熱力学で，そのもっとも基本的な法則は熱力学という冠詞のついた第一法則と第二法則である．

熱力学はふつう気体を例にとって述べられている．この理由のひとつは，この科学が熱機関の発達の過程のなかで成長した歴史的な事情による．しかし熱力学はすべての巨視的物体に適用できる普遍的な科学である．

§1. 熱力学的な状態

熱力学は平衡状態の存在に基礎を置いている．平衡状態とはいくら時間がたってもかわらない状態をさしている．気体の平衡状態は，熱力学の立場では，どのようにしてとらえられるだろうか．それをみるのに，なめらかに動けるピストンのついたシリンダーに一定量の気体が入っているとしよう(図Ⅰ.1)．平衡状態では，ピストンの上のおもりによる力 W は気体の側からの力とつりあっている．気体の圧力はピストンの単位面積あたりに働く力で定義され，それを p であらわすと関係

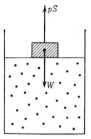

図 I.1

$$W = pS \qquad (1.1)$$

がなりたっている．ここで S はシリンダーの断面積である．この系で私たちが経験的に知りうる量はおもりの目方とピストンの位置だけである．それ以外にシリンダーのなかで何が起っているか私たちにはわからない．したがって気体の状態は，熱力学の立場では，圧力 p（おもりの目かた）と体積 V（ピストンの位置）で指定される．

一般に，物質系の平衡状態を指定するのに使う変数を状態変数という．気体の状態変数はいまは圧力 p と体積 V である．ここで'いまは'といったのは，p と V の関数であるような2つの独立な量を p, V の代りに状態変数として使えるからである．

温度 それぞれが平衡状態にある2つの系 A, B を接触させて何も変化がおこらないならば，系 A と系 B はたがいに熱平衡にあるという．経験的に私たちは次のことを知っている：それぞれが平衡状態にある3つの系 A, B, C について，もし A と C, B と C がそれぞれ熱平衡にあるならば，A と B はかならず熱平衡にある．これを**熱力学の第零法則**ということがある．この経験法則によって，系 A と B が熱平衡にあるかどうかが第3の系 C を系 A, B に別々に接触させることによって確かめられる．この第3の系が温度計である．

平衡系の温度は，もしそれを気体温度計で計るものとすれば，温

§1. 熱力学的な状態

度計として使っている気体の圧力 p と体積 V の関数として定義される：

$$t = f(p, V). \tag{1.2}$$

これを経験温度という．関数形の選択に別に基準があるわけではない．しかし便利な温度のスケールはある．

気体の密度を小さくしていくと，一定温度のもとで $pV=\text{const}$ の関係がなりたつ（**Boyle** の法則）．そこで密度の小さな気体では，温度は p と V の関数という形ではなく，それらの積 pV の関数という形にあらわされる．したがって，便利な温度は pV に比例するようなスケールで目もられたものであることがわかる．1気圧(atm)のもとで水の沸点と氷点の間が100になるように選んで，温度 T を

$$pV = CT \tag{1.3}$$

できめる．この温度スケールでは密度の小さな気体の膨脹率 α は

$$\alpha = \frac{1}{V}\left(\frac{\partial V}{\partial T}\right)_p = \frac{1}{T} \tag{1.4}$$

となる．ところが，気体は密度を小さくしていくと，1 atm の氷点で 1/273.15 にひとしい膨脹率を示し，これは気体の種類によらない（**Charles** の法則）．だから氷点(0°C)は私たちの温度スケールでは 273.15° になる．温度 T を気体温度計の温度という．

気体定数 (1.3)にあらわれた比例定数 C は気体の量や種類に関係している．それを定めるのに **Avogadro** の規則を使う．この規則によると，すべての気体は温度と圧力がひとしい状態で，ひとしい容積のなかに同数の分子が含まれる．0°C, 1 atm で 22.4 l の容積に相当する気体の量を 1 mol，その質量を分子量という．いま Avogadro の規則を(1.3)に適用すると，理想気体 1 mol について定数 C は気体の種類に関係しない．この定数を気体定数といい，R であらわす．これを評価するのに，1 atm は水銀柱ならば 0.76 m，水柱ならば 10.33 m に当ることに注意する．そこで水柱の高さに重力による

加速度 980 dyne/g をかけて 1 atm は 1.013×10^6 dyne/cm^2 となることがわかる．したがって

$$R = \frac{1.013 \times 10^6 \cdot 2.24 \times 10^4}{273.15}$$

$$= 8.31 \times 10^7 \frac{\text{erg}}{\text{deg mol}} \tag{1.5}$$

が得られる．これは重要な普遍定数である．

この書物では，ことわりのない限り 1 mol の物質を考えている．このとき(1.3)は

$$pV = RT \tag{1.6}$$

の形になる．

状態方程式 温度 T は実在の気体の p と V の積には，一般には比例していない．したがって実在の気体では

$$T = f(p, V) \tag{1.7}$$

の関係がある．これを気体の状態方程式という．状態方程式は密度を小さくしていくと(1.6)の形に近づき，この極限として考えられる気体を理想気体という．常温，常圧のもとで He や H$_2$ 気体は理想気体に非常に近い挙動をとることがわかっている．

§2. 熱力学の第一法則

むかしは熱を何か流体のような不滅の物質と考えた．この物質が質量をもつものと考えられたかどうかは別として Lavoisier(1789) はそれをカロリックと名づけた．しかし，仕事——力学エネルギーの摩擦による継続的な消耗がいくらでも多くの熱を生みだすことが Rumford(1798) によって観察され，ついで熱量と仕事が一定の換算レートで転換しあうものであることが Robert Mayer(1842)，Joule (1847) の研究によって明らかになった．これらの結果に正確な論理的基礎を与えたのは Helmholtz(1847) である．

§2. 熱力学の第一法則

熱力学の第一法則 外部との間に熱の出入りが起らないように，すなわち**断熱的**に仕事Aを系に供給して系が状態1から状態2へ移ったとする．このとき熱力学の第一法則は次のように述べられる．すなわち

$$A = E_2 - E_1 \qquad (2.1)$$

がなりたつような，系の状態1, 2だけにそれぞれ関係する系の量E_1, E_2が存在する．

ここで状態といったのは熱力学的な状態をさしている．この章では，ことわりのないかぎり，この約束にしたがう．系の一定の状態に対して，いつも一定の値をとるような系の量を状態量という．だから状態量は状態変数だけの関数で，それ以外に系がどんな径路をとってきたかに関係しない．(2.1)にあらわれたEは状態量で，それを系の**内部エネルギー**という．内部エネルギーは，ある基準の状態から考えている状態まで系を断熱的にもってゆく際に系につぎこんでゆく仕事の代数和で与えられる．内部エネルギーには基準の状態のとりかたに関係した定数だけの不定がある．

状態量Eの存在はエネルギーの保存法則をあらわしている．なぜかというと，(2.1)によればある状態から出てもとの状態にもどるような径路に沿うて系につぎこんだ仕事の代数和はいつでもゼロのはずだが，もし系のひとつの状態にことなるエネルギーが伴うならばどうであろうか．このときには何かうまい径路を見つけて，系も環境ももとの状態にもどるたびに仕事を生みだすような装置を発明できたであろう(**第一種の永久機関**)．

熱量の定義 (2.1)によると，断熱的な状態変化1→2で系に供給した仕事Aは系の内部エネルギーの変化: $\varDelta E = E_2 - E_1$にひとしい:

$$\varDelta E = A \quad (断熱). \qquad (2.2)$$

しかし，もし外部との間に熱の出入りがあるならば，上の式はなりたたない．このとき

$$\varDelta E = Q + A \tag{2.3}$$

によって系へ入った**熱量** Q が定義される．これが熱の出入りがあるときの熱力学の第一法則である．

熱の仕事当量 熱量の単位は**カロリー**(cal)で，1 cal は，1 atm，14.5°C の水 1 g を 1°C 高めるに要する熱量である．熱量と仕事の単位の間の換算レートは第一法則から見つかる．いまシリンダー(断面積 S)のなかの 1 mol の理想気体の温度を $\varDelta T$ だけ上げるのに加えるべき熱量を測るものとしよう．(2.3)によって Q は $\varDelta E - A$ にひとしく，$(-A)$ は気体のなす仕事に当る．

一般に気体の内部エネルギー E は 2 つの状態変数に関係している．しかし§3 で述べる事項によって，理想気体の内部エネルギーは温度だけの関数である: $E = E(T)$．これを使う．

体積一定のもとで単位温度だけ上げるのにつぎこんだ熱量を**定積比熱**といい，C_V であらわす．このとき図 I.1 のピストンの変位はないので $A = 0$．だから $Q = C_V \varDelta T$ は $\varDelta E$ にひとしい:

$$C_V = \frac{dE}{dT}. \tag{2.4}$$

圧力一定のもとで単位温度だけ上げるのにつぎこんだ熱量を**定圧比熱**といい，C_p であらわす．このとき，気体は $(\alpha V)\varDelta T$ だけ膨張しており(α は膨張係数)，ピストンは $(\alpha V)\varDelta T/S$ だけ上向きに変位する．ピストンにかかっている外力は pS だから，この変位で気体のなす仕事は $(-A) = (\alpha p V)\varDelta T$．理想気体の α は(1.4)によって $1/T$ にひとしいので，$(-A)$ は $pV/T = R$ の $\varDelta T$ 倍になる．だから $Q = C_p \varDelta T$ は $\varDelta E + R\varDelta T$ にひとしい．この結果と(2.4)から C_p は C_V と

$$C_p - C_V = R \tag{2.5}$$

の関係にある．理想気体の C_p と C_V の差は 1.986 cal で，これと(1.5)をくらべて

$$1 \text{ cal} = 4.185 \times 10^7 \text{ erg} = 4.185 \text{ joule}. \tag{2.6}$$

これを熱の仕事当量という.

§3. 可逆過程と非可逆過程

系が環境との交渉で遂げる変化を取り扱うのに,熱力学では,ゆっくり進む過程を考える.ゆっくり進む過程では,系はいつも平衡状態からわずかしかずれていない.しかし速度の限界を述べないで,ただ'ゆっくり'というのでは正確でない.そこで無限にゆっくり進む過程をとり,それを**準静的過程**と名づける.この理想的な過程では,系は平衡状態の系列を一歩ずつたどってゆく.

系の平衡状態は2つの状態変数を,それぞれ縦軸と横軸にとって得られる平面での1点であらわせる.そこで準静的過程は,系のとっていく状態を上記の平面の上にプロットしたときに得られる道すじであらわせる.もしこの図を,たとえば p-V 平面で描くなら,それを **p-V 線図**(インディケーター線図)という.図 I.2 には状態1から状態2へいく2つの道すじが p-V 平面にしるされている.

さて平衡系が外部から加えられた無限小の熱量 dQ と仕事 dA によって,ほんのわずか状態を変えるならば,その内部エネルギーは第一法則によって

$$dE = dQ + dA \tag{3.1}$$

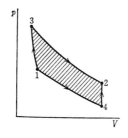

図 I.2

だけ変わる．もし系が有限の大きさの状態変化 1→2 を遂げるならば，変化の道すじに沿うての dE の積分 $\int_1^2 dE$ は道すじによらない値 E_2-E_1 をもつ．また同じことであるが，1 サイクルの道すじについて

$$\oint dE = 0 \tag{3.2}$$

がなりたつ．たとえば図 I.2 で，132, 142 の 2 つの道すじについて $\int dE$ は同じ値をもち，13241 の 1 サイクルでの同様な積分値はゼロになる．このような性質をもつ微小量を**全微分**という．ところで dQ や dA は全微分ではない．これらの積分は道すじに関係し，また $\oint dQ$ や $\oint dA$ はゼロでない．このわけは，E は状態量だが Q や A はそうではないことによる．

準静的過程は，外力と系の側からの力のつりあいが無限にわずかずれているとき，熱のやりとりを遂げる際の環境系と系との間の温度差が無限に小さいときに起りうる．なぜこのような理想的な過程を考えるのか，それを見るのに気体に加える仕事を検討しよう．シリンダー(断面積 S)のなかの気体ではピストンが dx だけ上がるときに気体は外力 W に対して Wdx だけ仕事をしている．そこで

$$dA = -Wdx = -p'dV. \tag{3.3}$$

ただし $p'=W/S$ と置いた．もしピストンが $(-dx)$ だけ下がるならば，このとき外力が $(pS)\times(-dx)$ だけ仕事をしている．そこで

$$dA = -pSdx = -pdV. \tag{3.4}$$

ここで dV は負である．外力と気体の圧力の間に，つりあいからの有限のずれがあれば，膨張する際の dA は外力のかかりかたに関係する．準静的過程では p' は p にひとしいと考えてよく，そこで外部から気体に加える仕事 A は気体の状態のとる道すじだけから定まる．たとえば図 I.2 で状態変化 3→2 の道すじでの dA の積分値は曲線 32 と V 軸の間の面積の値の符号を変えたものにひとしい．

変化 4→1 での同様な積分は曲線 14 と V 軸の間の面積にひとしく，そこで 13241 の 1 サイクルの道での仕事 $\oint dA$ は図の斜線を引いた領域の面積の値の符号を変えたものにひとしい．準静的過程では第一法則は

$$dE = dQ - pdV \tag{3.5}$$

の形に書ける．

　系がある変化を遂げたとき，その道すじを逆にたどることによって何もあとかたが残らないように，もとの状態にもどれるならば，この過程を**可逆過程**という．準静的過程は可逆である．なぜかというと，たとえばピストンが変位する際に外力と気体の圧力のどちらが無限小の違いで大きいかで変化の向きがきまるのであって，それ以外に何も違いは認められないからである．

　可逆でない過程を**非可逆過程**という．非可逆過程は系と環境の間のつりあいが有限の大きさで破れているときに起る．摩擦のあるピストンの変位は，どんなにゆっくりおこなわれても非可逆である．なぜなら，外力と気体の圧力の間には摩擦力だけの跳びがあるから．

　以下では熱力学で重要な過程に第一法則を適用してゆく．

　Joule 過程　気体の満ちた容器を真空の容器と管でつなぎ，管のコックを開くと，気体は噴出して 2 つの容器を一様に占める．これはシリンダーの気体がピストンの上のおもりを取り去ったときに遂げる膨脹と同じもので，(3.3) の W をゼロとした場合に当る．このとき気体は仕事をしない（自由膨脹）．Joule は断熱的な自由膨脹による気体の温度変化を測って，それが誤差の範囲でゼロであることを観察した．このいわゆる Joule 効果は，気体の密度を小さくしていくと正確になりたつ．

　さて断熱 ($Q=0$)，自由膨脹 ($A=0$) では第一法則 (2.3) によって $\varDelta E=0$ が結論される．そこで気体の体積が過程の前後で V, V' だとすると，理想気体では

$$E(T, V) = E(T, V') \tag{3.6}$$

がなりたつ.理想気体の内部エネルギーは温度だけの関数で,それ以外に体積か圧力かには関係しない.

Joule 過程は非可逆過程で,これに第一法則を適用するのに準静的過程の式(3.5)は働かない.

Joule-Thomson 過程 高圧の部屋から低圧の部屋へ定常的に気体を送りこむ断熱過程を Joule-Thomson 過程という.初め高圧の部屋にあった一定量の気体が低圧の部屋へ送りこまれてしまうまでの過程に目をつけ,この気体が図 I.3 に示された境界 B, D の間にあるものとする.境界をなめらかに動くピストンで置きかえてもかまわない.部屋の仕切り C の左側と右側とでは,それぞれ平衡条件がみたされている.初めには D が C の位置に,終りには B が C の位置にくる.初めと終りの気体の容積をそれぞれ V_1, V_2 とすれば,ピストン B と D の変位は過程の前後で,それぞれ V_1/S, V_2/S となる(S はシリンダーの断面積).B の変位は外力 p_1S によって,D の変位は気体の圧力 p_2S によってなされる.そこで目をつけた気体の受けとる仕事は

$$p_1 S \frac{V_1}{S} - p_2 S \frac{V_2}{S}$$

になり,断熱条件では,これが内部エネルギーの変化にひとしい:

$$E_2 - E_1 = p_1 V_1 - p_2 V_2. \tag{3.7}$$

理想気体では,この右辺は $R(T_1-T_2)$ になるから,この過程で温度変化があらわれないならば,Joule の結論(3.6)は正しい.

この過程では,2つの部屋の間の仕切り C で,つりあいが破れて

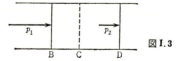

図 I.3

いる．Joule-Thomson 過程は非可逆である．

断熱可逆過程　こんどは(3.5)が使える．断熱($dQ=0$)だから，$dE=-pdV$．理想気体を考えることにして，(2.4)を使うと
$$pdV = -C_V dT$$
が得られる．また(1.6)より $pdV+Vdp=RdT$ で，(2.5)によって，この右辺は$(C_p-C_V)dT$にひとしい．だから
$$Vdp+\gamma pdV = 0,$$
$$\gamma = C_p/C_V. \tag{3.8}$$
上式の積分は Poisson の式
$$pV^\gamma = \text{const} \tag{3.9}$$
にみちびく．これは状態方程式を使うと
$$TV^{\gamma-1} = \text{const} \tag{3.10}$$
とも書ける．断熱可逆過程では，理想気体はp-V平面なら(3.9)，T-V平面なら(3.10)であらわされる**断熱線**(図 I.4 の A 線)に沿うて状態を変えてゆく．

等温可逆過程　理想気体では，温度一定の過程はp-V平面の双曲線$pV=RT$(図 I.4 の I 線)に沿う道すじであらわされる．等温過程のとる道すじ——等温線の上で，理想気体の内部エネルギーは(3.6)により一定値をとる．だから第一法則によって，体積変化 $V_1 \to V_2$ に伴う理想気体のなした仕事$(-A)$は外部から入った熱量 Q

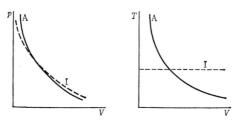

図 I.4　気体の等温線(I)と断熱線(A)

にひとしい：

$$Q = \int_{V_1}^{V_2} pdV = RT \ln \frac{V_2}{V_1}. \qquad (3.11)$$

等温過程では系と熱源の間に熱のやりとりがある．いまから熱源というときに，それは大きな熱容量をもつ系をさしている．そこで熱源の温度は系との熱のやりとりで一定値をもつとしてよい．さて体積が V_1 から V_2 へ等温的に膨脹する際に，とにかく気体はそれよりあつい熱源と接触して熱量 Q を取らねばいけない．また等温圧縮でもとの状態 V_1 へもどるには，気体よりつめたい熱源に接触して同じ熱量 Q を気体は吐き出さねばいけない．そうすると，最後の結果は，あつい熱源からつめたい熱源へ熱量 Q が移ったことになる．しかし準静的過程では熱源と系の温度差は無限小だとしている．だから2つの熱源の温度の違いは無視できる．これは，気体がもとの状態へ帰ったとき，環境に何もあとかたは残っていないというのと同じである．

§4. 熱力学の第二法則

蒸気機関の発明（James Watt, 1769）から約50年の間，どれだけの仕事が高熱の蒸気からとりだせるか，それを示す原理は何もわからなかった．重要な進歩は Sadi Carnot(1824) によってなされた．蒸気機関ではボイラーからシリンダーへ送られるあつい蒸気がピストンをもち上げ，ついで蒸気がコンデンサーに送られてピストンはもとの位置にもどる．蒸気機関はこのような1サイクルの過程の繰り返しで働いている．蒸気機関の1サイクルの過程で起っていることは，すべてを単純化してしまうと，高温のボイラーから低温のコンデンサーへ熱（カロリック）が流れて負荷のかかったピストンが仕事をしたことになると Carnot は見ぬいた．そこで Carnot は蒸気機関と水力機関をくらべた．水力タービンでは，外部にとり出せる仕事

は落下する水量に落差をかけたものに比例する．そこでボイラーからコンデンサーへ流れるカロリックを落下する水にたとえた．だからCarnotの考えでは，蒸気機関から引きだせる仕事はあつい熱源からつめたい熱源へ落下したカロリックに温度の落差をかけたものに比例する．Carnotの'火の動力理論'は熱の実体の正しい認識に基づいてつくりかえられ，熱力学の第二法則が確立された．それをWilliam Thomson (1849) と Rudolf Clausius (1850) に負うている．

熱力学の第二法則 平衡系が環境との交渉によってどんな状態へ移っていくか，その可能性に対して第一法則はつよい制限を与えている．しかし，第一法則は変化の向きについてなにも知らせてはくれない．たとえば，つめたい物体からあつい物体へ熱がひとりでに移ったためしはない．この異常なことが起っても第一法則には反しない．第一法則だけをみたす過程のなかには，起ったためしのない多くの過程が含まれている．それらのなかから経験的に許される過程だけを選びだすには第二の法則が必要になる．それは次のように述べられる．

"すべての熱力学的な系にはエントロピーとよばれる状態量が存在している．それは，ある基準の状態から目をつけている状態まで，平衡状態の系列を一歩ずつたどってゆくときに，変化の各ステップで外部から系へ入った熱量を系の絶対温度でわったものの代数和で与えられる．

外部との間に熱のやりとりのない系で，実際に起る変化では系のエントロピーは常に増加する．"

上に与えた第二法則の前半では平衡系のエントロピーを定義している．それをSであらわすならば，無限小の過程で，Sの変化dSは外部から系へ入った熱量dQと

$$dS = \frac{dQ}{T(t)} \tag{4.1}$$

の関係にある.ここで $T(t)$ は系の経験温度 t の普遍関数で,正の値に約束する.これを Thomson(後の Kelvin)は温度の絶対的なスケールとした.この熱力学的温度を**絶対温度**または **Kelvin温度**という.

以下では,第二法則の前半の部分(可逆過程に関する部分)と後半の部分(非可逆過程に関する部分)について,順を追って,それらの内容をみてゆこう.

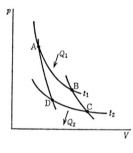

図 I.5 Carnot サイクルをあらわすダイヤグラム

絶対温度と Carnot サイクルの効率 絶対温度の意味をみるのに Carnot サイクルを考える.それは,2つの等温線を2つの断熱線で切ったときの交点を A, B, C, D としたときに,可逆な1サイクルの過程 ABCDA をさしている(図 I.5).1サイクルで気体(作業物質)が外部に対してなす仕事 A は4辺形 ABCD の面積に当る.または,もし系が過程 AB であつい熱源(温度 t_1)から Q_1 の熱を吸い,過程 CD でつめたい熱源(温度 t_2)へ Q_2 の熱を吐き出すならば,第一法則によって

$$A = Q_1 - Q_2. \tag{4.2}$$

つぎに,この1サイクルの過程に(4.1)を適用する.系のエントロピー変化は過程 AB では Q_1/T_1,過程 CD では $-Q_2/T_2$ にひとしい.ここで T_1, T_2 はそれぞれ $T(t_1), T(t_2)$ の意味であり,また可逆過程では系の温度は熱源の温度と同じだと見なせることを考えた.エント

ロピーは状態量だから，1サイクルの過程での，その正味の変化はゼロである：

$$\frac{Q_1}{T_1} - \frac{Q_2}{T_2} = 0. \tag{4.3}$$

または

$$Q_1 : Q_2 = T_1 : T_2. \tag{4.4}$$

系のなした仕事 A を系の吸った熱量 Q_1 でわったものを **Carnot サイクルの効率**という．それは (4.4) によって

$$\eta = \frac{A}{Q_1} = \frac{T_1 - T_2}{T_1}. \tag{4.5}$$

最大の効率：$\eta = 1$ はつめたい熱源の T がゼロのときに実現される．これが絶対零度 ($0°\mathrm{K}$) のひとつの意味である．

つぎに絶対温度 T と気体温度計の温度の関係をたずねる．後のものを前のものと区別するために θ であらわす．T と θ の関係を見つけるには (4.4) の左辺を理想気体について計算すればよい．この比はどんな気体でもおなじ値をもつ．(3.11) から

$$Q_1 = R\theta_1 \ln \frac{V_\mathrm{B}}{V_\mathrm{A}}, \qquad Q_2 = R\theta_2 \ln \frac{V_\mathrm{C}}{V_\mathrm{D}}. \tag{4.6}$$

ここで θ_1, θ_2 はそれぞれ経験温度 t_1, t_2 に相当する気体温度計の温度を，また $V_\mathrm{A}, V_\mathrm{B}, \cdots$ は図 I.5 に示された状態 A, B, $\cdots$ での気体の体積をあらわす．また理想気体の断熱線の性質 (3.10) によって

$$\theta_1 V_\mathrm{A}^{\gamma-1} = \theta_2 V_\mathrm{D}^{\gamma-1}, \qquad \theta_1 V_\mathrm{B}^{\gamma-1} = \theta_2 V_\mathrm{C}^{\gamma-1}.$$

これから $V_\mathrm{A} : V_\mathrm{B} = V_\mathrm{D} : V_\mathrm{C}$ が見つかる．だから (4.6) は

$$Q_1 : Q_2 = \theta_1 : \theta_2 \tag{4.7}$$

にみちびく．これと (4.4) から，絶対温度は気体温度計の温度に比例していることがわかる．"もし 1 atm の水の沸点と氷点の間を 100 に目盛るならば，絶対温度は気体温度計の温度とおなじである．"

エントロピー 系が可逆過程で状態変化 A→B を遂げるならば，系のエントロピー変化は過程の道すじに沿うての (4.1) の代数和で

与えられる：

$$\varDelta S = S_\mathrm{B} - S_\mathrm{A} = \int_\mathrm{A}^\mathrm{B} \frac{dQ}{T}. \qquad (4.8)$$

これは道すじによらない．そこで系のエントロピーは，ある基準の状態から目をつけた状態に系をもってゆく際の dQ/T の代数和で与えられる．内部エネルギーとおなじように，エントロピーには基準の状態のとりかたに関係した付加定数だけの不定がある．また，状態をあらわす平面での1サイクルの道すじに沿うて

$$\oint \frac{dQ}{T} = 0 \qquad (4.9)$$

がなりたつ．

ここで，この節 (§) の初めに触れた Carnot の類推を顧みるのはおもしろい．Carnot サイクルでは，(4.3) によって，$Q_1/T_1 = Q_2/T_2 = \varDelta S$ で与えられるエントロピー $\varDelta S$ があつい熱源からはいり，つめたい熱源へ出ていった．機関のなした仕事は $Q_1 - Q_2 = (T_1 - T_2)\varDelta S$ にひとしい．だから落下する水によって仕事をするタービンと熱機関の類比は，もし温度差のなかで落下するものをエントロピーだとすれば正しい．Carnot の'カロリック'は熱量ではありえない．なぜなら熱量は水量のように保存量ではないから．しかし可逆過程ではエントロピーは保存量のようにふるまう．

第二法則の後半の部分 もし系が外部と熱や仕事のやりとりをしないならば，それを閉じた系といい，そうでなければ開いた系という．開いた系でも，それと交渉のある系を含めたものを全体としてひとつの系とみるならば，このような結合系は閉じていることになる．このような見かたは第二法則の後半の部分——非可逆過程に関する部分を適用する際にたいせつである．なぜなら，それは熱的に閉じた系だけについてなりたつのだから．

結合系のエントロピーは，系を構成している部分系のエントロピーの和で与えられる．エントロピーの，いま指摘した加算性はその

§4. 熱力学の第二法則

定義(4.1)に合っている. なぜなら熱平衡にある結合系の一定の変化にみちびく熱量 dQ は明らかに加算的であり, したがって dS もそうであるはずだからである.

さて, いまから第二法則の後半の部分の意味をたずねよう.

(a) 系が1サイクルの過程を遂げる間に熱源(温度 T)から熱量 Q をとり, それを仕事 A にかえ, それ以外に何もなかったとする. このとき系のエントロピー変化はゼロだが, 熱源のそれは $-Q/T$ になり, これが正味のエントロピー変化を与える. 第二法則によって $Q<0$ でなければいけない. すなわち, 1サイクルの間に, ただひとつの熱源から熱をとり, それを仕事にかえる以外に何もしないような機関はつくれない. もしこのような機関がつくれたら, 大気や海のような熱の'宝庫'から動力をいくらでもひきだすことができたであろう. このような機関はある時代の人間の夢であった(第二種の永久機関).

(b) もし温度が $T_1, T_2, \cdots$ の熱源からそれぞれ $Q_1, Q_2, \cdots$ の熱を取って, ある系が1サイクルの非可逆過程をとげるならば

$$\sum_i \frac{(-Q_i)}{T_i} > 0. \tag{4.10}$$

これは(4.9)に相当して

$$\oint \frac{dQ}{T} < 0 \tag{4.11}$$

とも書ける(**Clausius** の不等式).

(4.10)を2つの熱源の間で働いている非可逆機関の1サイクルに適用してみる. もしこの機関があつい熱源(温度 T_1)から Q_1 の熱を吸い, つめたい熱源(温度 T_2)へ Q_2 の熱を吐き出すならば(4.10)は

$$\frac{Q_1}{T_1} - \frac{Q_2}{T_2} < 0 \tag{4.12}$$

と書ける. だからこの機関の効率 $(Q_1-Q_2)/Q_1$ は $(T_1-T_2)/T_1$, すなわち Carnot サイクルの効率より小さい. もしこの機関の1サイ

クルが逆の向きに働き，したがってつめたい熱源から Q_2 の熱を吸い，あつい熱源へ Q_1 の熱を吐き出すならば(4.12)の不等号の向きは逆になる．すなわち非可逆な冷却機関の効率：$|A|/Q_1$ は Carnot サイクルの効率より大きい．要約すると，非可逆な熱機関の効率 η，それを逆まわしに働かしたときの冷却機関の効率 $\bar\eta$ は可逆機関の効率 $(T_1-T_2)/T_1 \equiv \eta_{\text{rev}}$ と

$$\eta < \eta_{\text{rev}} < \bar\eta \tag{4.13}$$

の関係にある．効率ゼロの冷却機関は考えられない．すなわち，つめたい熱源からあつい熱源へ熱を汲み上げるだけで，それ以外に何もしないような機関はつくれない．

§5. 道すじによらない量

可逆過程では，第二法則(4.1)を第一法則(3.5)に入れた無限小変化の式

$$dE = TdS - pdV \tag{5.1}$$

が出発点になる．状態量 S はもちろん状態変数にとってかまわない．だから(5.1)は S-V 平面のある道すじに沿う系の S, V がそれぞれ dS, dV だけ変わったときの E の変化をあらわしている．この式が系の外部に関係した量を何も含んでいないのは，系と外部の間にほとんど完全なつりあいが保たれているからである．可逆過程は理想的な過程だが，これをしらべることによって実際の状態変化に伴う系の状態量の変化が見つかるのである．

示量性と示強性 状態変数として考えてゆく状態量には2つのタイプがある．系の体積やエントロピーは物質の量に比例している．このように物質の量に比例する量を**示量性**の量という．これに反して圧力や温度は物質の量に無関係で，これらを**示強性**の量という．ひとつの示量性の量に，ある示強性の量をかけたものがエネルギーのディメンションをもつような状態量の組をたがいに共役な関係に

§5. 道すじによらない量

あるという．(5.1)によると，S と V に共役な量はそれぞれ T と p である．

熱力学的な特性関数 いま状態変数を (S, V) のかわりに (S, p) にとると pdV を $d(pV) - Vdp$ で置きかえ，(5.1)は

$$d(E+pV) = TdS + Vdp \tag{5.2}$$

と書ける．状態変数のひとつを，V からこれに共役な p に変えたとき，E の役わりをするのは $E+pV$ である．これをエンタルピーといい，H であらわす．

エンタルピーの物理的意味はピストンのついたシリンダーの気体を考えると明らかになる．シリンダーの底から測ったピストンの高さを h とすると，ピストンの上のおもり(重さ W)の位置エネルギーは Wh で，これが pV にひとしいことは見やすい．圧力を一定にした測定ではピストンの変位は予想されるわけで，おもりの位置エネルギーを全エネルギーに含めたものを考えるのが便利である．このときの全エネルギーがエンタルピーに相当している．

上の例が示しているように，何を状態変数にとるかは系の状態量のうちの何を制御しているかに関係している．多くの場合には系を恒温槽につけて温度を固定する．このようなときには状態変数のひとつを S のかわりに，これに共役な T に選ぶのが便利だということは容易に想像できる．これらの場合に，(5.1)や(5.2)のような形に書ける状態量はエンタルピーを見つけたときと同じ手続きで見つかる．それらを E, H とともに次の表にまとめて置く．

熱力学的特性関数

状態量	変数	表式	状態量の微小変化
E	S, V	E	$TdS - pdV$
H	S, p	$E + pV$	$TdS + Vdp$
F	T, V	$E - TS$	$-SdT - pdV$
G	T, p	$E - TS + pV$	$-SdT + Vdp$

いま等温的な可逆過程で系が仕事をしたとする.このとき $dF=-pdV$ が得られ,系が状態1から状態2へ行く有限変化でなす仕事は

$$\int_1^2 pdV = F_1 - F_2 = -\Delta F \tag{5.3}$$

となる.もし断熱的な可逆過程で仕事をしたならば,上式の右辺は $E_1 - E_2$ となったであろう.すなわち,等温的な仕事では,内部エネルギー E の一部分 TS が束縛されていて,外部に対する仕事に転換できる内部エネルギーの部分は残りの $E-TS$ だけだと考えられる.この意味で F を Helmholtz は自由エネルギーとよんだ.**Helmholtz の自由エネルギー F と Gibbs の自由エネルギー G** は後で重要になる.

まず dE の式をとり上げる.(5.1)で体積一定 $(dV=0)$ の条件を置き,dS で両辺をわると

$$T = \left(\frac{\partial E}{\partial S}\right)_V \tag{5.4}$$

が得られ,断熱 $(dS=0)$ の条件では同様にして

$$p = -\left(\frac{\partial E}{\partial V}\right)_S \tag{5.5}$$

が得られる.同じことを dF の式におこなうと

$$S = -\left(\frac{\partial F}{\partial T}\right)_V, \tag{5.6}$$

$$p = -\left(\frac{\partial F}{\partial V}\right)_T. \tag{5.7}$$

もし E の表式を見つけたければ次のようにする:

$$E = F + TS = F - T\left(\frac{\partial F}{\partial T}\right)_V$$

$$= -T^2\left(\frac{\partial \frac{F}{T}}{\partial T}\right)_V. \tag{5.8}$$

このように, E, H, F, G のどれかひとつを相当する状態変数の関数として知っておれば, 系の熱力学的な挙動は完全に予言できる. この意味で上の4個の状態量を熱力学的な特性関数という.

Maxwell の関係　熱力学的な特性関数が状態量であるために, その微小変化——全微分——を状態変数の微小変化と関係づけるときにあらわれる2つの係数はある制限を受ける. 一般に変数 x, y の関数であらわされる量 z の微小変化 dz が

$$dz = Kdx + Ldy \tag{5.9}$$

と書けるならば, $\partial^2 z/\partial x \partial y = \partial^2 z/\partial y \partial x$ の理由によって関係

$$\left(\frac{\partial K}{\partial y}\right)_x = \left(\frac{\partial L}{\partial x}\right)_y \tag{5.10}$$

がみつかる. (5.9) で与えられる dz が全微分であるためには (5.10) がみたされねばいけない. この条件を前にかかげた表にある $dE, dH, \cdots$ に適用すると次の関係が見つかる:

$$\left(\frac{\partial T}{\partial V}\right)_S = -\left(\frac{\partial p}{\partial S}\right)_V, \tag{M1}$$

$$\left(\frac{\partial T}{\partial p}\right)_S = \left(\frac{\partial V}{\partial S}\right)_p, \tag{M2}$$

$$\left(\frac{\partial S}{\partial V}\right)_T = \left(\frac{\partial p}{\partial T}\right)_V, \tag{M3}$$

$$\left(\frac{\partial S}{\partial p}\right)_T = -\left(\frac{\partial V}{\partial T}\right)_p. \tag{M4}$$

これらを Maxwell の関係という.

もし $dQ = TdS$ の関係を思いだすならば, (M3) の両辺を T 倍したものの左辺は温度一定のもとで系の体積を単位体積だけ増したときに系に入ってくる熱量にひとしいことがわかる. すなわち, 系の体積が等温的に V_1 から V_2 へ変わるならば, 系へ入る熱量 Q は

$$Q = T\int_{V_1}^{V_2} \left(\frac{\partial p}{\partial T}\right)_V dV \tag{5.11}$$

にひとしい．この一般的な関係を理想気体に使うならば，(3.11)がすぐ，でてくる．

経験的データ　熱力学的な測定は種々の微係数を教えてくれる．熱力学的な状態がただひとつの変数では指定されないという事実によって，これらの微係数の右下に測定で固定された量がしるされている．熱力学的な偏微分係数の例として(2.5)で姿を見せた定積比熱 C_V と定圧比熱 C_p はそれぞれ，$dQ=TdS$ を V か p かを一定にして dT で割ったもの：$T(\partial S/\partial T)_V, T(\partial S/\partial T)_p$ であらわせる．また(1.4)に与えられた膨脹係数 $\alpha=(\partial V/\partial T)_p/V$ の外に重要なものとして次のものがある：

等温圧縮率　$$\kappa_T = -\frac{1}{V}\left(\frac{\partial V}{\partial p}\right)_T, \tag{5.12}$$

断熱圧縮率　$$\kappa_S = -\frac{1}{V}\left(\frac{\partial V}{\partial p}\right)_S. \tag{5.13}$$

さて，まず T と V を状態変数にとって，これらがそれぞれ dT，dV だけ変わったときの E の変化 dE が測定データとどのように関係づけられるかを見よう．このときのエントロピー変化は

$$dS = \left(\frac{\partial S}{\partial T}\right)_V dT + \left(\frac{\partial S}{\partial V}\right)_T dV \tag{5.14}$$

と書かれ，これを(5.1)に入れ(M3)を使うと

$$dE = T\left(\frac{\partial S}{\partial T}\right)_V dT + \left\{T\left(\frac{\partial p}{\partial T}\right)_V - p\right\}dV. \tag{5.15}$$

ここにあらわれた3つの微小量のひとつをゼロに置くと，ひとつの関係が得られる．だから上の式は3つの関係式を含む．それらの2つは

$$C_V = T\left(\frac{\partial S}{\partial T}\right)_V = \left(\frac{\partial E}{\partial T}\right)_V, \tag{5.16}$$

$$\left(\frac{\partial E}{\partial V}\right)_T = T\left(\frac{\partial p}{\partial T}\right)_V - p. \tag{5.17}$$

§5. 道すじによらない量

だから dE は C_V と $(\partial p/\partial T)_V$ がわかれば見つかる。これらのうち $(\partial p/\partial T)_V$ は膨脹率 α と等温圧縮率 κ_T を測ると見つかる。それを示すには dp を dT と dV であらわし、その後で $dp=0$ と置く。結果は

$$\left(\frac{\partial p}{\partial T}\right)_V = -\left(\frac{\partial V}{\partial T}\right)_p \Big/ \left(\frac{\partial V}{\partial p}\right)_T. \tag{5.18}$$

いま、(5.17)の右辺に理想気体の状態方程式を使うと、$(\partial E/\partial V)_T = 0$ が得られる。この結果は、(3.6)と同じものである。理想気体の E が T だけの関数であることを、これまでは経験事実と考えて来た。第二法則の段階では、これは状態方程式からの結論のひとつである。

状態量の変化を見るのは dE より dH をとって、状態変数を T, p に選んだときに、ずっと簡単にゆく。このときには

$$dS = \left(\frac{\partial S}{\partial T}\right)_p dT + \left(\frac{\partial S}{\partial p}\right)_T dp \tag{5.19}$$

を(5.2)に入れ(M4)を使う。その結果:

$$dH = T\left(\frac{\partial S}{\partial T}\right)_p dT + \left\{-T\left(\frac{\partial V}{\partial T}\right)_p + V\right\} dp \tag{5.20}$$

には膨脹係数 α と定圧比熱 C_p

$$C_p = T\left(\frac{\partial S}{\partial T}\right)_p = \left(\frac{\partial H}{\partial T}\right)_p \tag{5.21}$$

が含まれているだけである。(5.17)に対応する式は

$$\left(\frac{\partial H}{\partial p}\right)_T = -T\left(\frac{\partial V}{\partial T}\right)_p + V. \tag{5.22}$$

これも理想気体ではゼロになる。

Joule-Thomson 過程では(3.7)によって、過程の前後の H はかわらない。エンタルピーが一定値をとる過程での気体の圧力変化による温度変化は $(\partial T/\partial p)_H$ を圧力変化について積分したものから見つ

かる．この微係数は(5.20)で $dH=0$ と置いて dp で割ったものにひとしい：

$$\left(\frac{\partial T}{\partial p}\right)_H = \frac{V}{C_p}(\alpha T - 1). \tag{5.23}$$

実在の気体では，一般にこのJoule-Thomson係数はゼロではない．適当に温度が低いなら，それは正になることがわかっている．だからJoule-Thomson過程をくり返すことによって気体の温度をさげてゆける．この過程を利用した気体の液化機は多い．

エントロピー 基準点 (T_0, V_0) から状態 (T_1, V_1) まで(5.14)をよせ集めるとエントロピー $S(T_1, V_1)$ が見つかる．道すじによらない，この積分をおこなうのに図 I.6 に示された簡単な道すじを選ぶ．図の垂直な道すじでは $(C_V dT)/T$ を T_0 から T_1 までよせ集める．つぎに図の水平な道すじでは，(M3)を考慮して，$(\partial p/\partial T)_V dV$ を V_0 から V_1 までよせ集める．これらの結果を加えたものは $S(T_1, V_1) - S(T_0, V_0)$ にひとしい．

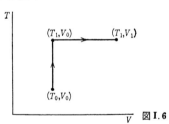

図 I.6

理想気体の E は温度だけの関数だから C_V は体積によらない．垂直な道すじを横軸に沿うて動かしても積分値はかわらない．だから理想気体では，上の積分は

$$S(T_1, V_1) - S(T_0, V_0) = \int_{T_0}^{T_1} \frac{C_V dT}{T} + R \int_{V_0}^{V_1} \frac{dV}{V} \tag{5.24}$$

となる．

もし $T\text{-}p$ 平面の道すじからエントロピーを見つけたければ，図 I.6の横軸を p 軸で置きかえ，(5.19)を同じ道すじでよせ集める．垂直な道すじでは $(C_p dT)/T$ を T_0 から T_1 まで，水平な道すじでは $(-\partial V/\partial T)_p dp$ を p_0 から p_1 までよせ集めたものの和は $S(T_1, p_1) - S(T_0, p_0)$ にひとしい．

理想気体では(2.5)によって C_p は C_V より R (約2 cal)だけ大きいだけで，C_p は温度だけの関数だから，(5.24)と同じような式が得られる：

$$S(T_1, p_1) - S(T_0, p_0) = \int_{T_0}^{T_1} \frac{C_p dT}{T} - R \int_{p_0}^{p_1} \frac{dp}{p}. \quad (5.25)$$

室温の近くでは気体の比熱は余り温度によらないものが多い．たとえばHeやNeのような単原子気体の C_V は $1.5R$ に，H_2 や N_2 のような2原子気体の C_V は $2.5R$ に近い．これらの場合に(5.24)と(5.25)は容易に積分され，それぞれ

$$S = C_V \ln T + R \ln V + a, \quad (5.26)$$
$$S = C_p \ln T - R \ln p + a + R \ln R \quad (5.27)$$

となる．ただし(5.27)で積分定数 a を(5.26)のものにあうようにするために，余分の定数 $R \ln R$ をくわえた．

一般の場合にエントロピーを見つけるには，考えた道すじに沿って $T\text{-}V$ 平面なら C_V と $(\partial p/\partial T)_V$，$T\text{-}p$ 平面なら C_p と膨脹係数を測定しなければいけない．すなわちエントロピーの決定には2組の経験的データが必要になる．また，こうして見つけたエントロピーは基準点のとりかたに関係した付加定数を含んでいる．

特性関数の決定 もしHelmholtzの自由エネルギーを見つけたければ，$S(T, V)$ の外に $E(T, V)$ が必要になる．これは(5.15)を $T\text{-}V$ 平面の道すじでよせ集めれば見つかる．Gibbsの自由エネルギーは $T\text{-}p$ 平面の道で(5.20)の dH をよせ集めてエンタルピーを見つけ，これから前に求めた $S(T, p)$ の T 倍を差しひくと得られる．す

でに述べた2組の経験的なデータがあれば，特性関数もきまる．ただし，FやGにはEかHかからくる付加定数のために，2つの付加定数が含まれる．

問　題

I.1 大気の温度が一定だと仮定し，圧力を高さの関数としてあらわせ．ただし大気は理想気体だとする．

I.2 ガソリン・エンジンは理想的には次のOttoサイクルによって作動する．(i)断熱圧縮，(ii)体積一定のもとで温度と圧力が増加する過程，(iii)断熱膨脹，(iv)体積一定のもとで温度と圧力が減少する過程．この1サイクルをp-V面であらわせ．またエンジンの効率が

$$\eta = \frac{A}{Q_1} = 1 - \left(\frac{V_2}{V_1}\right)^{\gamma-1}$$

となることを示せ．ここでQ_1は過程(ii)でガソリン蒸気が爆発することによって供給される熱量で，またV_1, V_2は過程(i)での初めとおわりの気体の体積．ただし理想気体を仮定せよ．

I.3 流体を圧力p_1からp_2まで等温的に圧縮したときに発熱量Qは$T\int_{p_1}^{p_2} V\alpha\, dp$となることを示せ．ただし$\alpha$は膨脹係数．

I.4 次の熱力学的な関係式を証明せよ．

(1) $C_p - C_V = \dfrac{TV\alpha^2}{\kappa_T}$, (2) $\dfrac{C_p}{C_V} = \dfrac{\kappa_T}{\kappa_S}$,

(3) $\left(\dfrac{\partial C_V}{\partial V}\right)_T = T\left(\dfrac{\partial^2 p}{\partial T^2}\right)_V$, $\left(\dfrac{\partial C_p}{\partial p}\right)_T = -T\left(\dfrac{\partial^2 V}{\partial T^2}\right)_p$.

I.5 磁場$\mathcal{H}$のもとで磁性体の磁化MをdMだけ増すのに要する仕事は$\mathcal{H}dM$で与えられる．可逆な磁化過程の基本式

$$dE = TdS + \mathcal{H}dM$$

から次の関係式をみちびけ．

(1) $$\left(\frac{\partial S}{\partial \mathcal{H}}\right)_T = \left(\frac{\partial M}{\partial T}\right)_\mathcal{H},$$

(2) $$\left(\frac{\partial M}{\partial \mathcal{H}}\right)_T - \left(\frac{\partial M}{\partial \mathcal{H}}\right)_S = \frac{T}{C_\mathcal{H}}\left(\frac{\partial M}{\partial T}\right)_\mathcal{H}^2,$$

(3) $$C_\mathcal{H} - C_M = T\left(\frac{\partial M}{\partial T}\right)_\mathcal{H}^2 \bigg/ \left(\frac{\partial M}{\partial \mathcal{H}}\right)_T.$$

ここで $C_\mathcal{H}, C_M$ はそれぞれ $\mathcal{H}$ か M かを一定にしたときの磁気的な系の比熱.

I.6 加硫ゴムを等温的にひき伸ばすと，ある温度より高ければ熱を出し，低ければ熱を吸う．このことから，加硫ゴムを一定の長さに伸長しておくに必要な張力の温度変化の高温と低温の側での違いを予言せよ．

I.7 比熱を $C_V = 3R/2$ と仮定し理想気体の F, G を (2), (3) の形にみちびけ．ただし S を (1) の形にとれ．

(1) $S = C_V \ln T + R \ln V + R\left(\dfrac{5}{2} + i - \ln R\right)$,

(2) $F = E_0 - C_V T \ln T - RT \ln V - RT(i+1-\ln R)$,

(3) $G = E_0 - C_p T \ln T + RT \ln p - RTi$.

第Ⅱ章 熱 —— 運動の一形態

物質系を外部から見てゆく熱力学は経験的なデータの助けを借りて有効に働く．たとえば単原子気体の定積比熱が $\frac{3}{2}R$ mol^{-1} で，2原子気体のそれが $\frac{5}{2}R$ mol^{-1} になるのはなぜか，この疑問に熱力学は答えてくれない．このような問題に立ち入るには物質をその構成単位の水準まで降りて見る必要がある．

熱が物体の最小の部分でおこなわれている振動その他の運動によるのだという考えは，17世紀の自然哲学者たち(Newton, Descartes, Huygens)にまでさかのぼることができる．気体を原子のあつまりと見て，原子の運動に質点の力学を使い，気体の圧力を最初にみちびいたのは Daniel Bernoulli (1738) である．この考えかたは Krönig (1856), Clausius (1857) によって発展され，Clerk Maxwell (1860) と Ludwig Boltzmann (1885) によって，こんにち気体運動論とよんでいる分野が確立された．

この章では気体運動論のやさしい事項について述べる．この立場では絶対温度は原子の秩序のない運動のはげしさをあらわす尺度である．秩序のない熱運動は，さらに，たくさんの原子でできた物体の剛体としての運動にまで及んでいることが，さいごの節で述べられる．

§6. 理想気体の圧力

まず質量 m の質点がなめらかな壁に，ある速度 v で入射したときに起ることを思いだそう．図Ⅱ.1 に示されているように，壁に垂直な方向を x 軸にとると，質点の速度の x 成分 ξ は，反射した後では $-\xi$ にかわる．質点の運動量の変化は $-2m\xi$ で，この衝突で質

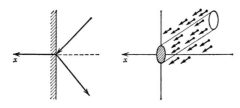

図 II.1

点から受けた壁の力積は $2m\xi$ である.

さて,いまから考える気体は質量 m の N 個の質点——原子の集りで,N は非常に大きい.容器の壁はたえず質点との衝突によって外向きの力を受ける.その力積と気体の圧力の間の関係を見つけたい.

気体の原子はさまざまの方向にさまざまの速さで走っているだろう.それらのなかで,速度 v で x 軸に垂直な壁を目ざして走っているものに目をつける.目をつけた原子のうち,Δt 時間に単位面積の壁をたたくものは,この壁の面分を底面とし速度の方向に沿うて長さ $v\Delta t$ の軸をもった円筒のなかに含まれるものに限られる(図 II.1).速度 v の成分を (ξ, η, ζ) であらわすと,円筒の体積は $\xi \Delta t$ にひとしい.ここで目をつけた速度をもつ原子は体積 V の容器のなかに一様に分布していると仮定する.そうすると目をつけた速度をもつ原子のなかの $(\xi \Delta t)/V$ だけが壁をたたいていることになる.したがって,速度の x 成分が正であるような容器のなかの原子 i は $(\xi_i \Delta t)/V$ の確率で壁の単位面積を Δt 時間にたたいていると考えてよい.この原子との衝突で壁の受ける力積は $2m\xi_i$ だから,単位面積の壁の面分が Δt 時間に受ける力積は

$$\sum_i \left(\frac{\xi_i \Delta t}{V}\right) 2m\xi_i \tag{6.1}$$

にひとしい.ここで総和は容器のなかの原子のうち,速度の x 成分

が正であるものについてとられる.

ところで壁の単位面積が気体によって受ける力は圧力 p に等しく，Δt 時間のその力積は $p\Delta t$ になる．これを (6.1) に等しいと置く:

$$p = \frac{1}{V}\sum_i m\xi_i^2. \qquad (6.2)$$

ここで総和は速度の x 成分が負のものにも及んでいる．もし速度 v の原子があれば，速度 $-v$ の原子もあるだろう，そう考えて因数 1/2 をかけ (6.1) から (6.2) へ移った．

さて N 個の ξ_i^2 の総和を N でわったものは，原子の速度の x 成分の 2 乗の平均値で，それを $\langle \xi^2 \rangle$ であらわす:

$$\sum_i \xi_i^2 = N\langle \xi^2 \rangle. \qquad (6.3)$$

しかし，原子はどの方向にも公平に走っているはずだから

$$\langle \xi^2 \rangle = \langle \eta^2 \rangle = \langle \zeta^2 \rangle = \frac{1}{3}\langle v^2 \rangle \qquad (6.4)$$

と置ける．ここで $\langle v^2 \rangle$ は $\xi^2+\eta^2+\zeta^2=v^2$ の平均値である．そこで (6.2) は

$$pV = \frac{1}{3}Nm\langle v^2 \rangle \qquad (6.5)$$

となる．この式から得られる結論を次にみてゆく．

内部エネルギー　私たちのモデルでは，気体の内部エネルギー E は原子の運動エネルギーの総和にひとしい．だから

$$E = \sum_i \frac{1}{2}mv_i^2 = \frac{1}{2}Nm\langle v^2 \rangle. \qquad (6.6)$$

この式と (6.5) をくらべると

$$pV = \frac{2}{3}E \qquad (6.7)$$

の関係が見つかる．これを $pV=RT$ とくらべるならば，理想気体 1 mol の内部エネルギーは

§6. 理想気体の圧力

$$E = \frac{3}{2}RT \tag{6.8}$$

となることがわかる．だから私たちの気体のモデルでは定積比熱 C_V は $\frac{3}{2}R$ になる．これは単原子気体の C_V の実測値にあっている．2原子気体の C_V が説明できないのは，これらを単純な質点と見なせないことを示している．

Boltzmann 定数 いまは原子ひとつ当りの運動エネルギーを問題にできる．それは(6.6)と(6.8)から

$$\frac{1}{2}m\langle v^2\rangle = \frac{3}{2}\frac{R}{N}T \tag{6.9}$$

で与えられる．右辺にあらわれた比 R/N は，いまからよくでてくる．それを **Boltzmann 定数** といい k であらわす．物質 1 mol に含まれる原子の総数 N は **Avogadro の定数**で，それは

$$N = 6.025 \times 10^{23}\,\text{mol}^{-1}. \tag{6.10}$$

だから Boltzmann 定数は(1.5)の気体定数 R の値を考慮すると評価される：

$$k = 1.380 \times 10^{-16}\,\frac{\text{erg}}{\text{deg}}. \tag{6.11}$$

原子の平均の運動エネルギーは $\frac{3}{2}kT$ にひとしい．

原子の速さと音の速さ ひとつの原子の速度の2乗平均値 $\langle v^2\rangle$ の平方根 v_s は，原子がどれくらいの速さで走っているか，その目やすになるはずである．それは(6.9)によって

$$v_s = \left(\frac{3RT}{M}\right)^{1/2} = \left(\frac{3kT}{m}\right)^{1/2}. \tag{6.12}$$

この v_s の式で，2番目のものは分子量 $M=Nm$ を使ったもの，3番目のものは微視的な定数だけであらわしたものである．室温での，いくつかの気体の v_s が次のページの表にある．

この表の最後の列に音の速さの値をしるした．気体中での音速は

気体分子の速さ

	$m(10^{-24}$g 単位)	v_s(m/sec 単位)	音速(m/sec 単位, 0°C)
H_2	3.35	1888	1270
He	6.65	1340	970
H_2O	29.93	632	405 (100°C)
O_2	53.16	474	317
N_2	46.54	507	337

$(\partial p/\partial \rho)_S$ の平方根で与えられる. ただし ρ は気体の密度 M/V である. そこで

$$\left(\frac{\partial p}{\partial \rho}\right)_S = \frac{1}{M} V^2 \left(-\frac{\partial p}{\partial V}\right)_S = \frac{\gamma}{M} pV.$$

ただし断熱変化の Poisson の式(3.9)を使った. また $\gamma = C_p/C_V$. そこで音速 c は理想気体の近似で

$$c = \left(\gamma \frac{RT}{M}\right)^{1/2} \tag{6.13}$$

となる.

もし(6.12)と(6.13)をくらべるならば, 音速の $(3/\gamma)^{1/2}$ 倍が v_s になることがわかる. たとえば He の C_V は $\frac{3}{2}R$ だから C_p は $\frac{5}{2}R$, そこで He の γ は $\frac{5}{3}$ になる. だから He の c に $3/\sqrt{5} \fallingdotseq 1.34$ をかけると v_s がでてくる. この評価が表の v_s の値より小さいのは, 表の v_s が室温で見つもられているからである.

§7. 速度分布

気体のなかのひとつの原子に目をつけると, それはたえず他の原子と衝突して, 速度は向きも大きさも時間とともにめまぐるしく変わっているに違いない. けっきょく気体のなかの原子には, ただひとつの混沌だけが支配しているように見えるかも知れない. しかし, じっさいには, ある速度の近くにはどれくらいの密度で原子がむらがっているか, それを示す法則が存在する.

§7. 速度分布

速度分布関数 ある時刻に気体のなかの原子の速度を調査したとする．すると速度が (ξ,η,ζ) と $(\xi+\varDelta\xi,\eta+\varDelta\eta,\zeta+\varDelta\zeta)$ の間にある原子の数がわかる．この数は，もしそれが $\varDelta\xi\varDelta\eta\varDelta\zeta$ に比例するならば，

$$N(\xi,\eta,\zeta)\varDelta\xi\varDelta\eta\varDelta\zeta \tag{7.1}$$

と置ける．

このような問題を考えるには，ξ,η,ζ を3つの座標軸にとった空間を頭に描くのが便利で，それを**速度空間**という．$N(\xi,\eta,\zeta)$ は速度空間における原子の密度をあらわしている(図 II.2)．

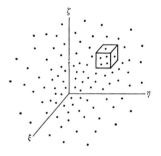

図 II.2 速度空間における原子集団

速度空間のなかの体積 $\varDelta\xi\varDelta\eta\varDelta\zeta$ は小さいが，数学で述べているような無限小の体積にはとれない．もし，あまり小さすぎる体積を $\varDelta\xi\varDelta\eta\varDelta\zeta$ に選ぶと $N(\xi,\eta,\zeta)$ は0か1かの値をまったくでたらめにとるだろう．たとえば東京の人口密度がいくら高いにしても，1 m² の面分をとると，そこには人がいたり，いなかったりするだろう．Avogadro の数は東京の人口とは桁違いに大きいが，しかし有限な数には違いない．だから速度空間の原子密度も東京の人口密度に似たような，ある大づかみな考え方の上に立っている．もし $\varDelta\xi\varDelta\eta\varDelta\zeta$ を小さすぎもせず大きすぎもしないようにとるならば**速度分布関数** $N(\xi,\eta,\zeta)$ は速度 $\boldsymbol{v}(\xi,\eta,\zeta)$ とともに連続的にかわるだろうことが予想される．以下では簡単のため(7.1)のかわりに $N(\boldsymbol{v})\varDelta\boldsymbol{v}$ と書くこ

とにする.

気体の状態が時間とともに変わらないようになったとき——平衡状態では速度分布関数 $N(\boldsymbol{v})$ も時間とともに変わらないと考えられる. このわけは気体の圧力とか内部エネルギーはすべて $N(\boldsymbol{v})$ に関係しているからで, $N(\boldsymbol{v})$ が時間とともに変わるならば気体の巨視的な挙動もまたそうであることになるからである.

順の衝突と逆の衝突 速度空間で $\boldsymbol{v}$ の場所の小さな体積 $\varDelta \boldsymbol{v}$ に目をつけると, そこを出ていく原子があるし, そこへ入ってくる原子もあるだろう. これは原子の間の衝突によるもので, それをまずしらべる.

いまは原子をかたい, なめらかな球だと仮定する. もし種類の同じ原子 1, 2 が衝突して, それらの速度が $\boldsymbol{v}_1, \boldsymbol{v}_2$ から $\boldsymbol{v}_1', \boldsymbol{v}_2'$ へそれぞれ変わったとすると, 運動量の保存則とエネルギーの保存則によって

$$\boldsymbol{v}_1+\boldsymbol{v}_2 = \boldsymbol{v}_1'+\boldsymbol{v}_2', \qquad (7.2)$$
$$v_1^2+v_2^2 = v_1'^2+v_2'^2 \qquad (7.3)$$

がなりたつ. これらの式から, 2 つの原子の重心速度: $(\boldsymbol{v}_1+\boldsymbol{v}_2)/2$ が衝突によって変化せず, また相対速度

$$\boldsymbol{g} = \boldsymbol{v}_1-\boldsymbol{v}_2 \qquad (7.4)$$

の大きさもそうであることが容易に示される. しかし $\boldsymbol{g}$ の向きは衝突で変わる.

もし 2 つの原子が, それらの中心を結ぶ線に沿うて近づきあうならば, これらの原子の速度は衝突によって入れかわる. これは衝突後の相対速度 $\boldsymbol{g}'$ が $-\boldsymbol{g}$ になることを示している.

また, もし原子 1, 2 の速度が, 原子が接触したときの中心を結ぶ線の方向 $\boldsymbol{e}$ とある角度をなすように衝突するならば, 速度の $\boldsymbol{e}$ 方向の成分は入れかわるが, $\boldsymbol{e}$ 方向に垂直な成分は変わらない. このようにして, 衝突後の速度は衝突前の速度と中心線の向き $\boldsymbol{e}$ から容易

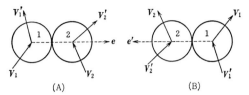

図 II.3 順の衝突と逆の衝突

に見つかる.

図 II.3 の(A)はひとつの衝突をあらわしている.この図で左側の原子1と右側の原子2を入れかえ,同時に衝突の前後の各原子の速度を入れかえたような衝突はありうるだろうか.それが図 II.3 の(B)に示されている.この衝突は運動量の保存則もエネルギーの保存則もみたしていて,また衝突の前と後で速度の e 方向の成分も入れかわっている.衝突(A)が起りうるならば,衝突(B)もそうでなければいけない.これら2つの衝突はたがいに順,逆の関係にある.

詳細なつりあいの原理 いま速度が v_1, v_2 の場所の小さな体積 $\Delta v_1, \Delta v_2$ のなかの原子が衝突しあって,それぞれ v_1', v_2' の場所の小さな体積 $\Delta v_1', \Delta v_2'$ のなかへとび込むとする(順の衝突).単位時間あたりの順の衝突の回数は Δv_1 と Δv_2 のなかに含まれる原子数の積

$$N(v_1)N(v_2)\Delta v_1 \Delta v_2 \tag{7.5}$$

に比例している.

つぎに逆の衝突を考える.いま順の衝突で Δv_1 と Δv_2 からそれぞれ,とび込んできた原子群がはみ出ることもなく,余地を残すこともないように $\Delta v_1'$ と $\Delta v_2'$ の広がりを選ぶ.そうすると

$$\Delta v_1' \Delta v_2' = \Delta v_1 \Delta v_2 \tag{7.6}$$

の関係がある.なぜかというと,中心線の方向 e を座標軸のひとつにとると上式は明らかになりたっており,また体積自身の対応関係は座標軸のとりかたに関係しないはずだからである.

上のように選んだ小さな体積 $\Delta v_1'$ と $\Delta v_2'$ のなかの原子は逆の衝

突によって $\mathit{\Delta}v_1$ と $\mathit{\Delta}v_2$ のなかへとび込む．この逆の衝突の起る単位時間あたりの回数は(7.5)と同様に

$$N(\boldsymbol{v}_1{}')N(\boldsymbol{v}_2{}')\mathit{\Delta}\boldsymbol{v}_1{}'\mathit{\Delta}\boldsymbol{v}_2{}' \tag{7.7}$$

に比例している．

順，逆の衝突の回数を(7.5), (7.7)から得るためには，それぞれの比例定数を見つける必要がある．それは $\boldsymbol{g}$ と $\boldsymbol{e}$ に関係するはずである．しかし順，逆の衝突は $\boldsymbol{g}$ と $\boldsymbol{e}$ の向きが，それぞれたがいに逆向きなだけで，それ以外に何も違いはない．比例定数が順，逆の衝突で変わらないことは十分に予想できる．

もし上述の順，逆の衝突の回数がひとしければ，4個の小さな体積 $\mathit{\Delta}v_1, \cdots, \mathit{\Delta}v_2{}'$ の含む原子数は考えられたタイプの衝突によって変化を受けない．この条件は(7.6)を考慮すると

$$N(\boldsymbol{v}_1)N(\boldsymbol{v}_2) = N(\boldsymbol{v}_1{}')N(\boldsymbol{v}_2{}') \tag{7.8}$$

と書ける．しかし，たとえば $\mathit{\Delta}v_1$ のなかからの原子は $\mathit{\Delta}v_2$ 以外の小さな体積のなかの原子と衝突し得る．速度空間のなかには，衝突で結びつけられる4個の小さな体積の組は非常にたくさんある．それらのどの組についても(7.8)がなりたつならば，どの小さな体積のなかの原子の数も時間的な増減は考えられない．すなわち，平衡状態は(7.2)と(7.3)をみたす，すべての $\boldsymbol{v}_1, \boldsymbol{v}_2, \boldsymbol{v}_1{}', \boldsymbol{v}_2{}'$ の組について(7.8)がなりたつときに実現される．

この詳細なつりあいの原理は一般的な形で次のようにあらわされる：

"ひとつの原子的な過程には，かならず逆の過程を伴っている．全体としてのつりあいは順，逆の過程が個々につりあっているときに実現される．"

Maxwell の速度分布則 速度分布関数 $N(\boldsymbol{v})$ の形を見つけるのに，平衡状態では $N(\boldsymbol{v})$ は $\boldsymbol{v}$ の向きに関係しないと仮定する．これはもちろん等方的な気体では何も間違いのもとにはならない．そこで

§7. 速度分布

$N(\boldsymbol{v})$ は v^2 の関数であることになる．このとき(7.8)は
$$N(v_1{}^2)N(v_2{}^2) = N(v_1{}'^2)N(v_2{}'^2) \tag{7.9}$$
となる．これと(7.3)とから $N(\boldsymbol{v})$ の形がわかる．

いま(7.9)で $v_2{}'=0$ と置くと次の形の式
$$N(x)N(y) = N(0)N(x+y) \tag{7.10}$$
が得られる．ここで(7.3)を考えた．上の式を y で微分し，その後で $y=0$ と置くと，
$$\frac{N'(x)}{N(x)} = \frac{N'(0)}{N(0)} = \text{const}$$
が示される．この定数を $-\alpha$ と置いて積分すると $N(x)$ は $e^{-\alpha x}$ に比例することがわかる．すなわち速度分布関数は
$$N(\boldsymbol{v}) = A e^{-\alpha v^2} \tag{7.11}$$
の形をしている．ここで $v^2 = \xi^2 + \eta^2 + \zeta^2$．

(7.11)のなかの未定の定数 A, α をきめるのに，原子の総数が N であること，気体の内部エネルギー E が $\frac{3}{2}NkT$ にひとしいこと((6.8)の結果)を使う．これらの関係を式で書くと
$$\iiint N(\boldsymbol{v}) d\xi d\eta d\zeta = N, \tag{7.12}$$
$$\iiint \frac{1}{2} mv^2 N(\boldsymbol{v}) d\xi d\eta d\zeta = \frac{3}{2} NkT \tag{7.13}$$
となる．ただし積分はどれも $-\infty$ から $+\infty$ までおこなう．上の式に(7.11)を入れて
$$A \left(\int_{-\infty}^{\infty} e^{-\alpha \xi^2} d\xi \right)^3 = N, \tag{7.14}$$
$$Am \left(\int_{-\infty}^{\infty} \xi^2 e^{-\alpha \xi^2} d\xi \right) \left(\int_{-\infty}^{\infty} e^{-\alpha \eta^2} d\eta \right)^2 = NkT \tag{7.15}$$
が得られる．(7.14)の左辺の( )の中味は $(\pi/\alpha)^{1/2}$ にひとしく，また(7.15)の左辺の最初の積分は $(\pi/\alpha)^{1/2}/(2\alpha)$ にひとしい．そこで
$$A = N \left(\frac{\alpha}{\pi} \right)^{3/2}, \quad \alpha = \frac{m}{2kT}. \tag{7.16}$$

けっきょく速度分布関数は

$$N(\boldsymbol{v}) = N\left(\frac{m}{2\pi kT}\right)^{3/2} e^{-mv^2/2kT} \tag{7.17}$$

となる．これを Maxwell の速度分布という．

速さの平均値，最確値 速度分布関数 $N(\boldsymbol{v})$ は $v=0$ で最大で，したがって速度空間での原子の密度は原点でもっとも高い．しかし，これは速さがゼロの原子の数がもっとも多いということにはならない．

いま速さが v と $v+dv$ の間にある原子の数を $N(v)\cdot dv$ であらわすと，これは速度空間の原点を中心とし半径がそれぞれ v と $v+dv$ の2つの球にはさまった領域——球殻に含まれる原子の数に当る．この球殻の体積は $4\pi v^2 dv$ で，これに速度空間の原子の密度 $N(\boldsymbol{v})$ をかけたものが $N(v)dv$ にひとしい．すなわち

$$N(v) = 4\pi v^2 N(\boldsymbol{v}) \tag{7.18}$$

が速さの分布関数を与える（図 II.4）．この関数が

$$v_{\mathrm{m}} = \left(\frac{2kT}{m}\right)^{1/2} \tag{7.19}$$

で最大値をもつことは $v^2 \exp(-mv^2/2kT)$ を v で微分してゼロとおくと容易に示せる．上の v_{m} を速さの最確値という．

速さの平均値 $\langle v \rangle$ は

$$\int_0^\infty v N(v) dv = N \langle v \rangle \tag{7.20}$$

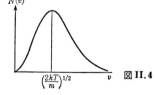

図 II.4

から見つかる.左辺の積分は容易になしとげられる:

$$\langle v \rangle = \left(\frac{8kT}{\pi m}\right)^{1/2}. \tag{7.21}$$

(7.19)のv_m,(7.21)の$\langle v \rangle$,それに(6.12)のv_sはすこしずつ,たがいに違っている.それらの比は

$$v_\mathrm{m} : \langle v \rangle : v_\mathrm{s} = 1 : \left(\frac{4}{\pi}\right)^{1/2} : \left(\frac{3}{2}\right)^{1/2} \tag{7.22}$$

光のスペクトルの Doppler 拡がり 速度分布則はいろいろの実験から確かめられている.ここでは原子の出す光のスペクトルの幅が原子の熱運動によって拡がる現象を述べる.

いまx軸に沿うて進んできた光の強度の波長による散らばりを測定する.静止した原子の出す光の波長をλ_0,振動数をν_0とすれば,x方向に速度成分ξで走る原子の出す光の波長は$\lambda=(1-\xi/c)\lambda_0$の値で観測される(Doppler 効果).ただし$c=\lambda_0\nu_0$は光の速さ.そこで観測される光の強度は原子の速度のばらつきによってλ_0のまわりに

$$\varDelta\lambda \equiv \lambda - \lambda_0 = -\frac{\xi}{\nu_0} \tag{7.23}$$

にしたがって散らばる.上の対応を念頭に置いて,波長がλと$\lambda+d\lambda$の間にある光の強度$J_\lambda d\lambda$は速度のx成分がξと$\xi+d\xi$の間にある原子の数$N(\xi)d\xi$に比例している.

速度のx成分の分布関数$N(\xi)$は(7.17)をηとζについて積分すると見つかり

$$N(\xi) = N\left(\frac{m}{2\pi kT}\right)^{1/2} e^{-m\xi^2/2kT} \tag{7.24}$$

となる.これは **Gauss 分布** とよばれる形で,その標準形$(2\pi)^{-1/2}e^{-x^2/2}$のグラフを図II.5に与えている.この図の下にある数字は矢印の間のx軸と曲線の間の面積のパーセンテージで,ただし曲線とx軸の間の全面積は1である.この図から$N(\xi)/N$をξについて描いた

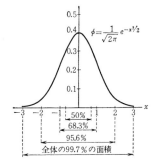

図 II.5 Gauss 分布 $(2\pi)^{-1/2}e^{-x^2/2}$ を x についてプロットしたもの

グラフを得るには,図の横軸の読みを $(m/kT)^{1/2}\xi$ に対応させたときの縦軸の読みの $(m/kT)^{1/2}$ 倍が $N(\xi)/N$ に当ることに注意すればよい.つりがねの形をした分布関数 $N(\xi)$ の山は温度がさがるにつれて原点の近くに引き寄せられ高さを増してくる.

さて上にみた $N(\xi)$ の挙動はスペクトルの強度分布 J_λ に反映する.それは(7.24)の式で,ξ のかわりに $\nu_0\varDelta\lambda$ をいれたものに比例する.スペクトルは,低温では $\varDelta\lambda=0$ の位置に鋭いピークをつくるが,高温ではある程度の幅をもつようになる.幅の大きさのひとつの目やすは,強度分布 J_λ がその最大値の1/2になるような $\varDelta\lambda$ によって与えられ,これを半値幅という.半値幅は,(7.24)の指数関数に $\xi=\nu_0\varDelta\lambda$ をいれたものが1/2の値をもつ $\varDelta\lambda$ の値に当る.それは

$$\varDelta\lambda = \frac{1}{\nu_0}\left(\frac{kT}{m}2\ln 2\right)^{1/2}. \tag{7.25}$$

高温の気体のスペクトルの幅はここで与えたメカニズムによる.

§8. 流れのつりあいと蒸発速度

ポテンシャル壁を通過する粒子の流れ いま x 軸に沿うて,右側の領域2が左側の領域1よりも粒子のポテンシャル・エネルギーが U だけ高いとする(図 II.6).領域1の粒子は境界面をたたいて,そ

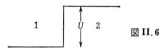

図 II.6

の一部は領域 2 へゆく．また領域 2 の粒子も同様にして領域 1 へゆくものがある．そこで境界面のある場所に目をつけると，領域 1 から領域 2 へゆく粒子の流れ Γ_{12} と，その逆の向きの粒子の流れ Γ_{21} がある．ここで流れ量を境界面の単位面積を単位時間に通過する粒子の数で定義する．平衡状態では，どこにも正味の流れはあらわれないので，上記の 2 つの流れは消しあっている．すなわち

$$\Gamma_{21} = \Gamma_{12} \tag{8.1}$$

の関係がある．

体積 V_1, V_2 の領域 1, 2 にそれぞれ N_1, N_2 個の粒子が含まれていて，理想気体のようにふるまっていると仮定する．まず領域 1 から領域 2 への流れ Γ_{12} を見つける．速度が ξ, η, ζ と $\xi+d\xi, \eta+d\eta, \zeta+d\zeta$ の間にある原子のうち，境界面の単位面積を単位時間にたたくものは，気体の圧力の計算(§6)で出あったものと同じ考えかたで，上記の速度をもって体積 ξ に含まれるものにかぎられる．目をつけた速度をもつ粒子は単位体積に

$$\frac{1}{V_1} N_1(\boldsymbol{v}) d\xi d\eta d\zeta$$

だけあるので，求める粒子数は

$$\frac{\xi}{V_1} N_1(\boldsymbol{v}) d\xi d\eta d\zeta$$

となる．これらの粒子のうち，ポテンシャルの壁をよじ登れるものは $\frac{1}{2}m\xi^2$ が U より大きいものにかぎられる．だから壁をたたいて領域 2 へ通過する粒子の流れは

$$\Gamma_{12} = \frac{1}{V_1} \int_{\sqrt{2U/m}}^{\infty} \xi d\xi \iint_{-\infty}^{\infty} N_1(\boldsymbol{v}) d\eta d\zeta$$

$$= \frac{1}{V_1} \int_{\sqrt{2U/m}}^{\infty} \xi N_1(\xi) d\xi . \tag{8.2}$$

ここで速度成分の分布 $N_1(\xi)$ は(7.24)の N を N_1 でおきかえたもの. 上の積分はやさしい. その結果,

$$\Gamma_{12} = \frac{N_1}{V_1} \left(\frac{kT}{2\pi m}\right)^{1/2} e^{-U/kT} \tag{8.3}$$

が得られる. つぎに領域2から領域1へゆく際には登るべき壁はないので(8.3)の U をゼロと置いて

$$\Gamma_{21} = \frac{N_2}{V_2} \left(\frac{kT}{2\pi m}\right)^{1/2} \tag{8.4}$$

が得られる.

(8.3)と(8.4)から平衡の条件(8.1)を書くと

$$\frac{N_2}{V_2} = \frac{N_1}{V_1} e^{-U/kT} . \tag{8.5}$$

これは領域2の粒子密度 N_2/V_2 が領域1のそれ N_1/V_1 より $e^{-U/kT}$ の因数だけ小さいことを示している.

蒸発速度 こんどは領域2に液体か固体かがあり, その蒸気が領域1にあるとしよう. これらがたがいに, つりあっておれば, ふたたび(8.1)がなりたつ. しかし, いまは領域2の原子を理想気体のように考えるわけにはゆかない. またポテンシャルの壁は原子が領域1から領域2へ通過する際にではなく, 逆向きに通過するときにそびえ立っている.

さて蒸気の原子が境界面をたたいたとき, その一部分は反射するかも知れない. 反射する比率を r とすると, 境界をたたいた原子のうちの $1-r$ だけが領域2へ入ることになる. いまは簡単のため $r=0$ とおく. そうすると

$$\Gamma_{12} = \frac{N}{V} \left(\frac{kT}{2\pi m}\right)^{1/2}$$

$$= \frac{p}{(2\pi mkT)^{1/2}}. \tag{8.6}$$

ここで蒸気の密度 N/V の代りに,理想気体を仮定して, p/kT とおいた.

液体もしくは固体とつりあっている蒸気――飽和蒸気の圧力を (8.6) の p にとると,(8.6) は Γ_{21} にひとしい.こうして,液体もしくは固体から蒸気の側へゆく流れが見つもられる.これは蒸気の密度には関係しない.

そこで,いま蒸気を真空ポンプで排除してゆくならば,Γ_{21} はかわらないが,Γ_{12} は蒸気の密度に比例して減少してゆく.このとき蒸発流があらわれてくる.最大の蒸発は蒸気の密度がゼロと見なせるときにおこる.この蒸発流は飽和蒸気の圧力がわかっていると評価できる.逆に,この蒸発流の測定から飽和蒸気の圧力が見つかる.

§9. 自由行路,内部摩擦および熱伝導

衝突の回数と平均自由行路 原子を直径 a のかたい,なめらかな球と見なしたときに,ひとつの原子が単位時間に受ける平均の衝突の回数を見つけたい.2つの原子球が接触したときには,それらの重心間の距離は球の直径にひとしい.いま気体の原子がすべて静止していて,そのなかをひとつの原子が速度 v で走っているとしよう.すると,この原子が単位時間に受ける衝突の回数は πa^2 を底とし軸の長さ v の円筒のなかに重心があるような原子の数にひとしい.そこで,このときの衝突の回数 ν は

$$\nu = \frac{N}{V}\pi a^2 v \tag{9.1}$$

で与えられる.

気体のなかでは,じっさいには,すべての原子は走っている.ひとつの原子に目をつけると,他の原子は相対速度で目をつけた原子

に近づきあったり，遠ざかったりしている．このとき，原子について平均された衝突回数 ν は (9.1) の v のかわりに相対速度の大きさの平均値を入れたものになり，この平均値は原子の平均の速さの $\sqrt{2}$ 倍にひとしい．すなわち，

$$\nu = \sqrt{2}\,\frac{N}{V}\,\pi a^2 \langle v \rangle. \tag{9.2}$$

衝突回数を評価するのに

$$a \sim 2\times 10^{-8}\,\mathrm{cm}, \quad \langle v \rangle \sim 10^5\,\mathrm{cm\,sec^{-1}},$$
$$\frac{N}{V} = \frac{6.023\times 10^{23}}{2.24\times 10^4} \sim 3\times 10^{19}\,\mathrm{cm^{-3}}$$

とおくと，$\nu \sim 4\times 10^9$ が得られる．単位時間に気体のなかで起っている衝突の回数は (9.2) の N 倍を2でわったものにひとしい．なぜ2でわるかというと，ひとつの衝突は2つの原子の間で起っているからである．1 mol の気体のなかでの衝突回数は $10^{33}\,\mathrm{sec}^{-1}$ の程度になる．

衝突のため原子は行路をまげられる．ひとつの衝突と次の衝突の間で原子は直線コースを走っており，それを自由行路という．ひとつの原子の単位時間のコースは，速さ $\langle v \rangle$ にひとしい直線をまったくでたらめに ν 個に区切り，それをさまざまの方向に折りまげた形をしている．長いものや短いもの，さまざまの自由行路の長さの平均値は速さの平均値 $\langle v \rangle$ を平均の衝突回数 ν でわったものにひとしいと考えられる：

$$l = \frac{1}{\sqrt{2}\,\pi a^2 N/V}. \tag{9.3}$$

これは温度によらない．これを平均自由行路という．

標準状態の気体では，$l = 10^5 \div (4\times 10^9) \sim 3\times 10^{-5}\,\mathrm{cm}$ の程度と見つもられる．また原子の間の平均距離は原子ひとつあたりの体積 V/N の立方根の大きさの程度で，これは $3\times 10^{-7}\,\mathrm{cm}$ と見つもられ

る.だから標準状態の気体では,平均自由行路は原子間距離の100倍くらいの長さをもっている.

物体をこまかに見てゆくときに,それを連続体と見なせなくなる長さの臨界域は,気体では,平均自由行路の大きさのところにある.平均自由行路にくらべて空間的にゆっくり変わっている現象では,ふつうの流体力学がよく働くが,平均自由行路と同程度の大きさの領域で起っている現象はそうでない.たとえば,かなり真空度の高いパイプに孔があいているとパイプのなかへ気体が吹き出す.もし,この孔の直径が平均自由行路よりずっと大きいならば吹き出しの量は流体力学のBernoulliの定理を使うと見つかるが,逆の場合には(8.4),すなわち $\frac{1}{4}\frac{N}{V}\langle v \rangle$ に孔の断面積をかけたものが吹き出しの正しい量を与える.このような吹き出しを分子吹き出しという.

内部摩擦 平衡状態の気体では,それを構成している原子は規則性のない運動——熱運動をおこなっているが,全体としては静止している.すなわち原子の速度の平均値はゼロである.しかし,流れている気体では規則性のない運動に規則性のある運動がつけ加わる.原子の速度の平均値は流れの速度にひとしい.この規則性のある運動はほうっておくと減衰してしまう.そこでは,秩序のある運動から秩序のない運動への転換が起っており,流体力学の意味での運動エネルギーは熱にかわるのである.この内部摩擦を流体の粘性という.

粘性の力は気体が層流をなして流れているときに見やすい.いま気体が zx 平面では一様な速度をもって x 方向に流れているとする(図II.7のA).流れは,壁のところではゼロで,壁から遠ざかるにつれて速くなっていき,そこで流速 u の勾配: $\partial u/\partial y$ がある.いま流れのある層——ひとつの zx 平面に目をつけると,この層の流れに相対的に層の上側では流れの方向に,層の下側はそれとは逆向きに流れている(図II.7のB).上側の気体は下側の気体によって減

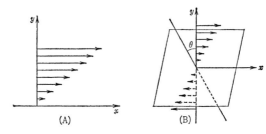

図 II.7

速する向きの,下側の気体は上側の気体によって加速する向きの力を層を通して受ける.y 軸に垂直な単位面積の面分を通して x 方向に働くこの力を T_{xy} であらわすと,それは

$$T_{xy} = \eta \frac{\partial u}{\partial y} \qquad (9.4)$$

とおける.η を流体の粘性率という.

面を通して面に平行に働く力 T_{xy} の微視的な意味をいまたずねる.その際,目をつけた層の流れに相対的な流れの速さ(図 II.7 の B)だけを考えることにする.まず層の単位面積の面分を上から下へ通過する原子をとりあげると,それが最後の衝突をとげたのはコースに沿うて平均自由行路 l にひとしいところである.この自由行路が y 軸となす角を θ とすると,最後の衝突をとげた場所の流れの速さは層に相対的に

$$\frac{\partial u}{\partial y} l \cos \theta \qquad (9.5)$$

である.私たちは,面分を通過する原子はすべて最後の衝突をとげた場所の流れになじんでいると仮定する.

単位時間に面分を上から通過する原子のうち,速さが v と $v+dv$,行路が y 軸となす角が θ と $\theta+d\theta$,方位角が φ と $\varphi+d\varphi$ の間にある原子の数は

§9. 自由行路, 内部摩擦および熱伝導

$$\frac{v\cos\theta}{V}N(v)dv\frac{\sin\theta\,d\theta d\varphi}{4\pi} \tag{9.6}$$

で与えられ，ここで $N(v)$ は (7.18) の速さの分布関数である．そこで目をつけた面分を通って，上から下へ輸送される運動量は(9.5)の m 倍に (9.6) をかけて積分したもの:

$$ml\frac{\partial u}{\partial y}\frac{1}{V}\int_0^\infty vN(v)dv\int_0^{2\pi}\int_0^{\pi/2}\cos^2\theta\frac{\sin\theta\,d\theta d\varphi}{4\pi}$$

にひとしい．ここで θ についての積分は，行路の向きが下向きのものに限られているので，0 から $\pi/2$ までである．上式の θ, φ の積分に関する項は 1/6 になる．また速さ v についての積分 $\int_0^\infty vN(v)dv$ は速さの平均値 $\langle v\rangle$ の N 倍にひとしい．そこで上式は

$$\frac{1}{6}ml\frac{\partial u}{\partial y}\frac{N}{V}\langle v\rangle \tag{9.7}$$

となる．面分を通って下から輸送される運動量は (9.7) の符号を変えたものになる．

だから，単位面積の面分を通して単位時間に面分の上側にある流体は (9.7) の 2 倍に当る量:

$$G=\frac{1}{3}m\frac{N}{V}\langle v\rangle l\frac{\partial u}{\partial y} \tag{9.8}$$

だけ運動量を失っており，下側の流体は同じ量だけ運動量を増している．この G を T_{xy} に同定して粘性率は

$$\eta=\frac{1}{3}\rho\langle v\rangle l \tag{9.9}$$

となる．ここで $\rho=m(N/V)$ は気体の質量密度である．(9.3) によって l は N/V に逆比例しているので，η の温度変化は $\langle v\rangle$ の温度依存性だけできまる．気体の粘性率は $\sqrt{T}$ に比例している．

熱伝導 もし気体のなかに温度の勾配があるならば，熱の流れがおこる．温度勾配の方向を x 軸にとると，これに垂直な単位面積の面分を通って単位時間に流れる熱量，すなわち熱流 J_q は

$$J_q = -\kappa \frac{\partial T}{\partial x} \tag{9.10}$$

と置ける. κ を熱伝導率という.

いま上記の面分を単位時間に通過する原子, もっと一般的に分子がどれだけのエネルギーをはこんでいるかをたずねる. 高温(低温)の側から x 軸と θ の角をなして面分を通過する分子は面分の場所より

$$\frac{\partial \varepsilon}{\partial x} l \cos \theta \tag{9.11}$$

だけ高い(低い)エネルギーをもっている. ここで ε は分子の平均の熱エネルギーで温度勾配と

$$\frac{\partial \varepsilon}{\partial x} = \frac{d\varepsilon}{dT} \frac{\partial T}{\partial x} = \frac{C_V}{N} \frac{\partial T}{\partial x} \tag{9.12}$$

の関係にある. また面分を通過する分子はすべて最後の衝突をとげた場所の温度になじんでいると仮定している.

さて(9.5)と(9.11)をくらべると, 前の式の $\partial u/\partial y$ のかわりに後の式に $\partial \varepsilon/\partial x$ があらわれている. だから計算はまったく内部摩擦の問題とおなじで, 結果は次のようになる. (9.8)の結果に対応して, 単位面積の面分を通して単位時間に高温の側は

$$\frac{1}{3} \frac{N}{V} \langle v \rangle l \frac{\partial \varepsilon}{\partial x}$$

だけエネルギーを失っており, 低温の側は同量のエネルギーを増している. すなわち面分を通してのエネルギーの輸送量 G は

$$G = -\frac{1}{3} \frac{C_V}{V} \langle v \rangle l \frac{\partial T}{\partial x} \tag{9.13}$$

となる. ここで(9.12)を考慮した. 上の G は(9.10)の熱流に相当するもので, したがって熱伝導率は

$$\kappa = \frac{1}{3} \frac{C_V}{V} \langle v \rangle l \tag{9.14}$$

と見つかる．C_V/V は気体の単位体積あたりの比熱である．

上の取り扱いで，面分を横切る原子が最後に衝突をとげたのは面分から行路に沿うて l の場所だとした．それは l ではなくて $l/2$ ではないかという疑問を抱かれるかも知れない．しかし，実際には自由行路の長さのばらつきを考えねばいけない．長さ L の線分を ν 個の区間に分断する際に，もし初めに長い直線の区間があらわれると，残りの線分を $\nu-1$ 個の区間に分ける自由度は減少する．どの衝突の点からとっても，おなじことがいえるわけで，したがって長い自由行路は短いものより小さな確率であらわれる．もし原子の行路をあらわす屈折した線のどこか，でたらめに選んだ位置 B から次の衝突までの行路の平均をとると，それは $l/2$ ではなくて l になる．なぜかというと，でたらめに選び出した位置 B が長い自由行路の上に落ちる確率は短いものの上に落ちる確率より大きいからである．

§10. Brown 運動

植物学者 Brown(1826) は水に浮んだ花粉を顕微鏡で見て，それがぴくぴく動くのを認めた．そして彼はその動きを花粉の生きている証拠だと考えようとした．しかし，明らかに生きていないごく小さな物体も同じような挙動をとることが見つかって，Brown 運動は物理の問題になった．

Brown 運動を物理の現象だと考えると，これはそう簡単には見すごせない．なぜかというと，物体の力学的な運動は摩擦によって衰えてゆき，最後には静止してしまうが，逆のことは起らないと考えているからである．なぜ，ごく小さな物体は永久に動きつづけることができるのか，それは Einstein(1905) が解き明かすまではひとつの謎であった．

いま流体に浮んだ球を考えると，球の表面を媒質の原子がたたく．適当に短い時間の間隔に，球面の各場所で受けとる原子の運動量の，

球の中心に向かう成分は面の上ではばらついていよう．いま球面のどこかを注目すると，そこが多くの原子でたたかれていることもあるだろうし，まったくたたかれていないこともあり得るだろう．したがって，媒質から受ける力のバランスは短い時間の間隔では破れている場合の方がふつうである．そこで球が動いていることに同意する．ところで，もし媒質から受けた表面での力のばらつきが大きければ，球の重心は大きく加速される．しかし次の時刻では，球の目に見えるような運動で起るのと同じように，媒質による摩擦で球は減速させられる．要するに，球の重心の運動に伴う運動エネルギーが媒質の原子との衝突でたえず変わってゆくが，ある定まった時間平均値をもっている．この時間平均値は原子や分子の並進運動のエネルギーの平均値と同じものだと考える．

そこで Brown 粒子の運動方程式を，その x 成分について，

$$m\frac{d\dot{x}}{dt} = X(t) - \frac{1}{\beta}\dot{x} \qquad (10.1)$$

の形におき，この平均的な挙動をしらべる．ここで m は Brown 粒子の質量　また $X(t)$ は粒子に働く媒質の力の x 成分で，向きも大きさもでたらめに時間とともに変わってゆく．最後の項は媒質による摩擦の力で，もし Brown 粒子が半径 a の球ならば Stokes の法則によって $1/\beta = 6\pi\eta a$ とおける．η は媒質の粘性率，β を**易動度**という．

(10.1)に x をかけ時間 t の間で積分すると

$$m\int_0^t \ddot{x}x\,dt = \int_0^t Xx\,dt - \frac{1}{\beta}\int_0^t \dot{x}x\,dt. \qquad (10.2)$$

ここで左辺は部分積分によって $\Delta(m\dot{x}x) - \int_0^t m\dot{x}^2\,dt$ にひとしい．ただし $\Delta(m\dot{x}x)$ は $m\dot{x}x$ の時間 t の間での変化をあらわす．右辺の第2項は容易に積分でき，けっきょく (10.2) は

$$\Delta(m\dot{x}x) - \int_0^t m\dot{x}^2\,dt = \int_0^t Xx\,dt - \frac{1}{2\beta}\Delta(x^2) \qquad (10.3)$$

となる.

いま t が十分ながい時間だとするならば,上の式の左辺の第 2 項は $-t\langle m\dot{x}^2\rangle$ とおくことができ,これは $-tkT$ にひとしい.つぎに右辺の第 1 項は Brown 粒子に働く力 $X(t)$ が＋と－の値をでたらめにとるため消しあってしまう.だから,もし $\varDelta(m\dot{x}x)$ が,十分大きな t で省略できれば $\varDelta(x^2)=2kT\beta t$ がえられる.

実際 $\varDelta(m\dot{x}x)$ が十分大きな t で省略できることは,つぎのようにしてわかる.速度の成分 $\dot{x}$ は $\langle\dot{x}^2\rangle$ の平方根の大きさの程度,すなわち $(kT/m)^{1/2}$ の程度とみれる.また x は上記の結果により $2kT\beta t$ の平方根の程度と考えられよう.そこで $\varDelta(m\dot{x}x)$ は $kT(2m\beta t)^{1/2}$ の程度で,これは $\sqrt{t}$ の大きさで大きくなるに過ぎない.

最後に (10.3) を多くの Brown 粒子について平均する.すると $\varDelta(m\dot{x}x)$ は＋と－の符号のものがでたらめにでてきて消しあい,また (10.3) の右辺の第 1 項も消しあいの程度をつよめる.こうして適当にながい時間では

$$\langle\varDelta(x^2)\rangle = 2kT\beta t \tag{10.4}$$

のなりたつことがわかる.

図 II.8 に一定時間の間隔で観測された Brown 粒子の位置を直線でつないだ結果を示している.このような観測をくり返して,そのデータを平均する.平均された $\varDelta(x^2)$ の時間依存性を (10.4) 式とくらべることにより Boltzmann 定数がわかる.これから評価される Avogadro の数は 1% の精度で正確な値と一致する.このことは,ここで与えた Brown 運動の説明の正しいことを示している.

図 II.8

Brown 運動は規則性のない運動で,それを利用して,有効な仕事を引きだすのはむつかしい.じっさい,仕事をするものも,されるものも熱運動からのがれることはできない.だか

問題

II.1 一定の速さ v をもち等方的な速度分布をした気体がある．壁の単位面積を単位時間にたたく気体分子の数は $\frac{1}{4}\frac{N}{V}v$ にひとしいことを示せ．

II.2 温度 T の気体の入った容器の壁の小孔から分子吹き出しが起るとき，吹き出す分子の平均のエネルギー ε^* は気体の分子あたりのエネルギー ε より $\frac{1}{2}kT$ だけ大きいことを示せ．

II.3 右の図で部屋 A, D はそれぞれ，つめたい水とあたたかい水が流れていて，気体の入った部屋 B, C がそれぞれ絶対温度 T_1, T_2 の状態にたもたれている．部屋 B, C の境の壁には分子吹き出しが可能な程度の小さな孔があいている．気体 B, C の圧力をそれぞれ p_1, p_2 とすると，平衡条件は次のものであることを示せ：

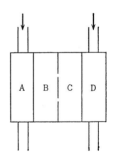

$$\frac{p_1}{\sqrt{T_1}} = \frac{p_2}{\sqrt{T_2}}.$$

II.4 2つの気体分子の相対速度 $\boldsymbol{g} = \boldsymbol{v}_1 - \boldsymbol{v}_2$ の大きさの平均値 $\langle g \rangle$ は分子の平均の速さ $\langle v \rangle$ の $\sqrt{2}$ 倍になることを示せ．

II.5 ひとつの原子が最後の衝突から t 秒たつまで衝突せずに残っている確率を $w(t)$ とする．これが t と $t+dt$ の間に受ける変化

dw は $-(\nu dt)w$ にひとしい.ここで ν は原子の平均の衝突回数(単位時間あたり)である.次のことをしらべよ.

(1) 原子の自由行路が s より長い確率は $w(s)=e^{-s/l}$ で与えられる.ただし $l=v/\nu$ は平均自由行路である.

(2) 自由行路が s と $s+ds$ の間に落ちる確率 $\phi(s)ds$ を見つけ,これから自由行路の平均値を計算して,それが l にひとしいことを確かめよ.

(3) 自由行路がある長さ a より大きなものについて,自由行路の平均値を計算し,それが $l+a$ になることを示せ.

II.6 2種類の気体 1, 2 からなる混合気体で,気体 1, 2 の数の密度をそれぞれ n_1, n_2 とする.全体としての密度 n_1+n_2 は一定値をとっているが,x 軸に沿うて気体 1, 2 の濃度勾配がある.このとき x 軸に沿うて気体 1, 2 の流量 $\varGamma_1, \varGamma_2$ は

$$\varGamma_1 = -D_1 \frac{\partial n_1}{\partial x}, \quad \varGamma_2 = -D_2 \frac{\partial n_2}{\partial x}$$

の形をしていて拡散定数 D_1, D_2 は

$$D_1 = \frac{1}{3}\langle v_1 \rangle l_1, \quad D_2 = \frac{1}{3}\langle v_2 \rangle l_2$$

となることを示せ.ここで $\langle v_1 \rangle$, l_1 はそれぞれ分子 1 の平均の速さと平均自由行路で,$\langle v_2 \rangle$, l_2 は分子 2 の同様な量.つぎに全体として流量がゼロになるように $\varGamma_1+\varGamma_2+nv_0=0$ できまる一様な流速 v_0 を導入し,結果として得られる気体 1, 2 の拡散の流れは,おなじ拡散定数 $D^*=(n_2/n)D_1+(n_1/n)D_2$ をもつことを示せ.

第Ⅲ章　力学と統計力学のはざま

　気体をその内側から見てゆく気体運動論は，その外側だけから見てゆく熱力学の立場と対照的な立場をとっている．物質系を外部だけから，いわば現象面でとらえようとすると，私たちは経験法則にたよらざるを得ない．じっさい熱力学の基本法則じしんもまた経験法則の外を出ていない．しかし気体を内側から見てゆくと，その内部エネルギーは各原子の力学エネルギーのよせ集めにひとしく，熱力学の第一法則は力学エネルギーの保存法則をあらわしているに過ぎない．このことの意義は2つある．第1には経験法則としての第一法則が力学法則の上に基礎づけられたことで，第2には内部エネルギーの正体が明らかになって，その挙動に対する予言ができるようになったことである．

　しかし，熱力学の第二法則の微視的な意味はまだ明らかになっていない．これは，もちろん，エントロピーの正体をたずねることである．それは，物質系を構成している粒子の集団をひとつの力学系とみて，この非常に大きな自由度をもった力学系のとる，さまざまの状態に，そのあらわれる確率を付与することによって明らかになる．このようにして，BoltzmannとGibbsによってつくられた統計力学は量子力学の原理と結びついて，もっとも整備された形式をとる．この理論体系によって，熱力学の第二法則は確率法則であることが明らかになる．

　これらの問題に立ち入る前に，'力学系の状態'という概念の周辺をまず明らかにしよう．それに必要な力学はたいして複雑なものではないが，多次元空間の話には困惑される向きもあるかもしれない．各節のなかの項目のうち＊印のついたものは，それをとびこえて読

んでいただいても差しつかえない.

§11. Liouville の定理

Hamilton 関数　まず直線上を運動する質点をとりあげる.その エネルギーを座標 q と運動量 $p=m\dot{q}$ の関数としてあらわしたもの を,この質点の **Hamilton 関数**という.それは

$$H(q,p) = \frac{p^2}{2m} + U(q) \tag{11.1}$$

で与えられる.ここで $U(q)$ は質点のポテンシャル・エネルギーで ある.このとき運動方程式は **Hamilton の方程式**とよばれる形のも の:

$$\dot{q} = \frac{\partial H}{\partial p}, \quad \dot{p} = -\frac{\partial H}{\partial q} \tag{11.2}$$

であらわせる.これらのうち,第1の式は運動量と速度の関係を与 えているもの,第2の式はふつうの Newton の運動方程式 $m\ddot{q}=-\partial U/\partial q$ に当る.

Hamilton の方程式にあらわれる座標と運動量はふつうの意味で のものより,もっと広い意味に解釈できる.ひとつの例として,半 径 r の円周に沿うて自由に回転する質点(自由な平面回転子)をとる と,その運動エネルギーは $\frac{1}{2}m(\dot{x}^2+\dot{y}^2)$ である.極座標 φ を使うと $x=r\cos\varphi, y=r\sin\varphi$,そこでエネルギーは $\frac{1}{2}I\dot{\varphi}^2$ となる.ただし $I=mr^2$ は円の中心に関する質点の慣性モーメント.いま,この系 の座標を φ にとると,その速度は角速度 $\dot{\varphi}$ で,相当する運動量 p_φ は角運動量 $I\dot{\varphi}$ である.この p_φ を φ に正準共役な運動量という.こ のとき系のエネルギーは

$$H = \frac{1}{2I}p_\varphi^2 \tag{11.3}$$

となる.Hamilton 関数(11.3)に(11.2)を適用するならば,第1の

式は $\dot{\varphi}=p_\varphi/I$ になっているし,第2の式は $\dot{p}_\varphi=0$ を与える.この後の式はトルクを受けていない回転子の角運動量が一定値をとることをあらわす.

一般に自由度 f の力学系の広い意味での座標を $q_1,\cdots,q_f$ とすると,それらに正準共役な運動量 $p_1,\cdots,p_f$ は

$$p_i = \frac{\partial K(q,\dot{q})}{\partial \dot{q}_i}, \quad i=1,\cdots,f \tag{11.4}$$

で与えられる.ここで運動エネルギー $K(q,\dot{q})$ は $q_1,\cdots,q_f$ とその時間微分の関数である.Hamilton 関数は

$$H(q,p)=K(q,p)+U(q) \tag{11.5}$$

と置ける.ただしポテンシャル・エネルギー $U(q)$ は座標だけの関数だとしている.こうしてつくられた $H(q,p)$ に対して次の Hamilton の方程式がなりたつ:

$$\dot{q}_i = \frac{\partial H}{\partial p_i}, \quad \dot{p}_i = -\frac{\partial H}{\partial q_i}. \tag{11.6}$$

上に述べた事項の証明は力学の教科書にゆずる.そのかわり,後で役にたつ例について,それを見ることにする.半径 r の球面の上を運動する自由質点の運動エネルギーは $\frac{1}{2}m(\dot{x}^2+\dot{y}^2+\dot{z}^2)$ と書ける.もし極座標 (r,θ,φ) を使うならば $x=r\sin\theta\cos\varphi$, $y=r\sin\theta\sin\varphi$, $z=r\cos\theta$. そこで

$$\dot{x} = r(\cos\theta\cos\varphi\,\dot{\theta}-\sin\theta\sin\varphi\,\dot{\varphi}),$$
$$\dot{y} = r(\cos\theta\sin\varphi\,\dot{\theta}+\sin\theta\cos\varphi\,\dot{\varphi}),$$
$$\dot{z} = -r\sin\theta\,\dot{\theta}.$$

だから回転子の運動エネルギー K は

$$K = \frac{1}{2}I(\dot{\theta}^2+\sin^2\theta\,\dot{\varphi}^2) \tag{11.7}$$

となる.ここで $I=mr^2$ は回転子の慣性モーメント.もし上の K に (11.4) を適用するならば,θ に共役な運動量 p_θ は $I\dot{\theta}$ にひとしく,

φ に共役な運動量 p_φ は $I\sin^2\theta\,\dot\varphi$ にひとしいことがわかる．そこで (11.7) の $\dot\theta$ と $\dot\varphi$ のかわりに p_θ と p_φ を代入すると Hamilton 関数は

$$H = \frac{1}{2I}\left(p_\theta{}^2 + \frac{1}{\sin^2\theta}p_\varphi{}^2\right) \tag{11.8}$$

となる．Hamilton の方程式 (11.6) の1番目のものは p_θ, p_φ の定義の式に当っており，2番目の式のうち φ に関するものは $\dot p_\varphi=0$ を示す．これは自由回転子の z 軸のまわりの角運動量が一定値をとることを告げている．

力学系が時間に関係する外力を受けていないならば，H の時間変化は q_i と p_i の時間変化だけできまる：

$$\frac{dH}{dt} = \sum_i\left(\frac{\partial H}{\partial p_i}\dot p_i + \frac{\partial H}{\partial q_i}\dot q_i\right). \tag{11.9}$$

この式に (11.6) を入れると，右辺はゼロになる．すなわち

$$H(q, p) = E. \tag{11.10}$$

これはエネルギー積分に外ならない．

位相空間 力学系のある時刻での状態は $q_1,\cdots,p_f$ の $2f$ 個の値を指定するときまる．それは $q_1,\cdots,p_f$ の $2f$ 個の座標軸をもった $2f$ 次元空間を想像するならば，この空間のひとつの点であらわされる．この空間を**位相空間**といい，力学的な状態をあらわす点を**代表点**という．

ある時刻に力学系の代表点が位相空間のなかに与えられると，それは Hamilton の方程式 (11.6) から計算できる速度 $(\dot q_1,\cdots,\dot p_f)$ で軌道を描いてゆく．この位相空間の軌道を**位相軌道**という．もし系の受ける外力が時間に関係しないならば，位相軌道は (11.10) をみたす超曲面——等エネルギー面の上にある．

もっとも簡単な位相空間は粒子の1次元運動で出あうもので，それは p と q を縦軸と横軸に選んだ平面になる．いま座標の原点の近くで，原点に引きもどそうとする力 $-m\omega^2 q$ を受けて振動する粒

子(1次元の調和振動子)を考えるならばポテンシャル・エネルギーは $\frac{1}{2}m\omega^2 q^2$ で，位相軌道は等エネルギー'面':

$$H = \frac{p^2}{2m} + \frac{1}{2}m\omega^2 q^2 = E \qquad (11.11)$$

に一致している．これは半軸がそれぞれ $(2mE)^{1/2}$, $(2E/m\omega^2)^{1/2}$ の楕円である．

さて自由度 f の力学系が N 個集まった系も，ひとつの力学系である．その自由度は $Nf=F$ にひとしい．この系の力学的な状態は $2F$ 次元の位相空間の1点であらわすこともできるし，$2f$ 次元の位相空間の N 個の点で代表させることもできる．Ehrenfest は $2F$ 次元の位相空間を気体(gas)空間の意味で Γ 空間，$2f$ 次元の位相空間を分子(molecule)空間の意味で μ 空間とよんだ．

一般に集合系を構成している要素系の間には相互作用がある．このため μ 空間の代表点のひとつに目をつけると，それは時間的に決して同一の等エネルギー面の上にとどまってはいない．しかし，集合系が外部から孤立していれば Γ 空間の代表点はいつも同一の等エネルギー面の上にある．

Liouville の定理 いま直線上を運動する粒子の位置と運動量を観測して，位置は q^0 と $q^0+\varDelta q^0$ の間に，運動量は p^0 と $p^0+\varDelta p^0$ の間にあることがわかったとする．$\varDelta q^0$ と $\varDelta p^0$ は測定の誤差をあらわす．そこで粒子の力学的な状態は q-p 平面の面分 $\varDelta q^0 \varDelta p^0$ のなかにあること以上には明らかでない．この面分を代表点の集まりでぬりつぶしておく．さて時間の経過につれて面分のなかの各代表点はある軌道に沿うて他の場所へ移ってゆく．各代表点の速度はすこしずつ違っているので，初めにマークをつけておいた面分の形状はだんだん変わってゆく．しかし，その面積は観測の誤差できまる値：

$$\sigma_0 = \varDelta q^0 \varDelta p^0 \qquad (11.12)$$

をとりつづける．

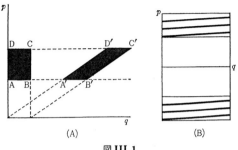

図 III.1

簡単な例として直線上を運動する自由粒子を考える．図 III.1 の (A) で，矩形 ABCD が観測によって質点のいることがわかっている面分である．DC 上の点は AB 上の点より $\Delta p^0/m$ だけ速い速度で右へ進む．そこで初めの面分は図の A'B'C'D' の形のものへ変わる．この 4 辺形の帯はその幅を時間とともにせばめ，横に傾いてゆく．しかし面分の面積が一定値をとることはいうまでもない．

もし長さ L の線分の間を往復する粒子を考えるならば，初めに与えた矩形の面分は，十分時間がたつと図 III.1 の (B) のようなシマ模様の形にかわる．これは図 III.1 の (A) の傾いた 4 辺形を L ごとに区切っていき，ひとつおきに下に移して重ねたもので，シマの領域の面積が初めの矩形のものと同じだという事情は変わらない．

一般に，$2f$ 次元の位相空間のある領域を代表点の集まりでぬりつぶしておくと，形を変えながら代表点とともに動いてゆくこの領域の体積は時間がたっても変わらない．これを Liouville の定理という．

Liouville の定理の証明　ある時刻に位相空間の場所 $(q_1, \cdots, p_f)$ に代表点の集まりでぬりつぶされた小さな体積要素

$$\Delta q_1 \cdots \Delta q_f \Delta p_1 \cdots \Delta p_f = \Delta q \Delta p$$

をとり，これが時間 dt の間に示す膨脹率がゼロになることがわか

ればよい．ここで直方形に切り出した固体の体膨脹率は各辺の線膨脹率の和にひとしいことを思いだそう．直方形の物体が斜方形にゆがむときの体膨脹率は角度のひずみについて2次以上の小さなもので，これは省略できる．そこで目をつけた位相体積要素の膨脹率は各辺の線膨脹率の和で与えられる．

いま Δq_i の膨脹率をたずねる．その一端は q_i の位置，他端は $q_i+\Delta q_i$ の位置にある．q_i 軸にそうてのそれらの速度の成分は一端では $\dot{q}_i$，他端では

$$\dot{q}_i + \frac{\partial \dot{q}_i}{\partial q_i} \Delta q_i$$

であるから，この辺の長さは dt 時間に $(\partial \dot{q}_i/\partial q_i)\Delta q_i dt$ だけ伸びている．すなわち，この辺の膨脹率は

$$\frac{\partial \dot{q}_i}{\partial q_i} dt$$

である．同様に辺 Δp_i の膨脹率は $(\partial \dot{p}_i/\partial p_i)dt$ にひとしい．そこで体積要素 $\Delta q \Delta p$ の膨脹率は

$$\sum_i \left(\frac{\partial \dot{q}_i}{\partial q_i} + \frac{\partial \dot{p}_i}{\partial p_i}\right) dt. \qquad (11.13)$$

この( )のなかは Hamilton の方程式によってゼロである．

§12. 量子状態

不確定性原理　位相空間における系の代表点のいる領域は初めにおこなった観測の誤差からきまる，時間に無関係な広がりをもっている．この広がりの大きさがいまは問題である．簡単のため自由度1の系を考える．古典力学は座標と運動量は同時にいくらでも正確に測れるという原理に基づいている．だから理想的な観測をおこなうと，古典力学では，観測の誤差：Δq^0 も Δp^0 もゼロである．しかし量子力学では違う．それは次の **Heisenberg の不確定性原理**に基礎を置いている：

§12. 量子状態

"$\Delta q^0 \Delta p^0$ がひとつの定数 h より小さいような位置と運動量の同時的な観測は存在しない."

普遍定数 h を **Planck** の定数といい,

$$h = 6.623 \times 10^{-27} \text{ erg sec} \qquad (12.1)$$

の値をもつ.

理想的な観測に伴う誤差:

$$\Delta q^0 \Delta p^0 = h \qquad (12.2)$$

は自然の本性に基づいている. そこで力学系を位相空間の 1 点であらわすのは原理的に意味がなく, むしろ位相'体積' $\Delta q \Delta p = h$ にひとつの力学的状態があると考えねばいけない. この面分をさらに細分して多くの状態をつくっても, それはもともと見分けられないものを独立な状態と想像しているにすぎない.

一般に自由度 f の力学系の状態——量子状態は位相体積要素

$$\Delta q_1 \cdots \Delta q_f \Delta p_1 \cdots \Delta p_f = h^f \qquad (12.3)$$

にひとつのわりあいで存在している. 同じように Γ 空間の h^F の体積に集合系のひとつの量子状態がある.

定常状態とエネルギー準位 時間とともに変わらない量子状態を定常状態という. これを半古典的な立場から考えてみよう. いま線分 L の上を往復する粒子を考えると, 位置測定の誤差 Δq^0 は十分時間がたつと, その位置をまったく見失わしてしまう (図 III.1 の B). この理由によって右, 左へ進む可能性を含めて $\Delta q = 2L$ とおく. すると, ひとつの量子状態は $2L(\Delta p) = h$ の面積をもつので, $\Delta p = h/2L$ の間隔で位相空間を分けてゆく (図 III.2 A). n 番目の等エネルギー'面'は

$$p_n = \frac{nh}{2L}, \quad n = 1, 2, \cdots \qquad (12.4)$$

の大きさの運動量をもち, この状態に対するエネルギーは

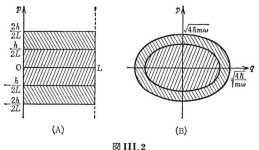

図 III.2

$$\varepsilon_n = \frac{p_n{}^2}{2m} = \frac{1}{2m}\left(\frac{nh}{2L}\right)^2 \qquad (12.5)$$

となる. 粒子の量子的に許される運動量はとびとびの値をとり, これを**運動量の量子化**, あらわれた自然数 n を**量子数**という. また量子化に相当したエネルギー ε_n を**エネルギー準位**という.

上の問題で, もし粒子が直線の右端へ来たとき, 反射するかわりに直接, 左端へもどるならば, これを**周期境界条件**という. これは直線の右端を左端へつないだ環の上の粒子の運動に当る. このとき Δq は L になるはずで, (12.4), (12.5) の $2L$ を L でおきかえると, この場合の p_n, ε_n が得られる. ただし右, 左へ進む運動を別々に数えて, いまは $n = 0, \pm 1, \pm 2, \cdots$ と置く.

調和振動子のエネルギー準位は, その等エネルギー '面' の囲む面積を nh と置くと見つかる (図 III.2 B). (11.11) によって, この面積は $\pi(2m\varepsilon)^{1/2}(2\varepsilon/m\omega^2)^{1/2} = 2\pi\varepsilon/\omega$ にひとしく, したがって $\varepsilon_n = nh\nu$ が得られる. ここで $\nu = \omega/2\pi$ は振動子の古典的な振動数である. 正確なエネルギー準位は

$$\varepsilon_n = \left(n + \frac{1}{2}\right)h\nu, \qquad n = 0, 1, \cdots. \qquad (12.6)$$

1次元の自由粒子の往復運動では量子数 $n = 0$ が欠けており, 周

期境界条件であつかうと，それが含まれる．このわけは振動子に半整数の量子数のあらわれることも含めて，量子力学の基本方程式である Schrödinger の波動方程式からでてくる．

さいごに，1辺が L の立方体容器のなかの粒子のエネルギー準位は3個の量子数に関係している．3つの軸に沿うて(12.4)を適用するならば，許される運動量は

$$p_x = \frac{n_x h}{2L}, \quad p_y = \frac{n_y h}{2L}, \quad p_z = \frac{n_z h}{2L},$$
$$n_x, n_y, n_z = 1, 2, \cdots \tag{12.7}$$

で，エネルギー準位は

$$\varepsilon_n = \left(\frac{h}{2L}\right)^2 (n_x^2 + n_y^2 + n_z^2) \tag{12.8}$$

となる．周期的な境界条件では $2L$ のかわりに L，また $n_x, \cdots = 0, \pm 1, \pm 2, \cdots$ とおく．

回転子とスピン 平面回転子の位相空間は横軸 φ が 0 から 2π まで，縦軸が p_φ の平面である．横軸の右端 2π にくると回転子は左端 0 にもどっている．いまは周期的な境界条件の場合に当り，(12.4)の $2L$ のかわりに 2π と置く．(11.3)を考慮して

$$(p_\varphi)_n = n\frac{h}{2\pi} \equiv n\hbar, \quad \varepsilon_n = \frac{1}{2I}(n\hbar)^2,$$
$$n = 0, \pm 1, \pm 2, \cdots . \tag{12.9}$$

円周の上ではなく球面の上の回転子の Hamilton 関数は (11.8) にある．量子力学によると，このエネルギー準位は

$$\varepsilon_l = \frac{\hbar^2}{2I} l(l+1), \quad l = 0, 1, 2, \cdots \tag{12.10}$$

で与えられる．この式は (12.9) の n^2 を $n(n+1)$ でおきかえたものに当る．

平面回転子では，角運動量は回転面に垂直なため，その大きさを固定すると，向きは上向き（左まわりの回転）か下向き（右まわりの

回転)かしかない.これらが(12.9)の正,負の量子数に当る.しかし3次元の回転子では回転面の配向にもっと多くの自由度があらわれる.角運動量の z 成分 p_φ はすでに指摘したように一定値をとるが,それを量子化したものは $\hbar$ の整数倍になる.この整数 m は,量子数 l の状態では,$l, l-1, \cdots, -(l-1), -l$ の値をとる.これはちょうど大きさ $l\hbar$ の角運動量を想像したときの,その z 成分のとりうる値に当る(図 III.3).エネルギーは角運動量の大きさだけに関係して,その向きによらないはずだから,準位 ε_l は $2l+1$ 個の独立な量子状態を含む.一般に,ある準位が n 個の独立な状態を含むとき,その準位を n 重に縮退しているという.

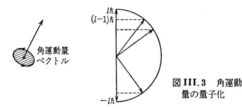

図 III.3　角運動量の量子化

回転子のティピカルなものは分子の回転運動であらわれる.しかし原子核や電子も角運動量をもっている.ただ回転子と違う点は,それらの角運動量の量子数 l が一定値をとることである.この量子数を粒子のスピンという.たとえば電子,プロトン,中性子などはスピン 1/2 の粒子である.またデューテロンや光子はスピン 1 の粒子である.スピン I の粒子は角運動量の向きから来る $2I+1$ の量子状態を含む.しかし光子は光速で走っているという,とくべつの事情によって自由度は 3 のかわりに 2 になる.これはふつう光の偏りの自由度と考えられているものに当る.

この節では力学系の区別できる状態は数えることができ,またそれらがいかに数えられるかを見たのである.

§13. 粒子系の量子状態

いま N 個の構造のない粒子からなる気体を考えると，個々の粒子の量子状態は 3 個の量子数 (n_x, n_y, n_z) であらわされ，それをシンボリックに n で代表させる．これらの量子状態 n に N 個の粒子をくばると，全体としての系の量子状態が得られる．いまは，このくばりかたが問題である．

量子力学によると，同種の粒子はもともと見わけのつかないものである．このことは不確定性原理に関係している．いま 2 つの粒子を見わけようとすれば，位置と運動量の観測による以外に道はあるまい．ところが，これらの粒子が近づきあうと粒子を見わけるのに十分な位置と運動量の測定は不確定性原理によってできなくなる．だから近づきあう 2 つの粒子のぼやけた位相軌道を追跡していっても，どこかで見失ってしまう．

さらに量子力学によると，見わけのつかない粒子のくばりかたには次の 2 つの場合のどちらかだけが実現される：

(A) いくらでも多くの粒子が同時に同じ量子状態を占めることができる．このくばりかたを **Bose-Einstein** 統計という．

(B) ただひとつの粒子しか同時にひとつの量子状態を占めることができない．これを **Pauli** の禁制原理といい，この原理にあう，くばりかたを **Fermi-Dirac** 統計という．

特定の粒子が時と場合に応じてカメレオンのように，その統計を変更することはない．どの統計を選ぶかは粒子の生まれたときからきまっている．光子やデューテロンのように，一般に 0 を含めて整数のスピンをもつ粒子は B-E 統計にしたがう．また電子やプロトンのように，一般に半整数のスピンをもつ粒子は F-D 統計にしたがう．

古典力学では粒子はたがいに見わけられると考えている．このとき

(C) 粒子はたがいに見わけられ,各量子状態をたがいに独立に占めることができる.このくばりかたを **Maxwell-Boltzmann 統計** という.

このくばりかたは,たとえば同種の原子が結晶の格子位置に局在したりしていて,それらの入れかわりが無視できる場合には正しい.また後で述べるように,密度の小さな気体——理想気体では,適当な補正因数を考えると M-E 統計は正しい結果にみちびく.

いま,粒子を上記の3つの統計にしたがって μ 空間の量子状態へくばったとき,どれだけの独立な微視状態があらわれるかを簡単な場合について見る.図 III.4 に,2個の量子状態に2個の粒子をくばったときの微視状態を示した.この図で同一の席を2つの粒子が占める比率をたずねるならば,それは F-D, B-E, M-B 粒子でそれぞれ $0, \frac{1}{3}, \frac{1}{4}$ になる.したがって M-B 粒子に相対的な意味で,F-D 粒子はしりぞけあう傾向を,B-E 粒子はよりあう傾向をもつ.

N 個の粒子を M-B 統計でくばり,得られる微視状態の数を $1/N!$ → $N!$ でわると,これは見わけのつかない効果をとり入れた状態数の計算になる.この補正した **M-B 統計** では,下の図にあらわれた微視状態の数は4のかわりに2になる.このように M-B 統計は F-D, B-E 統計の中間の結果にみちびく.一般に,見わけられない N 個

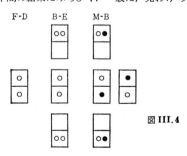

図 III.4

の粒子を別々の席にくばる,くばりかたの数を,M-B 統計は粒子の入れかえの総数 $N!$ にひとしい因数だけ過大評価している.もし粒子をその総数よりは非常に多くの——たとえば数万倍の数の席へくばる場合を考えるならば,2 個以上の粒子が同じ席を占めるのはごくまれである.この場合に F-D 統計と B-E 統計の違いはなくなり,くばりかたの数は補正した M-B 統計による評価にきわめて近い.

前の節で Γ 空間には h^F の体積にひとつの微視状態があるとした.これらの状態は M-B 統計では区別できる状態だが,補正した M-B 統計ではそのうちの $1/N!$ だけが独立な状態である.

§14. 力学の問題から確率の問題へ

等確率の原理 前の節で,粒子の量子状態から粒子系の量子状態——微視状態がどのようにして組み立てられるか,その規則を述べた.ところで集合系は決して同じ微視状態にいつまでもとどまってはいない.気体のなかでは,たえず衝突が行なわれていて,各分子は休みなく μ 空間の量子状態の席を変えてゆく.室温での 1 mol の気体のなかで,だいたい 10^{33} sec^{-1} くらいの衝突が起っている(§9).この数字は集合系がひとつの微視状態から他のものへと移ってゆく毎秒の回数の目やすになる.

さて微視状態の間で目まぐるしくおこなわれている遷移の過程を直接,追跡するかわりに,それらのあらわれる確率をたずねる.私たちは次の**等確率の原理**をおく:

"孤立した平衡系では,エネルギーが E と $E+\delta E$ の間にある,すべての微視状態はひとしい確率であらわれる."

公平につくられたサイコロをふると各面のあらわれる確率は公平に 1/6 である.系の微視状態は公平につくられたサイコロのひとつの面に対応している.Γ 空間の等エネルギー面の上,h^F の素体積をもつ領域に代表点をおいたとき,この領域はどこへ動いていって

も伸縮することはない(Liouville の定理). だから, ひとつの素体積が他の素体積よりあらわれやすいと考えられるような物理的な理由は何もない.

上に与えた原理のなかで, 孤立系のエネルギー E に, たいへん小さな幅 δE をつけたのはエネルギーに関する不確定性原理による. 量子力学によると, 系のエネルギーの測定に伴うあいまいさ δE は, 測定に要した時間 δt と

$$\delta E \delta t \geq h \tag{14.1}$$

の関係にある. だから理想的な観測で, 系のエネルギーには $h/\delta t$ だけの幅があることになる.

エネルギーが E と $E+\delta E$ の間にある微視状態の集まりを, ミクロ・カノニカル集合という. 孤立系の熱力学的な量はもともと, これに対応する力学量の時間平均に当るが, それをミクロ・カノニカル集合についての平均でおきかえる. この後の平均を位相平均ということがある. 時間平均が位相平均で置きかえられるような系をエルゴーディクであるという.

力学量のミクロ・カノニカル集合についての平均値は時間に関係しない. なぜかというと, Γ 空間の厚み δE をもった等エネルギー面の層のなかに素体積 h^F にひとつのわりあいで代表点をばらまいたとき, 代表点の集まりは Liouville の定理によって伸びちぢみのない流体のようにふるまうので, 初めに一様にばらまかれた代表点の密度は時間がたっても一様のままだからである. したがって, ミクロ・カノニカル集合の上での力学量の平均値は, それが平衡状態で持たねばいけない性質をそなえている.

古典力学と量子力学* 古典力学では力学系の代表点は Γ 空間の等エネルギー面の上にある. 厚み δE をもった等エネルギー面の層のなかのミクロ・カノニカル集合について力学量の平均をとるのは次のように理解される.

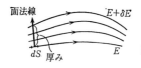

図 III.5 代表点の流線

　いま等エネルギー面の層のなかを一様な密度で流れている代表点の流体に目をつける．層の厚みをエネルギーの尺度ではなく，等エネルギー面の面分 dS に立てた法線の高さで測る．すると，層は曲面上のある場所では厚く，他の場所では薄いだろう．厚みの大きな場所では代表点の流体はおそく流れており，小さな場所でははやく流れている（図 III.5）．いま流管に沿うて，流体力学にでてくる連続の方程式：（流管の断面積）×（流速）=const を思いだすならば，層の厚みは代表点の速度 $v(q, p)$ に逆比例していることがわかる．位相速度 $v(q, p)$ は Hamilton の方程式(11.6)によって

$$v(q, p) = \left[\sum_i (\dot{q}_i^2 + \dot{p}_i^2)\right]^{1/2}$$
$$= \left[\sum_i \left\{\left(\frac{\partial H}{\partial p_i}\right)^2 + \left(\frac{\partial H}{\partial q_i}\right)^2\right\}\right]^{1/2}. \qquad (14.2)$$

このように，厚み δE の層に含まれる代表点について力学量の平均（ミクロ・カノニカル平均）をとるのは，重み $w(q, p)$:

$$w(q, p) \propto \frac{1}{v(q, p)} \qquad (14.3)$$

をつけて等エネルギー面の上で力学量の平均をとることと同じだということがわかった．ところで代表点は遅く通過する場所には，速く通過する場所よりながく滞在するわけで，曲面上の面分 dS に滞在する確率は $dS/v(q, p)$ に比例する．ミクロ・カノニカル平均を考えるのは，上のような**滞在確率**を力学系に与えていることに当る．

　古典力学では代表点のとる位相軌道は超曲線にすぎないが，量子力学では，それが素体積 h^F を伴う．この素体積が，十分時間のたった後，きわめて細い糸状の領域にかわって等エネルギー面をおお

うことは想像できる.すなわち図Ⅲ.1の(B)に与えたような事情がΓ空間で起ると考えている.

もっと具体的に気体のなかの原子の衝突を考えてみる.§7で述べたように,2つの原子の衝突では,衝突した後の運動量は衝突の前の運動量だけではきまらない.衝突の後の運動量がわかるには,接触したときの2つの原子(球)の中心を結ぶ線の向きを知る必要がある.しかし衝突する前の原子の量子状態の知識だけでは,原子はどこにいるのかわからない.だから衝突したときの中心線の向きはわからない.このため,どの量子状態にいるかがわかっていた2つの原子の衝突後の行くさきは完全にはわからない.この事情によって,初めに気体をある微視状態にととのえておいても,衝突をくり返すごとにあいまいさは増してゆき,すこし時間がたつと,気体がどんな微視状態をとっているか,まったくわからなくなってしまう.

§15. 熱力学的な力

定義 一般に力学系は,その置かれている外的な条件に関するパラメーターを含んでいて,これを**外部座標**という.たとえば気体の系の外部座標は容器の体積である.力学系の外部座標のひとつをxとし,それがΔxだけ変わったとすると,微視状態rのエネルギー準位E_rは$(\partial E_r/\partial x)\Delta x$だけ変わる.もし外部座標の変化がゆっくりおこなわれるならば,この変化の過程で系はひとつの微視状態から他の微視状態へと非常に多くの遷移を衝突によってくり返すだろう.そこで,ゆっくりおこなわれる外部座標の変化では,系の受けるエネルギー変化ΔEは各準位のエネルギー変化を,あらわれる可能なすべての微視状態の集まり,すなわちミクロ・カノニカル集合の上で平均したもので与えられる:

$$\Delta E = \left\langle \frac{\partial E_r}{\partial x} \right\rangle \Delta x . \tag{15.1}$$

§15. 熱力学的な力

いま外部座標 x に共役な熱力学的な力 X を

$$X = -\left\langle \frac{\partial E_r}{\partial x} \right\rangle \tag{15.2}$$

で定義するならば，力学系のなした仕事 ΔA は

$$\Delta A = -\Delta E = X \Delta x \tag{15.3}$$

で与えられる．

上の力の定義が正しいことは次の例で示される．いま外部座標を気体の体積 V にとると，これに共役な力 X は圧力 p である．粒子の量子状態 $1, 2, \cdots$ にそれぞれ $\nu_1, \nu_2, \cdots$ 個の粒子をくばったときの微視状態 r のエネルギー E_r が

$$E_r = \nu_1 \varepsilon_1 + \nu_2 \varepsilon_2 + \cdots = \sum_i \nu_i \varepsilon_i \tag{15.4}$$

であらわせる系を理想系という．エネルギー準位 ε_i は(12.8)によって $L^{-2} = V^{-2/3}$ に比例する．だから

$$\frac{\partial \varepsilon_i}{\partial V} = -\frac{2}{3} \frac{1}{V} \varepsilon_i. \tag{15.5}$$

(15.2)の E_r の微分では微視状態 r を特徴づける数: $\nu_1, \nu_2, \cdots$ は固定されているので

$$p = \frac{2}{3} \frac{1}{V} \left\langle \sum_i \nu_i \varepsilon_i \right\rangle = \frac{2}{3} \frac{E}{V},$$

$$\therefore \quad pV = \frac{2}{3} E. \tag{15.6}$$

この式は理想気体の式(6.7)と一致している．しかし，この式のなりたつ領域はずっと広い．F-D, B-E 統計にしたがう理想系にも(15.6)はあてはまる．

外部座標がいくつもあるときの式を書くのは形式的である．それらを $x_1, x_2, \cdots$ とすると，これらに共役な力 $X_1, X_2, \cdots$ は(15.2)とおなじように定義される．(15.3)のかわりに，いまは

$$\Delta A = \sum_i X_i \Delta x_i, \quad X_i = -\left\langle \frac{\partial E_r}{\partial x_i} \right\rangle. \tag{15.7}$$

断熱定理 上のように仕事を定義すると次のことが証明できる．"Γ 空間での代表点の滞在する等エネルギー面の囲む位相体積は仕事の過程では一定値にたもたれる．" この証明は次の項目で与える．

ここでは上記のことを含めて，外部座標の変化に対する私たちの取り扱いが自由度の小さな系でなりたつ力学定理の素直な拡張になっていることを指摘しよう．外部座標のゆっくり変わる変化を力学では**断熱変化**という．断熱変化では系の代表点の滞在する等エネルギー面の囲む位相体積は一定値をとる．これを**断熱定理**という．

いま簡単な問題について断熱定理のなりたっているのを見よう．ピストンをゆっくり動かしたときに，シリンダーのなかの粒子がどのように状態を変えるかをたずねる．ながい時間 T の間にシリンダーが L から $L+\varDelta L$ に伸びたとすれば，ピストンの一様な変位速度 v_0 は $\varDelta L/T$ になる．もし粒子がシリンダーに沿うて速さ v でピストンに近づくならば，ピストンに相対的なその速さは $v-v_0$，ピストンと衝突した後の粒子の速度はピストンに相対的に v_0-v，これはシリンダーから見ると $2v_0-v$ になる（図III.6）．だから粒子の運動量は $2mv_0$ だけ減少している．

図III.6

さて粒子とピストンの衝突回数は $v/2L\ \mathrm{sec}^{-1}$ であるので，これに $2mv_0$ をかけてピストンが変位 $\varDelta L$ をとげる間に粒子の受けた運動量の変化 $\varDelta p$ は

$$\varDelta p = -(2mv_0)\frac{v}{2L}T,$$

$$\therefore\ \frac{\varDelta p}{p} = -\frac{\varDelta L}{L} \tag{15.8}$$

となることがわかる．したがって粒子のエネルギー：$\varepsilon = p^2/2m$ の変化 $\varDelta\varepsilon$ は

$$\frac{\Delta\varepsilon}{\varepsilon} = -2\frac{\Delta L}{L} \tag{15.9}$$

となる．(15.8)は断熱定理をあらわしている：pL=const．しかし，この結果は粒子がピストンと多くの回数の衝突をくり返すのでなければなりたたない．どんな速さの粒子についても(15.8)がなりたつには，ピストンの変位は無限にゆっくりおこなわれる必要がある．(15.9)はエネルギー準位(12.5)の L を ΔL だけ変えたときの $\Delta\varepsilon$ とおなじである．断熱変化では系は同一の量子状態にとどまる．このことは量子力学でも正しい．

断熱過程では代表点の滞在する等エネルギー面の囲む位相体積が不変であること* 古典力学の立場で証明する．代表点は外部座標 x が値 x をとるときの等エネルギー面：$H(q,p;x)=E$ から値 $x'\equiv x+\Delta x$ をとるときの等エネルギー面：$H(q,p;x')=E'$ へ移った．もし $E'-E=\Delta E$ が(15.1)に対応するもの：

$$\Delta E = \left\langle \frac{\partial H}{\partial x} \right\rangle \Delta x \tag{15.10}$$

で与えられるならば，上記の2つの等エネルギー面の囲む位相体積がひとしいことを示せばよい．

これを示すのに，体積変化を2つの部分に分ける．第1の部分は代表点のエネルギーが一定値 E をとって x が Δx だけかわったときの体積変化，第2の部分は x が一定値をとって代表点のエネルギーが ΔE だけ増したことによる体積変化である．

体積変化の第1の部分では，Hamilton 関数の値が位相空間の各場所でかわっている．等エネルギー面 E の上の面分 dS のところでの関数値は $(\partial H/\partial x)\Delta x$ だけ高くなっている．そこで新しい関数 $H(q,p;x')$ の値が E より低い位相体積の部分をたずねるならば，面分 dS に立てた内向きの法線に沿うて，ある距離 $\Delta\nu$ のところであらわれるエネルギー等高面のところまでは外にはみ出ている．この

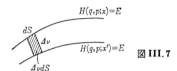

図 III.7

距離 $\varDelta\nu$ は,それにエネルギー等高面の傾斜 $|\mathrm{grad}\,H|$ をかけたものが $(\partial H/\partial x)\varDelta x$ にひとしいことから見つかる(図 III.7).面分 dS の場所ではみ出た体積 $\varDelta\nu dS$ を等エネルギー面の上でよせ集めると,はみ出た体積の総額は

$$\int \varDelta\nu dS = \varDelta x \int \frac{\partial H}{\partial x} \frac{dS}{|\mathrm{grad}\,H|} \qquad (15.11)$$

にひとしい.

体積変化の第2の部分では,外部座標が x のままで,代表点のエネルギーが $\varDelta E$ だけ増している.すると代表点の等エネルギー面はもとの等エネルギー面の面分 dS に立てた外向きの法線に沿うて距離 $\varDelta\nu=\varDelta E/|\mathrm{grad}\,H|$ の場所まで膨脹している.そこで,とり込まれる体積の総額は

$$\varDelta E \int \frac{dS}{|\mathrm{grad}\,H|} = \varDelta x \left\langle \frac{\partial H}{\partial x} \right\rangle \int \frac{dS}{|\mathrm{grad}\,H|} \qquad (15.12)$$

にひとしい.ここで(15.10)を考えた.

もし(15.11)と(15.12)がひとしければ,位相体積の変化は消しあっている.それには2つの式の右辺をくらべて

$$\left\langle \frac{\partial H}{\partial x} \right\rangle = \frac{\displaystyle\int \frac{\partial H}{\partial x} \frac{dS}{|\mathrm{grad}\,H|}}{\displaystyle\int \frac{dS}{|\mathrm{grad}\,H|}} \qquad (15.13)$$

がなりたつとよい.ところでベクトル $\mathrm{grad}\,H$ は $(\partial H/\partial q_1,\cdots,\partial H/\partial p_F)$ の成分をもち,その大きさは(14.2)の右辺に,したがって代表点の位相速度 $v(q,p)$ にひとしい.だから上の式の右辺は滞在確率(14.3)を考えて $\partial H/\partial x$ の等エネルギー面上での平均値を計算して

いる.分母 $\int dS/|\mathrm{grad}\,H|$ は確率の規準化に必要な定数である.だから (15.13) は要するに $\langle \partial H/\partial x \rangle$ の定義をあらわしているにすぎない.

問　題

III.1 質量 m_1, m_2 の原子からなる 2 原子分子の運動エネルギー K とポテンシャル・エネルギー U を次の形におけ.

$$K = \frac{m_1}{2}(\dot{x}_1^2+\dot{y}_1^2+\dot{z}_1^2) + \frac{m_2}{2}(\dot{x}_2^2+\dot{y}_2^2+\dot{z}_2^2),$$

$$U = U(r), \qquad r\,\text{は原子}\,1, 2\,\text{の距離}.$$

$\dfrac{m_1 x_1+m_2 x_2}{m_1+m_2}=x_0,\cdots$ で重心座標 (x_0, y_0, z_0), $x_1-x_2=x,\cdots$ で相対座標 (x, y, z) を導入し，これらを使って $K+U$ を書きあらわせ. つぎに (x, y, z) のかわりに極座標 (r, θ, φ) を導入せよ. 得られる $K+U$ から 2 原子分子の Hamilton 関数を見つけよ. ただし $U(r)$ はその極小の位置 r_0 で展開し $r-r_0$ の 2 次の項までとるものとする.

III.2 1 次元の調和振動子について Liouville の定理を確かめよ. それには振動子の楕円の位相軌道を円の形に変え，面積を保存するような変数変換をなすのが便利である.

III.3 Hamilton の方程式 (自由度 1) のひとつ: $\dot{p}=-\partial H/\partial q$ の両辺に q をかけ長時間平均の式をつくれ. 定常的な運動をなしている系では pq は有限値をもつことに注意して次のビリアル定理

$$2\langle K\rangle = -\left\langle \left(-\frac{\partial H}{\partial q}\right)q \right\rangle$$

を示せ. ここで K は運動エネルギーで，また力 $-\partial H/\partial q$ と着力点の座標 q の積の平均値をビリアルという. ビリアルをしらべて (1) 調和振動子では $\langle K\rangle=\langle U\rangle$ を，(2) 立方体の容器を仮定し理想

気体では $pV = \dfrac{2}{3}E$ を示せ．ただし U はポテンシャル・エネルギー．

III.4 もしエネルギーと運動量の関係が $\varepsilon = cp$ で与えられる粒子の理想系を考えるならば $pV = \dfrac{1}{3}E$ が得られることを示せ．

III.5 下端に質量 m のおもりのついた糸をなめらかな小さい輪に通し，おもりを小さく振らした際に糸の上端をゆっくりたぐり上げることによって，振り子として働いている糸の長さ l を Δl だけ変える．このとき

(1) 糸の張力の平均値を初等的に見つけよ．また，それが $\langle -\partial H/\partial l \rangle$ に等しいことを示せ．ここで H は振り子の Hamilton 関数．

(2) 振り子の受けたエネルギー変化を見つけ，系の代表点の位相軌道の囲む位相体積（面積）が変化の前後で変わらないことを示せ．

III.6 多原子分子や固体では，ある原子の平衡位置からの変位は他の原子の変位を引き起こす．このように原子の微小振動が連結しあっていても，各原子の変位の線形結合によって，互いに独立に振動する座標を見つけることができる．このような座標を基準座標といい，独立な振動を基準振動という．つぎの Hamilton 関数

$$H = \frac{1}{2m}(p_1{}^2 + p_2{}^2) + \frac{1}{2}m\omega_0{}^2(q_1{}^2 + q_2{}^2) + \kappa q_1 q_2$$

で与えられる 2 粒子系について，その運動方程式を

$$m\ddot{q}_1 = -m\omega_0{}^2 q_1 - \kappa q_2,$$
$$m\ddot{q}_2 = -m\omega_0{}^2 q_2 - \kappa q_1$$

の形にみちびき，基準振動を見出せ．基準座標 Q_1, Q_2 を位相体積が保存されるように決定せよ．

第 IV 章 エントロピーと分布

§16. エネルギー状態密度

エネルギーが E と $E+dE$ の間にある力学系の量子状態の数を $\omega(E)dE$ であらわすと，$\omega(E)$ を系のエネルギー状態密度という．粒子のエネルギー状態密度は粒子のしたがう統計に関係しない量だが，粒子系のそれは違う．ここで与える粒子系のエネルギー状態密度はM-B粒子に関するものである．

粒子のエネルギー状態密度　位置座標で積分してしまった μ 空間の位相体積要素 $Vdp_xdp_ydp_z$ に含まれる量子状態の数は

$$\frac{V}{h^3}dp_xdp_ydp_z \tag{16.1}$$

で与えられる．速度空間のかわりに，いまは運動量空間を考えると，量子状態はそのなかに V/h^3 の一様な密度で分布している．運動量空間に半径が p，厚みが dp の球殻をとると，そのなかに含まれる量子状態の数は $(V/h^3)4\pi p^2 dp$ にひとしい．ここで $p=(2m\varepsilon)^{1/2}$ の関係で運動量の読み p からエネルギーの読み ε に移る．すると $dp=(m/2\varepsilon)^{1/2}d\varepsilon$，だから ε と $\varepsilon+d\varepsilon$ の間に含まれる量子状態の数は

$$2\pi V\left(\frac{2m}{h^2}\right)^{3/2}\varepsilon^{1/2}d\varepsilon \equiv \omega_1(\varepsilon)d\varepsilon$$

にひとしい．粒子のエネルギー状態密度 $\omega_1(\varepsilon)$ を次の形におく：

$$\omega_1(\varepsilon)=C\varepsilon^{1/2}, \quad C=2\pi V\left(\frac{2m}{h^2}\right)^{3/2}. \tag{16.2}$$

もしエネルギー状態密度を(12.7)から計算したいならば，このときには運動量空間を一辺が $h/2L$ の小さな立方体にきざんで得られる単純立方格子の格子位置が量子状態に当る(図 IV.1)．1つの格子位置には1つの小立方体が対応していて，その体積は $(h/2L)^3$ だか

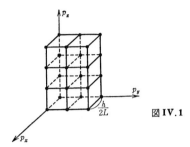

図 IV.1

ら,格子位置の密度は$(2L/h)^3 = 8V/h^3$になる.この結果は(16.1)の8倍に当るが,そのかわり,いまは正の運動量だけが許されていて,考慮さるべき球殻は全体の 1/8 になる.だから(16.2)と同じ結果がえられる.周期境界条件でも結果は同じである.一般にエネルギー状態密度は境界条件に関係しない.

結合系の微視状態の数 エネルギーがそれぞれ E_A, E_B の系 A, B を組み合わせた系 A+B のエネルギー E_{A+B} が

$$E_{A+B} = E_A + E_B \qquad (16.3)$$

をみたすならば,系 A, B は力学的に独立である.いま独立な系 A, B がそれぞれ W_A, W_B 個の微視状態をとるものとする.このとき系 A+B のとる微視状態の数をたずねる.これは2つのサイコロを振ったときにでてくる面の組合せで,できごとを定めるのに似ている.このときに,あらわれる面の組合せに

```
11 12 13 14 15 16
21 22 23 24 25 26
.....................
.....................
61 62 63 64 65 66
```

の $6 \times 6 = 36$ 個のものがある.まったく同様に,2つの独立な系 A, B の結合系 A+B のとる微視状態の数は

$$W_{A+B} = W_A W_B. \qquad (16.4)$$

§16. エネルギー状態密度

M-B粒子系のエネルギー状態密度　まず2粒子系のエネルギー状態密度を見つけよう．粒子1のエネルギーが ε_1 と $\varepsilon_1+d\varepsilon_1$ の間にあるとき，その微視状態の数は $\omega_1(\varepsilon_1)d\varepsilon_1$ にひとしい．同様に ε_2 と $\varepsilon_2+d\varepsilon_2$ の間のエネルギーをもった粒子2の含む微視状態は $\omega_1(\varepsilon_2)d\varepsilon_2$ だけある．独立な粒子1,2の結合系の微視状態の数は，(16.3)によって

$$\omega_1(\varepsilon_1)\omega_1(\varepsilon_2)d\varepsilon_1 d\varepsilon_2$$

だけある．結合系のエネルギーは $\varepsilon_1+\varepsilon_2=E$ で，それが E と $E+dE$ の間にある微視状態の数は図IV.2に示された帯域で上式をよせ集めたものに当る．積分の結果を $\omega_2(E)dE$ とおくならば，$\omega_2(E)$ が2粒子系の状態密度である：

$$\omega_2(E) = \int_0^E \omega_1(\varepsilon)\omega_1(E-\varepsilon)d\varepsilon . \tag{16.5}$$

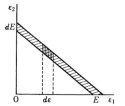

図 IV.2

つぎに3粒子系は1粒子系と2粒子系を組み合わせた系とみれる．だから，上におこなった手続きをくり返して3粒子系の状態密度は

$$\omega_3(E) = \int_0^E \omega_1(\varepsilon)\omega_2(E-\varepsilon)d\varepsilon . \tag{16.6}$$

かようなステップをつみかさねてゆくと N 粒子系の状態密度 $\omega_N(E)$ がみつかる．

いま(16.5)に(16.2)を入れ，ε/E を積分変数に選ぶと，$\omega_2(E)$ は

$$\omega_2(E) = C^2 E^2 \int_0^1 x^{1/2}(1-x)^{1/2}dx . \tag{16.7}$$

さいごの積分は定数だから、(16.5)の$\omega_2(E)$はC^2E^2に比例する。だからε/Eを積分変数に選んで、$\omega_3(E)$は$C^3E^{7/2}$に比例する。これらのことより、ω_1から$\omega_2, \omega_3, \cdots$ へとゆく際にひとつのステップで$CE^{3/2}$の因数が加わることがわかる。だから$\omega_N(E)$は$(CE^{3/2})^N/E$に比例する。比例定数はNが偶数なら

$$\left(\frac{\sqrt{\pi}}{2}\right)^N \div \left(\frac{3}{2}N-1\right)! \tag{16.8}$$

となる†。そこでNが偶数なら

$$\omega_N(E) = \frac{1}{\left(\frac{3}{2}N\right)!} \frac{3N}{2E} V^N \left(\frac{2\pi mE}{h^2}\right)^{3N/2}. \tag{16.9}$$

ここで(16.2)のCを代入した。

十分大きなNでの状態密度の取り扱いやすい表式は、大きなnでなりたつStirlingの公式

$$n! \cong \sqrt{2\pi n}\, n^n e^{-n} \tag{16.10}$$

を使うと見つかる。この公式の重要な部分$n^n e^{-n}$は$n!$の対数:

$$\ln 1 + \ln 2 + \cdots + \ln n$$

を積分で近似すると見つかる:

$$\ln n! \cong \int_0^n \ln x\, dx = n \ln n - n.$$

この式を後でよく使う。さて(16.10)を使って(16.9)は

$$\omega_N(E) \cong \frac{3N}{2E} V^N \left(\frac{4\pi meE}{3h^2 N}\right)^{3N/2}. \tag{16.11}$$

---

† 比例定数はNの偶、奇によらず$\Gamma\left(\frac{3}{2}\right)^N \Big/ \Gamma\left(\frac{3}{2}N\right)$となる。ここで$\Gamma(s)$はガンマ関数。$\omega_{n-1}$から$\omega_n$へゆくときの比例定数は

$$\int_0^1 x^{\frac{1}{2}} (1-x)^{\frac{3}{2}(n-1)-1} dx = \Gamma\left(\frac{3}{2}\right) \Gamma\left(\frac{3}{2}(n-1)\right) \Big/ \Gamma\left(\frac{3}{2}n\right)$$

にひとしく、ω_N へゆくまでにでてくる、これらの因数をかけあわせたものが上に与えた比例定数である。たとえば高木貞治：解析概論、ガンマ関数の項目を参照されたい。

§16. エネルギー状態密度

これは N の偶, 奇によらない.

微視状態の数 エネルギーが E より小さい微視状態の総数は, $\omega_N(E')dE'$ を $E'=0$ から $E'=E$ までよせ集めたもの:

$$\int_0^E \omega_N(E')dE' \tag{16.12}$$

で, これは Γ 空間の等エネルギー面 E で囲まれる位相体積を h^{3N} の単位で測ったものに当る.

いまからは粒子の見分けのつかない効果を補正した M-B 統計を考える. エネルギーが E を超えない微視状態の総数は, いまは (16.12) を $N!$ でわったもので与えられ, それを $\Omega(E)$ であらわせば

$$\Omega(E) = \frac{1}{N!} \int_0^E \omega_N(E')dE'. \tag{16.13}$$

エネルギー状態密度 $d\Omega/dE$ は (16.11) を $N! \cong N^N e^{-N}$ でわったもので, それは

$$\frac{d\Omega}{dE} = \frac{3N}{2E} \Omega(E), \tag{16.14}$$

$$\Omega(E) \cong e^{5N/2} \left(\frac{V}{N}\right)^N \left(\frac{4\pi mE}{3h^2 N}\right)^{3N/2}. \tag{16.15}$$

となる. またエネルギーが E と $E+\delta E$ の間にある系の微視状態の数 $W(E)$ は

$$W(E) = \frac{d\Omega}{dE} \delta E = \frac{3N}{2} \frac{\delta E}{E} \Omega(E) \tag{16.16}$$

で与えられる.

さて (16.15) 式の E/N は粒子ひとつ当りのエネルギーで, 気体運動論の結果を借用するなら, それは $\frac{3}{2}kT$ にひとしい. この結果の正しいことをまもなく示す. そこで理想気体の $\Omega(E)$ がどれくらいの大きさか評価できる. 次のデータは標準状態の 1 mol の He に関するもので, He 原子の質量は 6.68×10^{-24} g である.

$\dfrac{4\pi mE}{3h^2 N}$	3.61×10^{16}
$\left(\dfrac{4\pi mE}{3h^2 N}\right)^{3/2}$	6.85×10^{24}
$\dfrac{V}{N}$	3.72×10^{-20}
$e^{5/2}$	12.2
$e^{5/2}\dfrac{V}{N}\left(\dfrac{4\pi mE}{3h^2 N}\right)^{3/2}$	$3.10 \times 10^6 = 10^{6.5}$,

$$\therefore \ \Omega(E) = 10^{3.9 \times 10^{24}}. \tag{16.17}$$

いま見つもった数字のおどろくべき大きさから次のことが結論できる：きわめて高い精度で $\ln W$ は $\ln \Omega$ にひとしく，したがって $\ln W$ はエネルギーの幅 δE に無関係な値をもつ．いま(16.16)の対数をとる：

$$\ln W = \ln \Omega + \ln\left(\frac{3N}{2}\frac{\delta E}{E}\right). \tag{16.18}$$

もし $\ln 10 = 2.303$ を使うならば，(16.17)から $\ln \Omega$ は 9.0×10^{24} と見つもられる．つぎに(16.18)の右辺の第2項の大きさをみる．いま1年 ($\Delta t = 3 \times 10^7$ sec) かかって系のエネルギーを測定するならば，理想的な観測でのエネルギー幅 δE は $h/\Delta t = 2.2 \times 10^{-34}$ erg と見つもられる．また標準状態では $2E/3N$ は 3.8×10^{-14} erg である．だから $\delta E/(2E/3N)$ は 5.7×10^{-19} と見つもられるが，この自然対数は -42 にすぎない．

もし Ω が(16.17)で与えられる大きさのオーダーをもつならば，W も同じ大きさのオーダーの量である．また状態密度 $d\Omega/dE$ の大きさのオーダーも Ω や W のものとかわらない．目をつけたエネルギーのところで，微視状態はびっくりさせられるような高い密度で分布している．

§17. Boltzmann の原理

粒子数が非常に大きな系では，ここで述べた事情があらわれる．

§17. Boltzmann の原理

熱力学の第二法則は次の **Boltzmann の原理**でつくされている：

"孤立系のとる微視状態の数を W とすると，平衡状態での系のエントロピー S は

$$S = k \ln W \qquad (17.1)$$

で与えられる．"

このエントロピーが熱力学のエントロピーとおなじものであることを示そう．第1に微視状態の数 W は系のエネルギー E と体積 V の関数だから，S は E, V の関数，すなわち状態量である．第2に S は示量性の量である．このことは，それぞれが W_1, W_2 個の微視状態をとる2つの独立な系1,2の組をひとつの系とみたときの微視状態の数 W が(16.4)：

$$W = W_1 W_2 \qquad (17.2)$$

で与えられることによる．この対数をとると

$$S = S_1 + S_2 \qquad (17.3)$$

がえられ，組あわせた系のエントロピーは個々の系のエントロピーの和になっている．

第3と第4のポイントを述べるのに，h^F の単位で測った $\varGamma$ 空間の位相体積 $\varOmega$ の自然対数が W の自然対数と非常に高い精度で一致すること(§16)を思いだそう．そこで $\ln W$ は $\ln \varOmega$ と同じ性質をもつことになる．さて，外部座標を固定しておくと，$\varOmega$ は E について単調増加の関数のはずで，これから $\ln W$ を E で偏微分したものは正だということがわかる．すなわち

$$\left(\frac{\partial S}{\partial E}\right)_V = \frac{1}{\theta} \qquad (17.4)$$

と置いたときの θ は正である(第3のポイント)．

第4のポイントは熱力学的な力の式(15.2)からでてくる．圧力 p はあの式から

$$p = -\left\langle \frac{\partial E_r}{\partial V} \right\rangle \tag{17.5}$$

と書きとれる．このように力を定義するなら，外部座標 V の変化の前後で Ω が一定値をとることを指摘した（§15）．すなわち $\ln \Omega$, したがって $\ln W$ が一定値をとるような体積変化が考えられているわけで，(17.5)のかわりに

$$p = -\left(\frac{\partial E}{\partial V}\right)_S \tag{17.6}$$

と書ける．

(17.4)の分子と分母をひっくり返した式 $(\partial E/\partial S)_V = \theta$ と(17.6)からなる1組の式は無限小変化の式

$$dE = \theta dS - pdV \tag{17.7}$$

と等価である．もし θ が絶対温度 T とおなじものなら，上の式は可逆過程の基本式(5.1)に一致する．そこで，これを理想気体についてたずねる．このときの S は(16.15)の対数をとったもので，(17.4)の左辺を計算する際に重要なのは $\frac{3}{2}Nk \ln E$ の形の項である．だから

$$\frac{1}{\theta} = \left(\frac{\partial S}{\partial E}\right)_V = \frac{3Nk}{2E} \tag{17.8}$$

がえられる．ところで(15.6)によって pV は $\frac{2}{3}E$ にひとしいから，上の式は $pV = R\theta$ とおなじわけで，θ が気体温度計の温度と一致することがわかる．

熱力学の第二法則のうち，可逆過程に関する部分は以上でつくされているが，その非可逆過程に関する部分がいまは残っている．それをしらべることによって，エントロピーの意味は現象論の立場でよりも，はるかに明確な形でとらえられる．

§17. Boltzmannの原理

非可逆過程におけるエントロピーの増加 まず簡単な問題からはじめる．図 IV.3 の(A)では，体積 V の2つの部屋が仕切りをへだてて，左側は気体でみたし，右側は真空にしている．また(B)では部屋の間の仕切りが取りさられて気体は体積 $2V$ の領域を一様にみたしている．いま仕切りがあったときの微視状態の数を W_A，仕切りを取りさったときのそれを W_B であらわす．仕切りがなくても，ちょうど左側の部屋の領域だけに N 個の原子がむらがっているような微視状態は，W_B 個の一部分をなしていて W_A 個だけある．

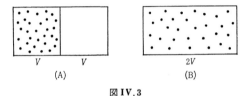

図 IV.3

ところで，すべての微視状態はひとしい確率であらわれるので，仕切りが取りさられたときの，ひとつの微視状態のあらわれる確率は $1/W_B$ にひとしい．そこで左側の部屋に気体原子が偏在している状態を見つける確率 w をたずねるならば，それは $1/W_B$ を W_A 個だけよせ集めたもの：

$$w = \frac{W_A}{W_B} \tag{17.9}$$

にひとしい．(16.15)を参照するならば，微視状態の数は体積の N 乗に比例している．体積は W_A では V，W_B では $2V$ だから w は $(1/2)^N$ になることがわかる．この数字はたいへんわかりやすい．2つのひとしい体積をもった領域の1つへ原子のゆく確率は $1/2$ であろう．だから N 個の独立な原子が左側の部屋へ同時に集まる確率は $(1/2)^N$ になる．この確率はまったく小さい．1 mol の気体をとるなら $10^{-1.8 \times 10^{23}}$ と見つもられる．このまったく小さな確率が，仕切

りを取り去ったときに，なぜ気体が容器を一様に占めるかを説明している．

ここで仕切りという言葉をかなり広い意味で使うことにする．たとえば2つの系の間のエネルギーのやりとりを許さない断熱壁はひとつの仕切りである．このような意味で，熱力学の第二法則の非可逆過程に関する部分は，要するに仕切りを取りさったときに系が確率の小さな状態から確率の大きな状態へ変わってゆくことを述べているのである．

一般に仕切りを取りさったときのエントロピーの増加を ΔS だとすると，仕切りのあるときの微視状態の数 W_A と，仕切りの取りさられたときのそれ W_B の間には

$$\frac{W_A}{W_B} = e^{-\Delta S/k} \qquad (17.10)$$

の関係のあることが Boltzmann の関係(17.1)からわかる．巨視的な変化では ΔS は気体定数 R の大きさの程度で，だから $\Delta S/k$ は N の大きさのオーダーになる．このため仕切りを取りさった後に，仕切りを取りさる前の熱力学的な状態を見つける確率は問題にならない程度の小さなものになる．

このように，非可逆変化は決してもとの熱力学的な状態にもどらない変化ではなくて，ほとんどもとにもどらない変化，または，これまでにもとにもどった，ためしのない変化である．この意味で熱力学の第二法則を確率法則だということができる．

エントロピーの最大性 2つの系 1, 2 の間にエネルギーのやりとりがあるならば，結合系の微視状態の数 W は(17.2)のかわりに，2つの系のエネルギーの和 E_1+E_2 が一定値をとる範囲でのエネルギーのくばりかたについて(17.2)をよせ集めたもの：

$$W(E) = \sum_{E_1+E_2=E} W_1(E_1) W_2(E_2) \qquad (17.11)$$

で与えられる．

§17. Boltzmannの原理

さて,エネルギーのどんなくばりかたが平衡状態では実現されているだろうか. それを見るのに,系1が小さな幅をもったエネルギー E_1 の帯域にある確率 $w(E_1)$ を考える. 前の項目で与えたのと同じ理由で

$$w(E_1) = \frac{W_1(E_1)W_2(E-E_1)}{W(E)}. \qquad (17.12)$$

つぎに $w(E_1)$ が最大値をもつような,エネルギーのくばりかた $(E_1, E-E_1)$ をさがす. そうするかわりに,(17.12)の対数が最大になるくばりかたを考えてもよい. このくばりかたが平衡状態では圧倒的な確率をもってあらわれる. すなわち,平衡状態でのエネルギーのくばりかたでは,くばりかたの関数と見た系のエントロピー:

$$S = S_1(E_1, V_1) + S_2(E-E_1, V_2) \qquad (17.13)$$

が最大値をもつ. この最大条件は明らかに

$$\frac{\partial S_1}{\partial E_1} - \frac{\partial S_2}{\partial E_2} = 0 \qquad (17.14)$$

で与えられる. もし(17.4)の θ を T と読みかえるならば上の式は

$$T_1 = T_2 \qquad (17.15)$$

とおなじである.

つぎに系1,2がシリンダーのなかで,なめらかに動ける断熱的なピストンを境した気体だとすれば,シリンダーの総体積 $V_1+V_2=V$ が系1,2にいかにくばられるかが問題である. 最大の確率であらわれるくばられかたは,V_1 の関数とみた系のエントロピー

$$S = S_1(E_1, V_1) + S_2(E_2, V-V_1) \qquad (17.16)$$

が最大値をもつ V_1 で与えられる. この条件は

$$\frac{\partial S_1}{\partial V_1} - \frac{\partial S_2}{\partial V_2} = 0. \qquad (17.17)$$

この偏微分は各系の内部エネルギーが一定値をとる条件でなされている. (17.7)の dE をゼロとし dV でわると

$$\left(\frac{\partial S}{\partial V}\right)_E = \frac{p}{T} \tag{17.18}$$

が見つかる．だから(17.17)は

$$\frac{p_1}{T_1} = \frac{p_2}{T_2}. \tag{17.19}$$

もしピストンが熱をとおすならば(17.15)によって，(17.19)は2つの気体の圧力がひとしいという条件になる．

　ここでしらべたことは一般的に次のように要約される．一定の外部条件にあう，さまざまの熱力学的な状態を比較したとき，それらのうちで最大のエントロピーをもつものが与えられた外部条件にあう平衡状態に当る．この熱力学の第二法則からの結論を，ここでは確率の見地から述べたのである．

§18. 平衡分布の鋭さ

　前の節では，一定量のエネルギーや体積のような量を2つの系にくばったときに，最大の確率を伴うくばりかたが平衡状態であらわれることを見た．これからはくばりかたを分布ということにする．ところで分布の関数としてみた確率が平衡分布の近くで，どれくらいの分布の範囲で認められる程度の大きさをもつだろうか．もし確率が認められる程度の大きさをもつ分布の広がりがかなり大きいなら，熱力学はなにか，ぼやけた量を対象にしていることになる．しかし粒子の数 N が Avogadro の数くらいになると，そういう心配はいらないことを示そう．

　できるだけ簡単なモデルで考えることにして，北か南かの方角だけを向くような N 個の微視的な磁石の集まりを取りあげる．じっさい量子数が 1/2 のスピンをもつ要素系はこのような磁石を伴うことがわかっている．さて磁石はたがいに独立に，それぞれの向きをとり，またとりうる2つの方向についてエネルギーは縮退している

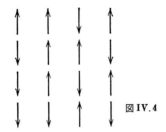

図 IV.4

と仮定する．この系の微視状態のひとつを図 IV.4 に示した．このようなパターンの総数は

$$W = 2^N \tag{18.1}$$

だけある．だから，この系によるエントロピーへの寄与は $Nk\ln 2$ である．

いま W 個の微視状態のなかから北向きのものが N_1 個，南向きのものが $N-N_1$ 個あるようなものを選びだす．その数は2項係数

$$\binom{N}{N_1} = \frac{N!}{N_1!(N-N_1)!} \tag{18.2}$$

で与えられる．これをすべての N_1 でよせ集めたものは，たしかに $(1+1)^N = 2^N$ になる．偶数の N を仮定して，上の2項係数は $N_1 = N/2$ で最大値をとり，それを W_0 であらわせば

$$W_0 = \frac{N!}{\left(\dfrac{N}{2}\right)!\left(\dfrac{N}{2}\right)!} \ . \tag{18.3}$$

いま $N_1 = \dfrac{N}{2} + n$ とおくと (18.2) は

$$W_n = \frac{N!}{\left(\dfrac{N}{2}+n\right)!\left(\dfrac{N}{2}-n\right)!} \ . \tag{18.4}$$

N が非常に大きいときの事情をみるのに Stirling の公式 (16.10) を使うと

$$W_0 = \left(\frac{2}{\pi N}\right)^{1/2} 2^N. \tag{18.5}$$

これからえられるエントロピーはやはり $Nk \ln 2$ である.非常に大きな N では $\ln N$ の項は N の項に対して省略できる.さて W_n/W_0 の対数は

$$\ln W_n - \ln W_0 = -\frac{N}{2}\left\{(1+x)\ln(1+x)+(1-x)\ln(1-x)\right\}. \tag{18.6}$$

ところで $x=2n/N$ が小さいところでは $\ln(1+x)$ は $x-\frac{1}{2}x^2$ で近似できる.すると $\{\ \}$ の中味は x^2 になる.だから

$$W_n = W_0 e^{-Nx^2/2}. \tag{18.7}$$

くばりかたの総数 $W=\sum W_n$ で W_n をわったもの:

$$w_n = \frac{W_n}{W} = 2^{-N} W_n \tag{18.8}$$

は北向きの磁石が $\frac{1}{2}N+n$ 個あるくばりかたの確率を与える.これはもちろん $n=0$ で最大である.この最大値は N の増加とともに $1/\sqrt{N}$ にしたがって減少する.そのかわりに,$n=0$ の近くに非常に多くのくばりかたが集中してくる.ちょうど半数ずつの分布からのずれの比率 $x=2n/N$ が x と $x+dx$ の間にある分布のあらわれる確率を $w(x)dx$ であらわすと,$w(x)dx$ を $w_n dn$ にひとしいと置いて,$w(x)$ は $\frac{1}{2}Nw_n$ になることがわかる.そこで(18.5),(18.7)および(18.8)によって

$$w(x) = \left(\frac{N}{2\pi}\right)^{1/2} e^{-Nx^2/2} \tag{18.9}$$

がえられる.この確率密度はちょうど1に規準化されている:

$$\int_{-\infty}^{\infty} w(x)dx = 1. \tag{18.10}$$

Gauss 分布 (18.9) の標準形について図 II.5 にグラフが与えられた.
$w(x)$ を x でプロットした曲線の山の幅は,$w(x)$ が $w(0)$ の $1/e$ になる x の読み $1/\sqrt{N}$ の大きさの程度で,非常に大きな N では面積 1 の $w(x)$ の曲線は原点にそびえた,まったく鋭いピークである.

もっと立ち入って,ずれの比率の大きさ $|x|$ が ξ より大きな分布のあらわれる確率を見つけよう.それは (18.9) を ξ から ∞ まで積分したものの 2 倍で,次の式で与えられる:

$$w(|x|>\xi) = \left(\frac{2}{\pi}\right)^{1/2} \int_{\sqrt{N}\xi}^{\infty} e^{-u^2/2} du. \qquad (18.11)$$

この確率を,たとえば,1/10000 にとると $\sqrt{N}\xi$ は約 4 になることが数表からわかる[†].すなわち,ずれの比率が $4/\sqrt{N}$ 以下におさえられている微視状態の数は総数 W の 9999/10000 を占めている.もし N を 10^8 にとるならば,上のずれの比率は 4/10000 になる.すなわち 10^8 個の南,北を向く要素磁石が 0.04% 以下の誤差を無視して半数ずつ,南向きと北向きにくばられる確率は 99.99% である.

§19. Maxwell-Boltzmann 分布

平衡分布は分布に属する微視状態の数が最大になる分布であるが,いまから分布の概念をもっと拡張して,平衡状態では粒子はその量子状態にどのようにくばられているかをたずねる.しらべる対象を体積 V の容器に入った構造のない M-B 粒子からなる理想系にとる.

このとき粒子の量子状態はまったく稠密に運動量空間に分布している.たとえば (12.7) で $L=1$ cm とおくと,隣接した運動量の違い $h/2L$ は 3.3×10^{-27} で,これは He 原子では $\sim 10^{-4}$ cm/sec の速さの違いに当る.この違いは室温での原子の速さ $\sim 10^5$ cm/sec とくらべ

[†] 図 II.5 の下に示した面積の値を 1 から差し引いたものが (18.11) の値を与える.その際に,図の相当する矢印の位置での横軸の読みが $\sqrt{N}\xi$ である.

ると,粗視的には区別しなくてもかまわない.この理由によって粒子の運動量空間を小さな立方体できざみ,これらに N 個の粒子をくばる.これは§7で速度空間についておこなった手続きと似ている.小さな立方体——細胞は非常に多くの量子状態を含んでいるが,そのなかではエネルギー準位はほとんど一定とみなせる程度の大きさに選んでおく.このように小さすぎもせず大きすぎもしないように選んだ細胞に $1, 2, 3, \cdots$ と番号をつけておき,それらに $N_1, N_2, N_3, \cdots$ の粒子をくばる.このくばりわけは微視状態をあらわしてはいない.微視状態は細胞 $1, 2, \cdots$ に含まれる $G_1, G_2, \cdots$ 個の量子状態へ粒子をくばったときの,くばりわけできまる.分布 $D: (N_1, N_2, \cdots)$ に属する微視状態の数を W_D であらわす.

孤立系では粒子の総数もエネルギーも一定値をもつ.理想系のエネルギーは(15.4)のように書ける.すなわち分布 D としては

$$N_1 + N_2 + \cdots = \sum_i N_i = N, \tag{19.1}$$

$$N_1 \varepsilon_1 + N_2 \varepsilon_2 + \cdots = \sum_i N_i \varepsilon_i = E \tag{19.2}$$

をみたすものを考える.ところで目をつけている系はエルゴーディクだと仮定している.この仮定は粒子の間の衝突の存在に基づいている.衝突は粒子の間の相互作用によるのだから,粒子系へのエネルギーにこの相互作用による寄与が考えられる.すなわち,理想系とは,粒子の間の相互作用は系の微視状態の間の遷移を,たえずひき起こす程度に大きいが,系のエネルギーへの寄与は無視できる程度に小さな系をさしている.

分布に属する微視状態の数 W_D は系を組み立てている粒子のしたがう統計に関係している.F-D, B-E, および M-B 粒子系のとる平衡分布の違いは,ここからでてくる.

M-B 粒子系の W_D 見分けのつく N 個の粒子を細胞 $1, 2, \cdots$ へ $N_1, N_2, \cdots$ 個ずつくばる,くばりかたの数は

§19. Maxwell-Boltzmann 分布

$$\frac{N!}{N_1!\,N_2!\cdots} \tag{19.3}$$

にひとしい. N 人の生徒を組わけするのに, かれらを1列にならべ左から $N_1, N_2, \cdots$ 人ずつ区切ってゆく. 組わけでは各ブロックでの生徒のならびかたはどうでもよい. だから組わけのしかたの数は (19.3) で与えられる.

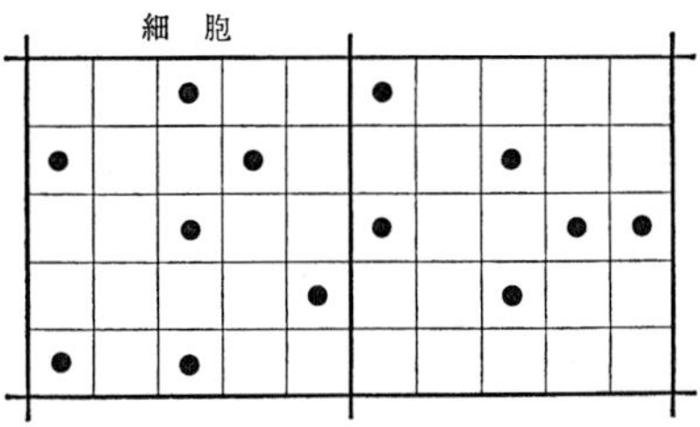

図 IV.5

つぎに, たとえば細胞 i に入った N_i 個の粒子を G_i 個の量子状態にわり当てる (図 IV.5). ひとつの粒子の席の占めかたは G_i 個あり, そこでどの粒子も独立に席を占めるなら席へのつきかたは $G_i^{N_i}$ 個ある. もし組わけのおわった生徒が, 生徒の数より, はるかに多くの席の用意された教室で席につくのなら, 着席のしかたの数は上に与えた数に近い. この数を細胞 $1, 2, \cdots$ についてかけあわせたもの:

$$G_1^{N_1} G_2^{N_2} \cdots \tag{19.4}$$

が細胞にわり当てられた粒子が量子状態の席につく, つきかたの数である.

(19.3) に (19.4) をかけたものは, 分布に属する微視状態の数を与える:

$$W_D = \frac{N!}{N_1!\,N_2!\cdots} G_1^{N_1} G_2^{N_2} \cdots. \tag{19.5}$$

もし $N_1, N_2, \cdots$ が十分大きな数ならば, (19.5) の対数をとったものに Stirling の公式 (16.10) を使って

$$\ln W_D = N\ln N - \sum_i N_i \ln \frac{N_i}{G_i} \qquad (19.6)$$

がえられる.

詳細なつりあいの原理 微視状態の最大数を含む分布では，この分布からすこし分布をずらしても微視状態の数はかわらない．いいかえると(19.1)と(19.2)をみたすように分布を$(N_1, N_2, \cdots)$から$(\delta N_1, \delta N_2, \cdots)$だけ変えたときに平衡分布では

$$\delta \ln W_D = 0 \qquad (19.7)$$

がなりたつ．分布の変分のみたすべき条件は

$$\sum_i \delta N_i = 0, \qquad (19.8)$$

$$\sum_i \varepsilon_i \delta N_i = 0 \qquad (19.9)$$

と書かれ，このとき(19.7)は次のようになる:

$$\sum_i \ln \frac{N_i}{G_i} \cdot \delta N_i = 0. \qquad (19.10)$$

条件(19.8)と(19.9)にあう簡単な分布の変分をしらべると(19.10)の意味が明らかになる．もっとも簡単な分布の変分は，ある細胞jの粒子をひとつ他の細胞j'へ移すことである．この変分では系の粒子数はもちろん変わっていないし，また細胞j, j'のエネルギーがおなじなら，系のエネルギーも変わらない．そこで(19.10)に$\delta N_j = -1$, $\delta N_{j'} = 1$, 他の$\delta N_i = 0$を入れると

$$\frac{N_j}{G_j} = \frac{N_{j'}}{G_{j'}}, \qquad \varepsilon_j = \varepsilon_{j'} \qquad (19.11)$$

のなりたつことがわかる．すなわち，平衡分布では，ひとしいエネルギー値をもった細胞では各量子状態を占める平均の粒子数N_i/G_iはひとしい値をもつ．

つぎに簡単な分布の変分は細胞j, kの粒子をひとつずつとって細胞j', k'へ移すことである．すなわち

§19. Maxwell-Boltzmann 分布

$$\delta N_j = \delta N_k = -1, \quad \delta N_{j'} = \delta N_{k'} = 1,$$

他の $\delta N_i = 0$ で与えられる変分をとったとき，(19.9)と(19.10)をみたすものでは

$$\frac{N_j}{G_j}\frac{N_k}{G_k} = \frac{N_{j'}}{G_{j'}}\frac{N_{k'}}{G_{k'}}, \quad (19.12)$$

$$\varepsilon_j + \varepsilon_k = \varepsilon_{j'} + \varepsilon_{k'}$$

がなりたつ．量子状態あたりの平均粒子数 N_i/G_i はエネルギーだけの関数で，それを $n(\varepsilon_i)$ とおくと，(19.12)は(7.9)とおなじ形をしている．あそこ(§7)で述べたことから明らかに $n(\varepsilon_i)$ は $e^{-\beta\varepsilon_i}$ の形をしている．この指数関数の形の分布をとると，もっと複雑な分布の変分について(19.10)はいつでもみたされる．

§7 で使った詳細なつりあいの原理は，W_D を最大にする分布では，いつでもなりたっている．

Lagrange の未定乗数法の適用 条件 (19.8) と (19.9) のもとで (19.10) をみたす分布の形はわかったが，それを系統的には次のように見つける．

上記の2つの条件のため(19.10)の変分 $\delta N_1, \delta N_2, \cdots$ のうち2つの変分，たとえば δN_1 と δN_2 は独立にはとれない．いま(19.8)に α を，(19.9)に β をかけたものを(19.10)にくわえると

$$\sum_i \left\{\ln\frac{N_i}{G_i} + \alpha + \beta\varepsilon_i\right\}\delta N_i = 0 \quad (19.13)$$

がえられ，ここで α と β は **Lagrange の未定乗数**とよばれるものである．もし α と β を独立でない変分 δN_1 と δN_2 の係数がゼロになるように選ぶならば，(19.13)は独立な変分 $\delta N_3, \delta N_4, \cdots$ だけを含むことになる．こうしてえられた式が常にゼロになるのは $\delta N_3, \delta N_4,$ $\cdots$ の係数がすべてゼロのときである．したがって正味の結果は，すべての i について

$$\ln\frac{N_i}{G_i} + \alpha + \beta\varepsilon_i = 0 \quad (19.14)$$

がなりたつことである.または上の式を書きかえて

$$\frac{N_i}{G_i} = e^{-\alpha-\beta\varepsilon_i}, \quad i = 1, 2, \cdots. \tag{19.15}$$

最大の W_D に対する分布はただひとつのパラメター β だけできまる.分布(19.15)を **Maxwell-Boltzmann** 分布という.

エントロピーと温度 未定乗数 α と β をきめるには(19.15)を(19.1)と(19.2)に代入すればよい:

$$\sum_i G_i e^{-\alpha-\beta\varepsilon_i} = N, \tag{19.16}$$

$$\sum_i G_i \varepsilon_i e^{-\alpha-\beta\varepsilon_i} = E. \tag{19.17}$$

もし粒子数と体積を一定にして外部からエネルギーをくわえる,すなわち熱をくわえるならば,パラメター α と β はそれぞれ $\Delta\alpha, \Delta\beta$ だけ変わるだろう.変化が小さいとして(19.16)の変分をとると $\Delta\alpha$ と $\Delta\beta$ の間に

$$N\Delta\alpha + E\Delta\beta = 0 \tag{19.18}$$

の関係のあることが見つかる.この変分では外部座標が一定なのでエネルギー準位が固定されている.

つぎに W_D の最大値 W_0 の対数の k 倍はエントロピー S を与える.(19.15)を(19.6)に入れ,(19.1)と(19.2)を考慮すれば

$$S = Nk(\ln N + \alpha) + k\beta E. \tag{19.19}$$

$$\therefore \quad \left(\frac{\partial S}{\partial E}\right)_V = k\beta. \tag{19.20}$$

(19.19)を E で偏微分するのに α と β が定数のように取り扱われたのは関係(19.18)による.(19.20)の左辺は(17.4)によって $1/T$ にひとしい.だから

$$\beta = \frac{1}{kT}. \tag{19.21}$$

たがいに熱平衡にある系では分布のパラメター β はすべて,おなじ値をもつ.

§19. Maxwell-Boltzmann 分布

一般に理想系の可逆変化では,系のなした仕事 $\mathit{\Delta} A$ と系へ入った熱量 $\mathit{\Delta} Q$ はあらわに書きわけられる.(19.2)からエネルギー変化 $\mathit{\Delta} E$ を

$$\mathit{\Delta} E = \sum_i N_i \mathit{\Delta}\varepsilon_i + \sum_i \varepsilon_i \mathit{\Delta} N_i \tag{19.22}$$

と書いたとき,§15 で述べたように右辺の第1項は $-\mathit{\Delta} A$ にひとしい.そこで第2項は $\mathit{\Delta} Q$ のはずである.そこで粒子数一定のもとで分布が変わったときの(19.6)の変化をしらべると,それは

$$\mathit{\Delta} \ln W_D = -\sum_i \ln \frac{N_i}{G_i} \mathit{\Delta} N_i$$

となる.これに平衡分布を入れたものは $\beta \sum_i \varepsilon_i \mathit{\Delta} N_i$ にひとしい.この k 倍すなわち $\mathit{\Delta} S$ は(19.22)の第2項の $1/T$ 倍にちょうどなっている.

W_0 が最大であること* 平衡分布を $(N_1{}^0, N_2{}^0, \cdots)$ であらわすと,$N_i{}^0/G_i$ について(19.15)がなりたつ.これと(19.1),(19.2)より

$$\sum_i N_i{}^0 \ln \frac{N_i{}^0}{G_i} = \sum_i N_i \ln \frac{N_i{}^0}{G_i} \tag{19.23}$$

の関係がえられる.そこで(19.6)によって

$$\ln W_0 - \ln W_D = -\sum_i N_i \ln \frac{N_i{}^0}{N_i}. \tag{19.24}$$

いま $N_i = N_i{}^0 + \mathit{\Delta} N_i$ とおくと上の式は

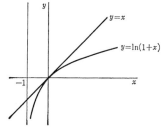

図 **IV.6**

$$\ln W_0 - \ln W_D = -\sum_i N_i \ln\left(1 - \frac{\Delta N_i}{N_i}\right) \quad (19.25)$$

となる.ところで x の正,負に関係なく

$$\ln(1+x) < x \quad (19.26)$$

がなりたつ(図 IV.6).だから(19.25)の右辺は $-\sum N_i(-\Delta N_i/N_i)$ $=0$ より大きい.

問　題

IV.1 N 個の原子からなる理想気体の $W(E)$ が $E^{3N/2}$ に比例することを使って,理想気体の系 1, 2 へのエネルギーの分布は $E_1/N_1 = E_2/N_2$ をみたすときに最大であることを示せ.ここで E_1, N_1 は系 1 のエネルギーと原子の数で,E_2, N_2 は系 2 の同様な量.

IV.2 分子の内部自由度(振動または回転)に関係したエネルギー準位を下から順に $\varepsilon_0, \varepsilon_1, \varepsilon_2, \cdots$ とする.このような分子からなる気体の系を分子の重心運動の系 A と内部運動の系 B の組みあわさった系と見なせ.

(1) 簡単のため内部自由度によるエネルギー準位を下から順に $0, \varepsilon$ の 2 つだけとし,また各準位は縮退していないとする.このとき系 B にくばられたエネルギーが E_B であれば系 B はどれだけの微視状態を含んでいるか.これから系 B のエントロピーを E_B の関数として見つけよ.

(2) 系 A の温度が T のとき分子は準位 $0, \varepsilon$ にどのような平衡分布をしているか.

IV.3 下から順に $\varepsilon_0, \varepsilon_1, \varepsilon_2$ の 3 つの縮退していない準位をもった,N 個の原子の系がある.このとき

(1) 原子の各準位への平衡分布を見つけよ.

(2) もし準位 0, 1, 2 への分布:N_0, N_1, N_2 が相当する平衡分布

N_0^0, N_1^0, N_2^0 からそれぞれ $\Delta N_0, \Delta N_1, \Delta N_2$ ずつずれているならば,平衡値から測った系のエントロピー ΔS は

$$\frac{\Delta S}{k} \cong -\frac{1}{2}\left\{\frac{(\Delta N_0)^2}{N_0^0} + \frac{(\Delta N_1)^2}{N_1^0} + \frac{(\Delta N_2)^2}{N_2^0}\right\}$$

となることを示せ.ただし $\Delta N_0, \cdots$ について高次の項は省略せよ.

IV.4 長さ l のベクトルをつぎつぎにつないでいく際に,$i+1$ 番目のベクトル $\boldsymbol{r}_{i+1}$ が $\boldsymbol{r}_1, \boldsymbol{r}_2, \cdots, \boldsymbol{r}_i$ の方向と無関係にでたらめな方向をとるとき,これをランダムウォークという.ランダムウォークの出発点から N 番目のベクトルの端までの距離 $r = |\sum \boldsymbol{r}_i|$ は,$N \gg 1$ ならば Gauss 分布をなすことが示される.距離が r と $r+dr$ の間にある確率を

$$w(r)4\pi r^2 dr = \left(\frac{b}{\pi}\right)^{3/2} e^{-br^2} 4\pi r^2 dr$$

とおくとき,ランダムウォークでの平均値 $\langle(\sum \boldsymbol{r}_i)^2\rangle$ を計算して b を N と l であらわせ.Gauss 分布では $\langle r^4 \rangle = (5/3)\langle r^2 \rangle^2$ の関係があること,$N \gg 1$ のランダムウォークでも同じ関係をみたすことを示せ.

IV.5 高分子(ポリマー)は少数の原子からなる単位(モノマー)のくり返しでつながった巨大な分子である.その長さを両端のモノマー間の距離で定義し,ランダムウォーク・モデルで得られた長さの分布を仮定する.このとき高分子の自然長はほとんど 0 である.(17.10)を利用して,高分子の長さを r に伸ばしたときのエントロピー変化 ΔS を見出せ.このエントロピーに基づいてゴムの張力の式をつくれ.

第Ⅴ章 状態和，簡単な系への応用

　大きな自由度をもつ力学系のとる微視状態に先験的な確率を付与することによって系の巨視的な挙動をしらべる科学は統計力学である．熱力学的な系の巨視的な挙動はすべて統計力学によって予言できる．ただし，これには'原理的に'という但し書きが必要かもしれない．なぜかというと，現実の物質系の多くは系を組み立てている要素系の間に相互作用があるからである．私たちにできるのは現実の物質系のある単純化された写しについて考えることである．この写しを力学的なモデルという．統計力学からえられる結果は，そのよりどころである力学的なモデルに関係している．

　これに反して熱力学では外部から観測した量の間の関係を予言する．これらの関係は力学的なモデルに関係なくなりたつ．

　熱力学と統計力学が物質研究の道具として，たがいに相補的な働きをすることは以上によって明らかである．

§20. 状態和

　熱力学的な系の挙動は熱力学的な特性関数がわかると，きまってしまう(§5)．この特性関数に対応するものは，統計力学では，状態和という量である．それを使って熱力学的な量を見つける平均の手続きは，熱力学的関係式によるものとまったく等価なことが示される．ただし，しばらくの間，私たちの取り扱いは熱力学でのように一般的ではない．というのも M-B 統計にしたがう理想系について述べるからである．しかし後で一般的な場合に拡張する(§35)．

　状態和と Helmholtz の自由エネルギー　M-B 分布(19.15)は(19.16)によって

§20. 状態和

$$N_i = \frac{N}{Z} G_i e^{-\beta \varepsilon_i}, \tag{20.1}$$

$$Z = \sum_i G_i e^{-\beta \varepsilon_i} \tag{20.2}$$

とおける.この式は,運動量空間の細胞への気体粒子の分配のかわりに,$2f$ 次元の μ 空間の細胞への分子の分配を考えてもなりたつ.上の式にあらわれた Z を**状態和**または**分配関数**という.(19.15)と(20.1)をくらべると

$$e^{\alpha} = \frac{Z}{N}. \tag{20.3}$$

さて細胞 i にくばられた分子数 N_i を細胞に含まれる微視状態の数 G_i でわったもの,すなわちこの細胞に属する量子状態 r を占める平均の分子数を n_r であらわし,細胞のなかの平均的なエネルギー ε_i のかわりにエネルギー準位 ε_r をとって,(20.1),(20.2)は

$$n_r = \frac{N}{Z} e^{-\beta \varepsilon_r}, \tag{20.4}$$

$$Z = \sum_r e^{-\beta \varepsilon_r} \tag{20.5}$$

と書ける.Z は β を通して T の,ε_r を通して外部座標の関数である.

(20.4)によると,ひとつの分子を状態 r に見つける確率 n_r/N が $e^{-\beta\varepsilon_r}$ に比例し,その確率の規準化の定数が $1/Z$ にあたる.$e^{-\beta\varepsilon_r}$ を **Boltzmann 因子**という.すべての熱力学的な量は状態和を使ってあらわせる.内部エネルギー E は

$$\begin{aligned}E &= \sum_r n_r \varepsilon_r = \frac{N}{Z} \sum_r \varepsilon_r e^{-\beta \varepsilon_r} \\ &= -N \frac{\partial \ln Z}{\partial \beta}.\end{aligned} \tag{20.6}$$

圧力 p も同様にして次のように見つかる:

$$p = \sum_r n_r \left(-\frac{\partial \varepsilon_r}{\partial V} \right) = \frac{N}{\beta} \frac{\partial \ln Z}{\partial V}. \tag{20.7}$$

エントロピー S は(19.19)に(20.3)を使うと

$$S = Nk \ln Z + \frac{E}{T} \qquad (20.8)$$

となり,これは Helmholtz の自由エネルギー F が

$$F = E - TS = -NkT \ln Z \qquad (20.9)$$

で与えられることを示している.ここで $\beta = 1/kT$ を考えた.

さて(20.9)によって $N \ln Z$ を $-F/kT$ でおきかえると,(20.6)の右辺は $\partial(F/T)/\partial(1/T)$ にひとしく,だから(20.6)は(5.8)とおなじである.同様に(20.7)は(5.7)と,(20.8)は(5.6)とおなじ式を書いているにすぎない.

古典統計と量子統計 M-B 分布(20.1)では細胞 i に含まれる量子状態の数 G_i は大きいとしている.これは古典的な近似に当る.なぜかというと,(20.1)の ε_i は多くの量子状態についてならされた値がとられており,このためエネルギー準位のとびとびの性質は失われている.もともとエネルギー準位は等エネルギー面 $H(q_1, \cdots, p_f) = \varepsilon$ の囲む位相体積が h^f の整数倍になるという条件できめられているので,考えている細胞が位相空間の $(q_1, \cdots, p_f)$ の位置,$\Delta q_1, \cdots, \Delta p_f$ の領域だとすれば,ならされたエネルギー準位 ε_i を $H(q_1, \cdots, p_f)$ でおきかえてもさしつかえない.この細胞は

$$G_i = \frac{1}{h^f} \Delta q_1 \cdots \Delta q_f \Delta p_1 \cdots \Delta p_f \qquad (20.10)$$

だけの量子状態を含む.だから,分子の位相空間の体積要素 $\Delta q_1 \cdots \Delta p_f$ にくばられる分子の数は,(20.1)により,

$$\frac{N}{Z} e^{-\beta H(q_1 \cdots p_f)} \frac{\Delta q_1 \cdots \Delta p_f}{h^f} \qquad (20.11)$$

にひとしい.ここで状態和 Z は

$$Z = \frac{1}{h^f} \int \cdots \int e^{-\beta H} dq_1 \cdots dp_f . \qquad (20.12)$$

ここで積分は $2f$ 個の座標についておこなう.これは Planck の定数が入っていることを除いて,古典統計の状態和で,(20.11)を**古典**

§20. 状 態 和

分布という.

さて(20.4)は(20.1)を書き改めた式だが,これは隣接エネルギー準位について$e^{-\beta \varepsilon_r}$がかなり変わるときにも使える形をしている.しかし,このときには(20.1)は使えない.なぜかというと,細胞の含む多くの量子状態が分子のおなじような分配を受けてはいないからである.しかし,このときでも(20.4)は正しい.なぜかというと,隣接準位を占める分子の数はかなり変わっているため,認められる程度の分子数を含む量子状態の数はNにくらべてずっと小さく,すなわち低いエネルギー準位を占める分子の数は非常に大きい.そこで量子状態$1, 2, \cdots$への分子の分布$N_1, N_2, \cdots$を考える.この分布の伴う微視状態の数は(19.5)の$G_1, G_2, \cdots$を1とおいたものに当る.したがって平衡分布は(20.4)になる.だから(20.4)は一般的なM-B分布である.

要約すると隣接エネルギー準位の差$\Delta \varepsilon$がkTにくらべて,じゅうぶん小さいならば古典統計が使えるが,逆の場合には量子統計を使わねばいけない(図V.1).ただし,ここで述べた古典統計と量子統計の違いはM-B統計を採択したときにあらわれるものにかかわる.量子統計にはさらにF-D, B-E粒子系のような古典的な系にはあらわれない他の重要な側面があることに注意する.

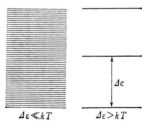

図 **V.1** 古典近似の使える場合(左)とそうでない場合(右)のエネルギー準位の図式

§21. 簡単な力学系の集まり

並進運動,振動および回転は力学系のもっとも基本的な運動形態である.これらのタイプの運動をおこなう力学系の集まりが理想系の意味で弱い相互作用をおこなっている場合を考える.

単原子理想気体 状態和の式(20.2)の G_i を $Vdp_xdp_ydp_z/h^3$ にとり,和を積分でおきかえる:

$$Z = \frac{V}{h^3} \iiint_{-\infty}^{\infty} e^{-\beta p^2/2m} dp_x dp_y dp_z$$
$$= V\left(\frac{2\pi m}{\beta h^2}\right)^{3/2}. \tag{21.1}$$

ここであらわれた積分は(7.14)のものとおなじである.

上の状態和を(20.6)に入れると $E=3N/2\beta$ がえられるし,また(20.7)に入れると $p=N/\beta V$ がでてくる.エントロピーを見つけるには(20.8)に Z を入れる. β のかわりに $3N/2E$ を代入して

$$S = Nk \ln N + \frac{3}{2} Nk + Nk \ln \left\{\frac{V}{N}\left(\frac{4\pi mE}{3h^2N}\right)^{3/2}\right\}. \tag{21.2}$$

もし補正したM-B統計を使うならば, W_0 を $N!$ でわることによる補正項 $-Nk(\ln N-1)$ を上の式にくわえる.このとき **Sackur-Tetrode** の式

$$S = \frac{5}{2} Nk + Nk \ln \left\{\frac{V}{N}\left(\frac{4\pi mE}{3h^2N}\right)^{3/2}\right\} \tag{21.3}$$

がえられる.これは(16.15)からえられる S と完全にあっている.また付加定数に目をつぶってしまうなら,(21.2)も(21.3)も熱力学の立場から見つけたエントロピーの式(5.26): $C_V \ln T + R \ln V +$ const とかわらない.ただし $C_V = \frac{3}{2} R$ とおく.熱力学の第二法則からきまるエントロピーには付加定数だけの不定があるのに,なぜそれを上の2つの式に与えているのか,このわけは後で明らかになる.

気体原子が古典的に取り扱えるわけは(16.2)に与えたエネルギー

状態密度を見つもるならば明らかになる.いま $V=1\,\mathrm{cm}^3$,また He 原子の質量を m に使うとエネルギー状態密度は $1.1\times10^{45}\sqrt{\varepsilon}$ となる.これは,たとえば ε として $100°\mathrm{K}$ に相当する kT の値を使うと $1.3\times10^{38}\,\mathrm{erg}^{-1}$ と見つもられる.したがってエネルギーの幅 $\varDelta\varepsilon$ を $10^{-6}°\mathrm{K}$ に相当する kT の値に選んでも,なお 10^{16} のオーダーの量子状態が考えた幅のなかに含まれる.

振動子の集まり 調和振動子のエネルギー準位は(12.6)に与えた $\left(n+\dfrac{1}{2}\right)h\nu$ である.状態和は

$$Z = e^{-\beta h\nu/2} \sum_{n=0}^{\infty} e^{-n\beta h\nu}$$

上の級数は,$e^{-\beta h\nu}$ を x とおくと,$1+x+x^2+\cdots$ の形のもので,総和は $(1-x)^{-1}$ になる.すなわち

$$Z = \frac{e^{\beta h\nu/2}}{e^{\beta h\nu}-1}. \tag{21.4}$$

(20.6)により N 個の振動子の系の内部エネルギーは

$$E = N\left(\frac{1}{2} + \frac{1}{e^{h\nu/kT}-1}\right)h\nu. \tag{21.5}$$

この式の( )のなかの第1項は振動子の零点エネルギー $\dfrac{1}{2}h\nu$ による寄与で,温度に関係する第2項は低い温度 $kT\ll h\nu$ では消える.(21.5)を温度で微分すると比熱 C_V が見つかる:

$$C_V = Nk\left(\frac{h\nu}{kT}\right)^2 \frac{e^{h\nu/kT}}{(e^{h\nu/kT}-1)^2}. \tag{21.6}$$

これは低温で

$$C_V \cong Nk\left(\frac{h\nu}{kT}\right)^2 e^{-h\nu/kT} \tag{21.7}$$

にしたがってゼロに近づく.

高い温度 $kT\gg h\nu$ では小さな x でなりたつ $e^x\cong 1+x$ の近似を使う.すると(21.4),(21.5)はそれぞれ次のようになる:

$$Z \cong \frac{kT}{h\nu}, \quad E \cong NkT. \tag{21.8}$$

そこで高温での比熱は Nk にひとしい.

温度について E と C_V をプロットしたものが図 V.2 に与えられている.

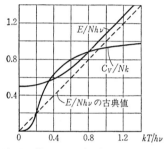

図 **V.2** 調和振動子の系の内部エネルギーと比熱の温度変化

回転子の集まり 回転子のエネルギー準位は (12.10) にある. あそこで述べた準位の縮退を考えに入れて状態和は

$$Z = \sum_{l=0}^{\infty} (2l+1) e^{-(\hbar^2/2IkT)l(l+1)}. \tag{21.9}$$

これは振動子の状態和のように,きれいにまとめた形にはならないが,$kT \ll \hbar^2/2I$ をみたすような低い温度では級数のはじめの数項だけで Z の評価にはまにあう. 回転子の系の内部エネルギーは低温にゆくとゼロに近づく.

もし $kT \gg \hbar^2/2I$ ならば,Z の級数の各項はひとつの l から次の l へとゆっくり変わってゆく. 図 V.3 で,斜線をつけた領域の面積が級数の和に当る. もし級数の和を次の積分

$$\int_0^\infty (2x+1) e^{-(\hbar^2/2IkT)x(x+1)} dx \tag{21.10}$$

で置きかえるならば,これは図の破線と横軸で囲まれる領域の面積を計算している. (21.9) と (21.10) の違いは $\hbar^2/(2IkT)$ がじゅうぶ

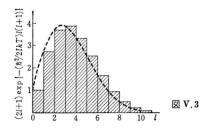

図 V.3

ん小さいならば消える.いま $x(x+1)=\xi$ とおくと $(2x+1)dx=d\xi$,そこで(21.10)の積分は容易になされて次の結果がえられる:

$$Z \cong \frac{2IkT}{\hbar^2}, \quad kT \gg \frac{\hbar^2}{2I}. \tag{21.11}$$

高温の領域での回転子の系の E と C_V は

$$E \cong NkT, \quad C_V \cong Nk \tag{21.12}$$

で与えられる.

エネルギー等分配則 上にえた結果のうち,高温での内部エネルギーの挙動にはひとつの規則がある.第1に単原子気体の内部エネルギーは原子あたり $\frac{3}{2}kT$ である.ここにあらわれた数字3は原子の並進運動の自由度の数からきている.したがって並進運動のひとつの自由度に $\frac{1}{2}kT$ のエネルギーが分配されている.

第2に回転子では,それらのひとつ当りのエネルギーは kT になっている.これは2原子分子の対称軸に垂直な2つの軸のまわりの回転に関係している.だから回転の自由度は2で,回転運動のひとつの自由度には $\frac{1}{2}kT$ のエネルギーが分配されている.

第3に,ひとつの調和振動子には kT のエネルギーが分配されている.このわけは次のように理解される.もし振動子の運動エネルギーに $\frac{1}{2}kT$ のエネルギーが分配されるならば,おなじ分量のエネルギーがポテンシャル・エネルギーにも分配されているはずである.

なぜなら,よく知られているように,単振動では質点の運動エネルギーと位置エネルギーの時間平均値はひとしいからである.

上に認めた事実は次の**エネルギー等分配則**に含まれる:自由度 f の力学系の Hamilton 関数が

$$H(q, p) = \sum_{1 \leq i \leq f} a_i p_i^2 + \sum_{1 \leq i, j \leq s} b_{ij} q_i q_j, \quad s \leq f \quad (21.13)$$

の形をしているならば,この系に分配される平均エネルギーの古典値は $\frac{1}{2}(f+s)kT$ である.ただし a_i と b_{ij} は $q_{s+1}, \cdots, q_f$ の関数であってもかまわないが,$q_1, \cdots, q_s$ は $-\infty$ から ∞ までの変域をとるものとする.

これは簡単に証明できる.いま(21.13)を古典近似での状態和 (20.12) の $H(q, p)$ に入れたと想像しよう.つぎに運動量については1から f までの i について $\sqrt{\beta}\, p_i = p_i^*$,座標については1から s までの i について $\sqrt{\beta}\, q_i = q_i^*$,$s+1$ から f までの i について $q_i = q_i^*$ の変数変換をおこなう.このとき $dq_1 \cdots dp_f$ を新しい変数であらわすならば $(1/\sqrt{\beta})^{f+s}$ の因数がでてくる.しかし積分の変域は仮定によって変わらない.また積分される関数 $e^{-\beta H(q,p)}$ は新しい変数では $e^{-H(q^*, p^*)}$ の形をしていて温度によらない.だから古典的な状態和 Z は $(1/\sqrt{\beta})^{f+s}$ に温度によらない積分をかけたものである.したがって (20.6) から E/N は $\frac{1}{2}(f+s)kT$ にひとしい.

分子気体の比熱 一般に分子のエネルギーは並進運動の項 ε_t,回転運動の項 ε_r,分子内での原子の振動の項 ε_v の和で与えられる.そこで状態和は

$$Z = \sum e^{-(\varepsilon_t + \varepsilon_r + \varepsilon_v)/kT}$$
$$= Z_t Z_r Z_v \quad (21.14)$$

となる.ここで総和は並進,回転および振動の各量子状態についてとられる.また Z_t, Z_r および Z_v はそれぞれ並進,回転および振動に関する状態和である.さて熱力学的な量は Z そのものではなく

$\ln Z$ とその微分からひき出されるもので，$\ln Z$ は並進，回転，振動に対する状態和の対数の和で書かれる．だから多原子分子の気体の熱力学的な量は3つのタイプの熱力学的な量の和としてあらわされる．

2原子分子では原子の運動の自由度3の2倍：6個の自由度がある．それらのうち，3個は分子の重心の並進運動に，2個は回転に，残りの1個が振動にゆく．この振動は分子の軸に沿うて，換算質量 μ :

$$\frac{1}{\mu} = \frac{1}{m_1} + \frac{1}{m_2} \tag{21.15}$$

をもった質点の振動とおなじである．ただし m_1, m_2 は2つの原子の質量．振動数の最高値は H_2 分子にあらわれ，その $h\nu/k$ は 5960°K である．これよりはるかに低い $h\nu/k$ として，たとえば I_2 分子の 305°K があげられる．この違いには，バネについた質点の振動の ν がその質量の平方根に逆比例する事情がきいている．

つぎに分子の回転のエネルギー準位の間隔のきめては分子の慣性モーメントで，2原子分子の慣性モーメントは有効質量 μ に原子間距離 r_0 の自乗をかけたものになる．水素分子の r_0 は 0.75 Å で，その慣性モーメントは 0.45×10^{-40} g cm^2 と評価される．これから H_2 の $\hbar^2/2I$ は温度に換算すると 85°K と出てくる．これは分子のなかで最高の $\hbar^2/2I$ である．他の $\hbar^2/2I$ の値として，たとえば I_2 分子の 0.053°K があげられる．I_2 分子の質量は H_2 分子のものの 127 倍で，0.053°K が 85°K÷127 より1桁小さいのは I_2 分子の原子間距離が 2.66 Å に伸びたためである．

一般に軽い原子からなる2原子分子の振動準位の間隔は室温の kT よりずっと大きい．このため振動にエネルギー等分配則を適用してはいけない（図 V.2）．零点振動を除いて，いわば死んでしまった振動を考慮の外におく．しかし，すべての分子について回転は室温で古典的な挙動をとると見なせる．そこでエネルギー等分配則に

よって2原子分子気体1モルの比熱は並進運動による寄与 $\frac{3}{2}R$ と回転運動による寄与 R の和 $\frac{5}{2}R$ で与えられる．値を次の表にかかげる．

分子気体の比熱（室温）

2原子分子	C_V/R	多原子分子	C_V/R
H_2	2.44	H_2O	3.3
N_2	2.45	CO_2	3.38
O_2	2.50	CH_4	3.25
HCl	2.54	C_2H_4	4.04
CO	2.49	$C_4H_{10}O$ （エチル・エーテル）	15.4
Cl_2	3.02		

線状でない多原子分子では回転の自由度は3になり，そこで分子の含む原子の数を s とすると，$3s-6$ 個の自由度が振動にゆく．これらの振動は**基準振動**にわけられる．図 V.4 に H_2O 分子の基準振動が示されている．基準振動の意味をこの例についていうと，図示された3つのタイプの振動がたがいに独立におこなわれる．だから振動の状態和 Z_v はさらに各基準振動の状態和をかけあわせたものになる．図に示されているように各基準振動の振動数は一般にはひとしくない．だから低い振動数をもった基準振動は高い振動数をもったものより比較的に低い温度で古典的な挙動に近づく．

ここでは2つの極端な場合を考える．第1にすべての振動が死ん

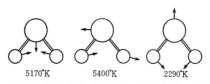

図 V.4 H_2O 分子の基準振動．各基準振動の下にある数字は振動数 ν に対する $h\nu/k$ の値

でいるならば，比熱 C_V は並進運動による寄与 $\frac{3}{2}R$ と回転による寄与 $\frac{3}{2}R$ の和: $3R$ になる．第2にすべての振動が古典的な挙動をとるならば，上の比熱の値に $(3s-6)R$ をくわえたもの: $3(s-1)R$ が C_V として観測されるはずである．多原子分子の気体の C_V をいくつか上の表にあげている．

単原子固体の比熱　単原子固体の C_V は高温では $6\,\mathrm{cal/mol}$ になることがわかっている．これを **Dulong-Petit の法則** という．この法則はわかりやすい．振動にゆく自由度は $3N-6$ だが，これは $3N$ と考えてもさしつかえない．だから，すべての基準振動が古典的だと仮定すれば C_V は $3Nk=3R$ になる．

低温では固体の比熱は $3R$ より小さくなってゆく．これを説明するのに Einstein はすべての原子が3つの方向におなじ振動数で振動していると仮定した．この，固体の原子振動のモデルを格子振動の **Einstein モデル** という．Einstein モデルでは，固体の比熱は (21.6) の N を $3N$ でおきかえたものになる．

§22. 気体の混合

混合のエントロピー　同種の粒子が見わけられない事情を劇的に示す現象は理想気体の混合である．いま壁を境にした部屋 1, 2 に温度も圧力も互いにひとしい2種類の理想気体が入っていると想像しよう．部屋の体積をそれぞれ V_1, V_2，また気体原子（または分子）の数を N_1, N_2 とすると理想気体の状態方程式から明らかに

$$V_1 : V_2 = N_1 : N_2 \tag{22.1}$$

の関係がある．境の壁を取りさると気体はまざりあう．混合する前の気体 1, 2 の状態和は (21.1) により

$$Z_1 = V_1 Z_1^*, \qquad Z_2 = V_2 Z_2^* \tag{22.2}$$

で与えられ，ここで Z_1^*, Z_2^* は体積に関係しない．そこで混合する前の気体 1, 2 のエントロピーの和は (20.8) によって

$$S = N_1 k \ln V_1 + N_2 k \ln V_2 + \text{const} \tag{22.3}$$

であらわせる．この式の最後の項(const)は体積によらないエントロピーの部分をあらわす．

つぎに気体1,2が混合した後の状態和は(22.2)の V_1, V_2 を V でおきかえたものに当る．このときのエントロピーは

$$S' = (N_1 + N_2) k \ln V + \text{const} \tag{22.4}$$

で体積に関係しない最後の項は(22.3)のものとおなじである．気体1,2がまざりあって同一の容積を共有してもエントロピーが成分気体のエントロピーの和で書けるのは，気体1,2が互いに独立だからである．独立な2つの系を組みあわせた系の微視状態の数は個々の系の微視状態の数の積にひとしく，その対数の k 倍を平衡状態で書きあらわしたものが上の式である(§17)．

そこでエントロピー変化 $\Delta S = S' - S$ は

$$\Delta S = -N_1 k \ln \frac{V_1}{V} - N_2 k \ln \frac{V_2}{V} \tag{22.5}$$

と書ける．これは，$V = V_1 + V_2$ と(22.1)を考慮するならば，気体1,2の濃度 c_1, c_2:

$$c_1 = \frac{N_1}{N_1 + N_2}, \quad c_2 = \frac{N_2}{N_1 + N_2} \tag{22.6}$$

を使って

$$\Delta S = -R(c_1 \ln c_1 + c_2 \ln c_2) \tag{22.7}$$

と書ける．ここで $N_1 + N_2$ は1 mol の数を仮定した．**混合のエントロピー ΔS はいつでも正で，したがって，気体の混合は非可逆である**．

混合のエントロピーには原子の違いをあらわす物理量は何も見あたらない．したがって原子の違いをだんだん小さくしてゼロにもっていっても混合のエントロピーは消えない．しかし実際にはたがいに平衡の関係にある同種の気体の間の境を取りさっても何も変化は

§22. 気体の混合

認められないはずである.これが **Gibbs** のパラドクスである.

このパラドクスを解くために補正したM-B統計を考える.このとき微視状態の数を $N_1!$ か $N_2!$ かでわることによる補正:

$$-N_1 k(\ln N_1 - 1) - N_2 k(\ln N_2 - 1) \tag{22.8}$$

を(22.3)にくわえる.もし気体1,2がことなる種類のものであれば,おなじ補正が(22.4)にも施され,混合のエントロピーは(22.7)になる.これに反して,もし気体1,2がおなじ種類のものならば,(22.4)に施す補正は(22.8)のかわりに $1/(N_1+N_2)!$ の対数の k 倍:

$$-(N_1+N_2)k\{\ln(N_1+N_2)-1\} \tag{22.9}$$

でなければいけない.(22.9)から(22.8)をひいたものはちょうど(22.7)をうち消してしまう.

原子や分子の違いは決して連続的にかわっているものではない.たとえば化学的におなじようにふるまう同位元素をとってみても,質量の不連続な跳びがある.したがって原子や分子が同種のものかどうかは明らかに判定できる性質のものである.

上に与えた Gibbs のパラドクスの考察から,また次のことがわかる.もし補正しないM-B統計の立場をとるならば,同種の原子からなる一様な気体に仕切りを入れると系のエントロピーはかわる.これから,温度と密度が一様な気体のエントロピーが気体の量に比例していないことになる.じっさい(21.2)はそういう形をしている.正しいエントロピーは(21.3)で与えられる.

気体の混合の思考実験 理想気体の混合のエントロピーをうる際のポイントは混合の前後のエントロピーがそれぞれ(22.3)と(22.4)で与えられることである.いいかえると,もし混合前のエントロピーが

$$S = S_1(T, V_1) + S_2(T, V_2) \tag{22.10}$$

で与えられるならば,混合後のエントロピーは

$$S' = S_1(T, V) + S_2(T, V) \tag{22.11}$$

となる．このことを熱力学の立場から証明するのはおもしろい．

それをみる前に分圧という概念を説明しておく．混合した気体で，成分気体が単独で容器を占めるときに示す圧力が分圧で，したがって理想気体 1, 2 の混合したものでの分圧は $p_1 = N_1 kT/V$ と $p_2 = N_2 kT/V$ である．全圧 p は $(N_1+N_2)kT/V$ だから，これは気体 1, 2 の分圧の和にひとしい（**Dalton の法則**）．

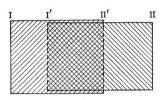

図 V.5

さて図 V.5 で，I II′, I′II は体積のひとしい 2 つのシリンダーである．I′ と II′ は半透膜で，膜 I′ は気体 1 を通すが気体 2 を通さず，また膜 II′ は気体 2 を通すが気体 1 を通さない．シリンダー I II′ と I′II のなかには，圧力がそれぞれ p_1, p_2 の一様な気体 1, 2 がひとしい温度 T でみたされている．シリンダー I II′ を固定しておいて，これにシリンダー I′II をさしこんでゆくならば，I′ が I にたどりついたときに気体 1, 2 の混合がなしとげられる．この過程を通して，膜 I′ は気体 2 の圧力を右側から受け，また壁 II はおなじ圧力を左側から受ける．したがって変位するシリンダーの受ける正味の力はゼロである．すなわち，この混合過程は外部から熱も仕事もくわえることなく進行できる．この過程は確かに可逆である．

そこで膜 I′ が壁 I の位置にきたときのエントロピーは膜 I′ が膜 II′ の位置にあったときのそれとおなじはずである．いいかえると，混合理想気体のエントロピーは同一の体積を各成分気体がそれぞれの分圧で単独に占めたときのエントロピーの和にひとしい．これを式であらわすと

$$S' = S_1(T, p_1) + S_2(T, p_2). \tag{22.12}$$

この式は(22.11)とおなじものである．

§23. 古典分布，双極子気体の誘電率

古典分布 自由度 f の古典的な分子を位相空間の位置：$(q_1, \cdots, p_f) \equiv (q, p)$ で $dq_1 \cdots dp_f \equiv dqdp$ の体積要素に見つける確率：$w(q, p)dqdp$ は(20.11)を N でわったもので与えられる．これを古典分布というわけは，式(20.11)の h^{-f} が状態和(20.12)のなかの h^{-f} と消しあっていて，量子的な性格を特徴づけるものは何も含まれていないからである．

さて考えている系を配置空間で $(q_1, \cdots, q_f) \equiv q$ の位置，$dq_1 \cdots dq_f \equiv dq$ の体積要素に見つける確率：$w(q)dq$ をたずねるならば，$w(q)$ は $w(q, p)$ を運動量空間で積分したものに当る：

$$w(q) = \frac{1}{Z} \underbrace{\int \cdots \int}_{f} e^{-\beta H} \frac{dp_1 \cdots dp_f}{h^f}. \tag{23.1}$$

もし運動量空間で $(p_1, \cdots, p_f)$ の位置，$dp_1 \cdots dp_f \equiv dp$ の体積要素に系を見つける確率：$w(p)dp$ が知りたければ $w(q, p)$ を配置空間で積分すると(23.1)に相当するものがえられる．

Hamilton関数が運動エネルギー K とポテンシャル・エネルギー U の和で書かれ，K が配置座標 q を含まないならば，(23.1)の積分は配置座標に無関係な値を結果し，それは Z のなかの相当する積分の結果とちょうど消しあう．だから(23.1)は

$$w(q) = \frac{1}{\Omega} e^{-\beta U(q)}, \tag{23.2}$$

$$\Omega = \underbrace{\int \cdots \int}_{f} e^{-\beta U(q)} dq_1 \cdots dq_f. \tag{23.3}$$

この Ω を配置状態和という。(23.2)は運動学的な結果(8.5)を一般化したものに当る。たとえば,鉛直軸に垂直な単位面積をとって地上から h の高さのところ, dh に質量 m の気体分子を見つける確率: $w(h)dh$ は $e^{-mgh/kT}dh$ に比例する.

電場のなかでの双極子分子の向きの分布 いまからは2原子分子の回転の系だけに目をつける。その運動エネルギー: $K=(p_\theta{}^2+p_\varphi{}^2/\sin^2\theta)/2I$ は配置座標 θ を含んでいるので,(23.2)は使えない。座標が θ, φ のところの $d\theta d\varphi$ の面分に分子を見つける確率: $w(\theta, \varphi)$ を自由な回転子についてさがす。このとき H は K にひとしく,そこで(23.1)に相当して

$$\iint_{-\infty}^{\infty} \exp\left\{-\frac{\beta}{2I}\left(p_\theta{}^2+\frac{1}{\sin^2\theta}p_\varphi{}^2\right)\right\}dp_\theta dp_\varphi \qquad (23.4)$$

を考える。第1に p_θ についての積分は $(2\pi I/\beta)^{1/2}$, 第2に p_φ についての積分は $(2\pi I/\beta)^{1/2}\sin\theta$ になり,だから上の積分は $(2\pi I/\beta)\sin\theta$ になる。これを θ と φ で,それぞれ 0 から π, 0 から 2π まで積分して h^2 でわったものは $Z=8\pi^2 I/\beta h^2$ で,これは(21.11)に一致している。以上の計算から

$$w(\theta, \varphi) = \frac{\sin\theta}{4\pi} \qquad (23.5)$$

がえられる。これは理にかなった結果である。なぜなら,外部場のないときに分子の向きは半径1の球面の上にひとしい確率で分布しているはずで,したがって向きが θ, φ の位置,$d\theta, d\varphi$ のなかに分子を見つける確率は相当する球面上の面積 $\sin\theta\, d\theta d\varphi$ を全面積 4π でわったものにひとしいからである。

さて HCl 分子のような電気双極子モーメントをもつ分子からなる気体に電場 $\mathscr{E}$ をかけると,分子の回転は自由でなくなる。双極子モーメントは負イオン(HClならばCl)から正イオンへ引いた分子の軸に平行な向きをもち,その大きさを μ_e とする。電場の方向を

§23. 古典分布, 双極子気体の誘電率

極軸に選ぶと, ポテンシャル・エネルギー:
$$U(\theta) = -\mu_e \mathcal{E} \cos\theta \tag{23.6}$$
が回転子の Hamilton 関数につけ加わる. このとき(23.1)の積分に相当するものは(23.4)に $e^{-\beta U(\theta)}$ をかけたもので分子の向きの分布は(23.5)のかわりに

$$w(\theta, \varphi) = e^{-\beta U(\theta)} \frac{\sin\theta}{\Omega} \tag{23.7}$$

となるのは見やすい. ここで

$$\Omega = 2\pi \int_0^\pi e^{-\beta U(\theta)} \sin\theta \, d\theta. \tag{23.8}$$

Debye の式 双極子モーメントの z 成分の平均値をうるのには, $\cos\theta$ の平均値を見つければよい. それは(23.7)に $\cos\theta$ をかけ, θ と φ で積分したもので与えられる. すなわち(23.6)を考慮して

$$\begin{aligned}\langle\cos\theta\rangle &= \frac{2\pi}{\Omega}\int_{-1}^1 \cos\theta \, e^{\gamma\cos\theta} d(\cos\theta)\\ &= \frac{\partial \ln\Omega}{\partial\gamma},\end{aligned} \tag{23.9}$$

ただし $\gamma = \mu_e \mathcal{E}/kT$ とおいた.

配置状態和 Ω は次のように計算される:

$$\Omega = 2\pi \int_{-1}^1 e^{\gamma x} dx = 4\pi\gamma^{-1}\sinh\gamma. \tag{23.10}$$

だから(23.9)によって

$$\begin{aligned}\langle\cos\theta\rangle &= L(\gamma),\\ L(x) &= \coth x - x^{-1}.\end{aligned} \tag{23.11}$$

ここで $L(x)$ は **Langevin** 関数とよばれ, x の小さなところで $x/3$ で近似される. $\langle\cos\theta\rangle$ の $N\mu_e$ 倍は 1 mol の双極子気体の電気モーメントの平均値に当る. 単位体積あたりの電気モーメントを電気分極という. そこで $\mu_e \mathcal{E}/kT \ll 1$ のときの電気分極は(23.11)によって $\frac{1}{3}\frac{N}{V}\frac{\mu_e^2\mathcal{E}}{kT}$ になることがわかる. 電気分極を電場 $\mathcal{E}$ でわったものは

電気感受率で，それを χ_e であらわすと

$$\chi_e = \frac{1}{3} \frac{N}{V} \frac{\mu_e^2}{kT}. \qquad (23.12)$$

これを Debye の式という．これから誘電率をうるには，電場に電気分極の 4π 倍をくわえたものが電束密度で，これと電場の比が誘電率に当ることに注意すればよい．すなわち誘電率は $1+4\pi\chi_e$ で与えられる．この計算では分子に働く電場（局所電場）$\mathcal{E}_{\mathrm{loc}}$ と外部からかかった電場 $\mathcal{E}$ の違いを無視している．この違いは密度の高い気体や液体などでは，電気分極が大きくなるために，無視できなくなる．分極は $\chi_e \mathcal{E}_{\mathrm{loc}}$ で与えられるが，誘電率をうるには $\mathcal{E}_{\mathrm{loc}}$ と $\mathcal{E}$ の関係が必要である．しかし，いまはこの問題に立ち入らない．

問 題

V.1 最低準位から測って ε の位置に励起準位をもった N 個の原子の系がある．最低準位と励起準位の縮退をそれぞれ g_0, g_1 としたときに，系の比熱の温度変化をしらべよ．比熱の山が $(2kT/\varepsilon) = (g_0 - g_1 e^{-\varepsilon/kT})/(g_0 + g_1 e^{-\varepsilon/kT})$ をみたす温度にあらわれることを示せ．（励起準位による，このような比熱の異常を Schottky 比熱ということがある．）

V.2 次の公式を Euler-Maclaurin の総和公式という．

$$\sum_{l=0}^{\infty} f(l) = \int_0^{\infty} f(x)dx + \frac{1}{2}f(0) - \frac{B_1}{2!}f'(0) + \frac{B_2}{4!}f'''(0) - \cdots.$$

零点エネルギーを除いた調和振動子の状態和にこの式を適用し，Bernoulli の数 B_1, B_2 がそれぞれ $1/6, 1/30$ であることを示せ．

V.3 調和振動子の状態和 Z_v，回転子（3次元）の状態和 Z_r の古典

近似への補正項を含めたものは次の式で与えられることを示せ. ただし Z_r の展開をうるのに問題 V.2 の Euler-Maclaurin の総和公式を使え.

$$Z_v = \frac{kT}{h\nu}\left\{1 - \frac{1}{24}\left(\frac{h\nu}{kT}\right)^2 + \cdots\right\},$$

$$Z_r = \frac{2IkT}{\hbar^2}\left\{1 + \frac{1}{3}\left(\frac{\hbar^2}{2IkT}\right) + \cdots\right\}.$$

V.4 H_2 や D_2 のような見わけられない原子核でできた 2 原子分子の向きをあらわす極角 θ を $\pi-\theta$ に,方位角 φ を $\pi-\varphi$ に変えても同じ配向をあらわしているにすぎない.そこで分子の状態和の古典近似の結果を 2 でわらねばいけない(このような数を分子の対称数という).量子力学によると,回転の量子数 l が偶数の H_2 では 2 つのプロトンの系の核スピンは 0,奇数の H_2 では核スピンは 1 である. l が偶数の H_2 をパラ水素,奇数の H_2 をオルソ水素という.パラ水素とオルソ水素の間の転換は非常にゆっくりしていて,1 年のオーダーの時間がかかる.だから,ふつうの観測の時間スケールではオルソ水素とパラ水素は別々にエルゴーディクな系をなしていると考えねばいけない.しかし常磁性の触媒があると,このようなことはおこらない.

パラ水素とオルソ水素の回転の状態和をそれぞれ Z_p, Z_o であらわしたときに,

(1) Z_p も Z_o も V.3 に与えた範囲の Z_r の $\frac{1}{2}$ になることを示せ.

(2) 高温でできた水素(ふつうの水素)ではパラ水素とオルソ水素の比率は 1:3 であるのはなぜか.

(3) ふつうの水素と触媒があるときの水素の自由エネルギー F を Z_p と Z_o を使って書きあらわせ.

(4) 低温での回転による比熱は触媒があるときの水素,パラ

水素,ふつうの水素,オルソ水素の順で小さくなってゆくのはなぜか.

V.5 スピン量子数 J の原子またはイオンの系に磁場 $\mathcal{H}$ をかけたとき,各原子(イオン)のエネルギー準位は $E_m = -g\mu_B \mathcal{H} m$ で与えられ,ここで $m = J, J-1, \cdots, -J$. また μ_B を Bohr 磁子, g を g 因子という.このとき

(1) 状態和 Z を次の形にみちびけ.
$$Z = \sinh\left(\frac{1}{2}\frac{g\mu_B(2J+1)\mathcal{H}}{kT}\right) \Big/ \sinh\left(\frac{1}{2}\frac{g\mu_B \mathcal{H}}{kT}\right).$$

(2) スピン系の磁気モーメントの平均値: $M = Ng\mu_B \langle m \rangle$ は $F = -NkT \ln Z$ で定義される自由エネルギー F を使って
$$M = -\left(\frac{\partial F}{\partial \mathcal{H}}\right)_T$$
から見つかることを確かめよ.

(3) 上の結果の助けをかりて
$$M = Ng\mu_B J B_J\left(J\frac{g\mu_B \mathcal{H}}{kT}\right),$$
$$B_J(x) = \frac{2J+1}{2J}\coth\left(\frac{2J+1}{2J}x\right) - \frac{1}{2J}\coth\left(\frac{x}{2J}\right)$$
をみちびけ.ここで $B_J(x)$ を Brillouin 関数という.

(4) もし $J = 1/2, g = 2$ ならば上の結果は
$$M = N\mu_B \tanh\left(\frac{\mu_B \mathcal{H}}{kT}\right)$$
になり,また $J \to \infty$ ならば,このときの $g\mu_B J$ の極限値を μ であらわして,
$$M = N\mu L\left(\frac{\mu \mathcal{H}}{kT}\right)$$
になることを示せ.ここで $L(x)$ は Langevin 関数.

第 VI 章 相平衡，化学平衡および熱力学の第三法則

　熱力学の第二法則からきまるエントロピーは付加定数だけの不定があるが，それは系をつくっている要素系が変わらないままでの状態変化だけを取り扱う際には問題にはならない．しかし，たとえば気体分子の一部が原子に分かれるような解離現象を取り扱おうとすると，分子状での気体のエントロピーと原子状でのそれの差が重要になる．このような問題の経験的研究から Nernst(1906) は熱力学にひとつの定理を補足した．それを熱力学の第三法則という．

　この章では，熱力学の第二法則と統計力学の立場を対比させながら，エントロピーの絶対値にかかわりのある事項についてみてゆき，最後に熱力学の第三法則が量子法則であること，およびこの法則からどんなことが予言できるかを明らかにしよう．

§24. 固定条件を変えたときの平衡の条件

　孤立系の実際に起る変化では，そのエントロピーは常に増加するが，この法則のあらわしかたでは系の E と V を一定に保つような固定条件を考えている．この固定条件のもとで考えられるすべての状態のなかで，平衡状態は最大の S をもつ (§17)．しかし，このような固定のしかたが必ずしも便利でないことは §5 で指摘した．固定条件を変えると，じっさいに起る変化の向きや平衡の条件はどのような形をとるだろうか．

　まず変化の向きの問題を取りあげる．いま系 Σ が環境系 Σ_0 のなかに置かれたとする．初めに Σ の温度と圧力: T と p は Σ_0 の温度と圧力: T_0 と p_0 とは違っているかも知れない．しかし両者の間の

交渉を通して，やがて平衡状態が実現する．その間に $\Sigma+\Sigma_0$ に起ったエントロピー変化は熱力学の第二法則によって

$$\varDelta S+\varDelta S_0>0. \tag{24.1}$$

私たちは環境系 Σ_0 は十分大きな系だと考えており，そこで熱量 $\varDelta Q$ を Σ へ与えることによって Σ_0 の温度は変わらないとみてよい．したがって

$$\varDelta S_0=-\frac{\varDelta Q}{T_0}. \tag{24.2}$$

この熱量によって系 Σ は仕事をし，状態Aから状態Bへ移ったとすると熱力学の第一法則によって

$$\varDelta Q=\varDelta E+\int_A^B pdV. \tag{24.3}$$

(24.3)を(24.2)の $\varDelta Q$ に代入し，えられる $\varDelta S_0$ を(24.1)に使うことにより

$$\varDelta E-T_0\varDelta S<-\int_A^B pdV. \tag{24.4}$$

この関係から重要な結論がえられる．いま S, V を固定すると (24.4) は $\varDelta E<0$ になる．すなわち，この固定条件では，じっさいに起る変化は内部エネルギーを減少させる向きに起る．つぎに V, T を固定すると (24.4) の T_0 は T でおきかえられる．なぜなら状態Bでの Σ は Σ_0 と熱平衡になっているから．そこで (24.4) は $\varDelta(E-TS)=\varDelta F<0$ を示している．最後に T, p を固定すると (24.4) の右辺は $-p(V_B-V_A)=-p\varDelta V$ にひとしく，そこで変化の向きは $\varDelta G<0$ できまることがわかる．

上にみたことから，考えられた固定条件のどれかをとったとき，平衡条件がどんな形で与えられるか，これはほとんど明らかだとおもう．たとえば S, V が一定の条件では，じっさいに起る変化は E の減少する向きだから，おかれた固定条件のもとで最小の E をもつような状態が安定なはずである．この形の平衡の条件は力学の問題

であらわれるものに，ちょうど対応している．他の固定条件の場合も同様に平衡の条件がみつかり，結果を次の表にまとめておく．

固定変数	実際の変化の向き	平衡の条件
E, V	$\Delta S > 0$	$S = \mathrm{Max}$
S, V	$\Delta E < 0$	$E = \mathrm{Min}$
T, V	$\Delta F < 0$	$F = \mathrm{Min}$
T, p	$\Delta G < 0$	$G = \mathrm{Min}$

§25. 化学ポテンシャル

粒子のゆききがあるときの平衡条件　全体としては孤立系をなしている系 1, 2 が，なめらかに動くピストンを境にしてエネルギーのやりとりをしているときの平衡の条件は§17 でしらべた．この条件は (17.15), (17.19) によって

$$T_1 = T_2, \qquad p_1 = p_2 \tag{25.1}$$

で与えられる．粒子のゆききが系 1, 2 の間でおこなわれていれば，このときの完全な平衡条件は (25.1) にもひとつの条件を補足したもので与えられる．

いまは系 1, 2 をあわせた系のエントロピー S を (17.13) のかわりに

$$S = S_1(E_1, V_1, N_1) + S_2(E_2, V_2, N_2) \tag{25.2}$$

と書く．エネルギーや体積とおなじように，全体の粒子数 $N_1 + N_2 = N$ は一定値をとる．そこで平衡状態での粒子数の系 1, 2 への分配は N_1 の関数とみた S が最大になるような N_1 できまる．この条件は明らかに

$$\left(\frac{\partial S_1}{\partial N_1}\right)_{V_1, E_1} - \left(\frac{\partial S_2}{\partial N_2}\right)_{V_2, E_2} = 0 \tag{25.3}$$

で与えられる．次の式：

$$\left(\frac{\partial S}{\partial N}\right)_{V,E} = -\frac{\mu}{T} \tag{25.4}$$

で定義される μ を化学ポテンシャルという.そこで粒子をとおす壁の両側にある粒子系の平衡には温度と圧力がひとしいだけでなく,化学ポテンシャルのひとしいこと:

$$\mu_1 = \mu_2 \tag{25.5}$$

が必要である.

実際に起る変化ではエントロピーは増加するので,変化 ΔN_1 では(25.3)の左辺に ΔN_1 をかけたものは正でなければいけない.すなわち $(\mu_1-\mu_2)\Delta N_1<0$ が実際の変化でなりたつはずで,このことから粒子は高い化学ポテンシャルをもつ系から,もうひとつの系へ流れることがわかる.

可逆過程の基本式の拡張 粒子数が一定なときの熱力学の基本式は (5.1) または (17.7): $dS=(1/T)dE+(p/T)dV$ で与えられるが,粒子数が dN だけ変わると上の dS への寄与に $-(\mu/T)dN$ がつけくわわる.だから基本式は

$$dS = \frac{1}{T}dE + \frac{p}{T}dV - \frac{\mu}{T}dN \tag{25.6}$$

の形に拡張される.または,いくつも成分粒子があれば

$$dE = TdS - pdV + \sum_i \mu_i dN_i \tag{25.7}$$

と書ける.ここで μ_i は種類 i の粒子の化学ポテンシャルで,それを(25.4)で定義する際に左辺の微分は種類 i の粒子を除く他の成分の粒子数を V, E とともに固定して N_i の微分をおこなうものとする.§5 の表を見て (25.7) から dF, dG の式は

$$dF = -SdT - pdV + \sum_i \mu_i dN_i, \tag{25.8}$$

$$dG = -SdT + Vdp + \sum_i \mu_i dN_i \tag{25.9}$$

となる.これらの3つの式から明らかなように

$$\mu_i = \left(\frac{\partial E}{\partial N_i}\right)_{S,V,N_j} = \left(\frac{\partial F}{\partial N_i}\right)_{T,V,N_j} = \left(\frac{\partial G}{\partial N_i}\right)_{T,p,N_j}; \quad (25.10)$$

いま見つけた化学ポテンシャルの3つの表式は次の意味で理にかなっている. 系1,2の間の粒子のやりとりに対する平衡の条件(25.3)は一定の E, V に対するもので,固定条件を§24の表に与えられた他の形のものにとるならば,ことなる外見をもった平衡の条件がえられる. 第1に S, V が一定なら $(\partial E/\partial N)_{S,V}$ が, 第2に T, V が一定なら $(\partial F/\partial N)_{T,V}$ が, 第3に T, p が一定なら $(\partial G/\partial N)_{T,p}$ が系1,2の間でひとしいことが(25.3)に代わる条件だというのは見やすい.

化学ポテンシャルと Gibbs の自由エネルギー これらの2つの量の間には簡単な関係がある. それを見つけるのに系のエントロピーはその物質の量に比例する事実に目をつける. エントロピーは V, E, N の関数で,これらの変数も物質の量に比例する. そこで

$$S(\tau V, \tau E, \tau N) = \tau S \quad (25.11)$$

の関係がある. この式の両辺を τ で微分して,その後で $\tau=1$ とおくと,あらわれた微係数を(25.6)から見つけて

$$\frac{p}{T}V + \frac{1}{T}E - \frac{\mu}{T}N = S \quad (25.12)$$

が得られる. すなわち

$$G = N\mu \quad (25.13)$$

の関係が見つかった. そこで次のようにいうことができる:もし2つの熱力学的な系の間に粒子のゆききが許されているならば,平衡は系の間で温度,圧力および Gibbs の自由エネルギー(1 mol あたり)のひとしいときにあらわれる. 多成分系の G は(25.13)の右辺を $\sum N_i\mu_i$ でおきかえたものになる.

理想気体の化学ポテンシャル 補正した M-B 統計でのエントロピーは(20.8)に $-Nk(\ln N-1)$ の補正を施したもの:

$$S = Nk\left\{\ln\frac{Z}{N}+1\right\} + \frac{E}{T} \qquad (25.14)$$

で与えられる. ここで理想気体の状態方程式を考慮するならば, (25.14)は $G=-NkT\ln(Z/N)$ という関係である. すなわち

$$\mu = -kT\ln\frac{Z}{N}. \qquad (25.15)$$

ところで, §19 で与えた M-B 分布: $e^{-\alpha-\beta\varepsilon_i}$ をかえり見ると Lagrange の未定乗数のうち β の意味ははっきりしていたが α の方はそうではなかった. しかしいま, この物理的な意味が明らかになる. それには上の式の Z/N が(20.3)によって e^α とおなじだということに注意すればよい. すなわち α は化学ポテンシャルと

$$\mu = -kT\alpha \qquad (25.16)$$

によって関係づけられている.

単原子理想気体の化学ポテンシャルは(25.15)に(21.1)の $Z=V(2\pi mkT/h^2)^{3/2}$ を代入すると見つかる:

$$\mu = -kT\left\{\frac{5}{2}\ln T - \ln p + \ln\frac{(2\pi m)^{3/2}k^{5/2}}{h^3}\right\}. \qquad (25.17)$$

これは気体の温度と圧力だけできまり, 物質の量に関係しない. これには M-B 統計の補正がきいている. 補正のない M-B 統計では物質の量に関係する μ がえられ, 正しくない.

§26. 2相平衡

Clausius-Clapeyron の式 液体もしくは固体とつりあっている蒸気の問題を考える. この蒸気, すなわち飽和蒸気の圧力 p を温度 T の関数としてプロットしたものを蒸気圧曲線という. 図 VI.1 は水の蒸気圧曲線で, この曲線は水と水蒸気の相の境界線になっている. 一般に一様な系を相という. だからいまは2つの相からなる系のつりあいを考えている.

いま境界線上で2つの隣接する点 A:(T,p), B:(T',p') をとると,

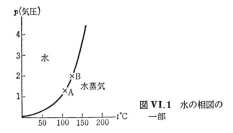

図 **VI.1** 水の相図の一部

これらの状態では液相と気相の Gibbs の自由エネルギー G_l, G_g がひとしいはずである．したがって

$$G_l(T', p') - G_l(T, p) = G_g(T', p') - G_g(T, p) \quad (26.1)$$

がなりたつ．いま $T'-T=dT$, $p'-p=dp$ とおき，次の関係に注意する：

$$G(T+dT, p+dp) - G(T, p)$$
$$= \left(\frac{\partial G}{\partial T}\right)_p dT + \left(\frac{\partial G}{\partial p}\right)_T dp = -SdT + Vdp. \quad (26.2)$$

(26.2) を (26.1) に入れた結果：$-(S_g - S_l)dT + (V_g - V_l)dp = 0$ から

Clausius-Clapeyron の式：

$$\frac{dp}{dT} = \frac{L}{T(V_g - V_l)} \quad (26.3)$$

がえられる．ここで $V_g - V_l$ は 1 mol の液体が気体になる際の体積変化，また L はその際の蒸発熱で関係

$$S_g - S_l = \frac{L}{T} \quad (26.4)$$

を使った．この関係は，気相と液相がつりあっている場合の蒸発が可逆であるために，正しい．さて上の 2 つの量がわかれば，(26.3) によって蒸気圧曲線のスロープが見つかる．これはいつも正である．(26.3) の逆数 dT/dp は沸点の圧力による変化率を与える．

2 つの相の境界線は (26.3) の右辺に測定データを入れたものを数

値積分すると見つかる．蒸気圧曲線では V_l は V_g に対して省略でき，さらに蒸気を理想気体と見なし L を一定値と仮定すれば，(26.3)の積分は容易に

$$p = \text{const} \cdot e^{-L/RT} \tag{26.5}$$

となる．

また(26.3)は融解や昇華の問題にも適用できる．融解のときには V_g, V_l のかわりに，それぞれ液体と固体の体積を入れ，また L は融解熱になる．液相と固相の境界線は融解曲線とよばれる．dp/dT は融解曲線でも正のものがほとんどだが，氷は例外である．1 g の氷がとけると 0.091 cm³ だけ体積がちぢむ．このときの融解熱は 80 cal/g であるので

$$\frac{dp}{dT} = -\frac{80 \times 4.185 \times 10^7}{273 \times 0.091}$$
$$= -1.35 \times 10^8 \frac{\text{dyne}}{\text{cm}^2 \text{g}}.$$

これから 133 atm の圧力で氷点が 1°C さがることがわかる．たとえば大きな氷のかたまりが斜面をくだる際に岩石にさまたげられたとする．岩石と接触した氷の一部は大きな圧力を受け，その氷点がさがる．そこで氷のこの部分は融けて氷のかたまりが岩石をそれるように動けるようになる．いったん接触が弱まると，融けた氷の部分はすぐこおってしまうのはいうまでもない．氷河ができるのに，氷点の圧力による変化率が負であることがきいている．

固体の蒸気圧　Clausius-Clapeyron の式の積分では蒸気圧曲線の式に積分定数が現われる．しかし統計力学ではもっと先まで進める．

第1に固体の蒸気を理想気体とみると，その化学ポテンシャル μ_g は (25.17) で与えられる．

第2に凝縮相を固体にとったときの，その化学ポテンシャル μ_s を格子振動の Einstein モデル (§21) によって見つけよう．すなわち

固体のなかの $3N$ 個の原子はすべておなじ振動数 ν で振動しているとする．いま kT が $h\nu$ にくらべてかなり大きいような高い温度域を考えると，振動の状態和は (21.8) によって $kT/h\nu$ で近似され，自由エネルギーは

$$F = -3NkT \ln \frac{T}{\Theta} \qquad (26.6)$$

とおける．ここで $\Theta = h\nu/k$ ．固体の体積は気体のそれの 10^{-3} 程度だから，気体の場合とくらべると pV の項は問題にならない．だから上の F で G を近似しても差しつかえない．この G の $1/N$ で与えられる固体原子の化学ポテンシャルを気体のものとくらべる際に，共通のエネルギーの原点を気相の静止した原子のエネルギーに選ぶ．すると振動子の状態和を書いた際のエネルギーの原点の読みは $-\chi$ とおける．この χ は，振動の零点エネルギーを別にすれば，固体原子のひとつをその最低準位から気相の最低準位に移すに要する仕事に当る．こうして固体原子の化学ポテンシャルは

$$\mu_s = -\left(\chi + 3kT \ln \frac{T}{\Theta}\right) \qquad (26.7)$$

と書かれる．

さて平衡の条件は $\mu_g = \mu_s$ である．これは

$$\frac{5}{2}\ln T - \ln p + \ln \frac{(2\pi m)^{3/2} k^{5/2}}{h^3} = 3\ln \frac{T}{\Theta} + \frac{\chi}{kT} \qquad (26.8)$$

と書きくだされる．または両辺の指数をとって

$$p = \frac{(2\pi m)^{3/2} k^{5/2}}{h^3} \frac{\Theta^3}{\sqrt{T}} e^{-\chi/kT}. \qquad (26.9)$$

蒸気圧の式 (26.9) をもっと一般的に書くには次の点に注意する．結晶内原子の振動を基準振動にわけたとき，いろいろの振動数があらわれる．このため (26.7) の $\ln \Theta$ を解釈し直す必要がある．$\ln \Theta$ は $\ln (h\nu/k)$ のことで，だから $\ln \nu$ が問題である．もし，それをすべての基準振動に対する $\ln \nu_i$ の平均値：

$$\sum_i \ln \nu_i = 3N \ln \nu \qquad (26.10)$$

として解釈し直せば(26.9)の結果は一般的になる.

§27. 化学平衡と電離平衡

化学平衡の簡単な問題 いま原子 A, B からできた分子 AB の気体が原子 A と原子 B の気体に解離する場合を取りあげる. 分子 AB を 2 つの原子 A と B に切りはなすに要する仕事を解離エネルギーという. これは(26.9)の蒸発エネルギー χ (原子あたり)に対応するものである.

平衡状態では N_A, N_B, N_{AB} 個の A, B, AB 気体が同一の体積 V を温度 T のもとで占めている. 系の自由エネルギーは各気体の自由エネルギーの和であらわせる(理想気体の近似). すなわち

$$F(T, V) = \sum_i F_i(T, V). \qquad (27.1)$$

ここで総和は A, B, AB についてとられる. この式の右辺の自由エネルギーを書き下す際に, エネルギーの原点を共通にとらねばいけない. このように定めた原子 A, B および分子 AB の最低のエネルギー準位を $\varepsilon_A, \varepsilon_B, \varepsilon_{AB}$ でそれぞれあらわすと

$$\chi = \varepsilon_A + \varepsilon_B - \varepsilon_{AB} \qquad (27.2)$$

が分子の解離エネルギーである.

さて自由エネルギー $F_i = E_i - TS_i$ は(25.14)によって

$$F_i = -N_i kT \left(\ln \frac{Z_i}{N_i} + 1 \right) \qquad (27.3)$$

と書ける. ここで Z_A は(21.1)に $e^{-\varepsilon_A/kT}$ をかけたもので V に比例し, それ以外には温度だけの関数である. Z_B も同様なものである. また Z_{AB} は分子の状態和で, 並進, 回転および振動の 3 つの状態和の積で, その基底準位をエネルギーの原点にとったときの状態和の $e^{-\varepsilon_{AB}/kT}$ 倍で与えられる. また Z_{AB} の因数 V はその並進の状態和からでてくる.

§27. 化学平衡と電離平衡

平衡状態では F が最小になっているような解離が実現している.そこで(27.3)を A, B, AB について加えたもの:

$$F = -kT \sum_i N_i - kT \sum_i N_i \ln \frac{Z_i}{N_i} \qquad (27.4)$$

で N_{AB} を δN_{AB} だけ変えたときの δF は,平衡状態では,ゼロになるはずである.ただし N_{AB} が δN_{AB} だけ変わると,N_A も N_B も $-\delta N_{AB}$ だけ変わることに注意する.こうして $\delta F = 0$ の条件は次の式にみちびく:

$$\frac{N_A N_B}{N_{AB}} = \frac{Z_A Z_B}{Z_{AB}}. \qquad (27.5)$$

この式から容易に観察できることがある.それは Z_i がすべて V に比例することから見られるもので,第1に

$$Z_i = V Z_i^* \qquad (27.6)$$

とおくと Z_i^* は温度だけの関数であり,第2に N_i を

$$\sum_i N_i = N \qquad (27.7)$$

でわったもので気体 i の濃度

$$c_i = \frac{N_i}{N} \qquad (27.8)$$

を導入する.すると(27.5)は

$$\frac{c_A c_B}{c_{AB}} = \frac{V}{N} \frac{Z_A^* Z_B^*}{Z_{AB}^*} \equiv K \qquad (27.9)$$

となる.ところで V/N は kT/p にひとしく,だから**平衡定数 K は温度と圧力だけの関数**だということがわかる.これは反応 AB→A+B の場合での**質量作用の法則**に当る.平衡定数 K はこの反応では圧力に逆比例している.

もし反応 A+B→C+D を考えるなら分子 C, D の濃度の積に対する分子 A, B の濃度の積の比は濃度によらない一定値 K をとるというのがこの場合の質量作用の法則で,このときの K が圧力に関係

しないことは見やすい.

平衡条件の全圧による表示と分圧による表示 いま(27.9)の Z_i^* に Z_i/V を入れると,あの式の対数をとったものは

$$\ln K = \ln \frac{Z_A}{N} + \ln \frac{Z_B}{N} - \ln \frac{Z_{AB}}{N}. \qquad (27.10)$$

さて $p_i = c_i p$ で気体 i の分圧(§22)を考えると,Gibbs の自由エネルギーは

$$F_i + p_i V = -N_i kT \ln \frac{Z_i}{N_i} \qquad (27.11)$$

で,これは化学ポテンシャル

$$\mu_i(T, p_i) = -kT \ln \frac{Z_i}{N_i} \qquad (27.12)$$

を考えるのとおなじである.この式の対数の中味の圧力依存性は V/N_i からきており,これが分圧 p_i に逆比例している.もし対数の中味の N_i を N でおきかえるならば,これは(27.12)の左辺の分圧 p_i を全圧 p でおきかえることに当る.このようにして(27.10)は

$$\ln K = -\frac{\mu_A(T, p) + \mu_B(T, p) - \mu_{AB}(T, p)}{kT} \qquad (27.13)$$

と書きかえられる.ここで $\mu_i(T, p)$ は気体 i が圧力 p をもつと仮定したときの化学ポテンシャルである.

(27.13)は全圧 p に対する化学ポテンシャル $\mu_i(T, p)$ を使ったときの平衡条件だが,もし分圧 p_i に対する化学ポテンシャル $\mu_i(T, p_i)$ を使うならば平衡条件は違った見かけをとる.(27.12)によって

$$\mu_i \equiv \mu_i(T, p_i) = \mu_i(T, p) + kT \ln c_i \qquad (27.14)$$

であるから,$c_A c_B / c_{AB} = K$ を考慮するならば(27.13)は次の式とおなじことがわかる:

$$\mu_{AB} = \mu_A + \mu_B. \qquad (27.15)$$

この式は次のように考えると直接にみつかる.分圧を使ったとき,系のエントロピーは(22.12)で示されたような形で成分気体のエン

トロピーの和で書ける.だから $pV=\sum p_i V$ を考慮して,系の G は成分気体の G_i の和で書けるが,個々の G_i は(25.13)によって $N_i\mu_i$ にひとしい.すなわち,系の $G=\sum N_i\mu_i$. ここで,もし N_{AB} について G の最小条件を書きくだすなら,それは(27.15)である.

上の形の平衡条件は簡単で,それをもっと一般的に述べると,反応

$$a\mathrm{A}+b\mathrm{B}+\cdots \to l\mathrm{L}+m\mathrm{M}+\cdots \quad (27.16)$$

の平衡条件は

$$a\mu_\mathrm{A}+b\mu_\mathrm{B}+\cdots = l\mu_\mathrm{L}+m\mu_\mathrm{M}+\cdots \quad (27.17)$$

で与えられる.ことわりなしに混合気体の化学ポテンシャルというときには,もちろん分圧に対するものをさしている.

平衡定数の温度変化 平衡定数 K の値を知るには化学ポテンシャルの絶対値,したがってエントロピーの絶対値が必要であるが,K の温度に対する変化率は熱力学の第二法則の範囲で確定する形にみつかる.(27.13)の右辺の分子,分母に Avogadro 数 N をかけて

$$\ln K = -\frac{G_\mathrm{A}+G_\mathrm{B}-G_\mathrm{AB}}{RT}. \quad (27.18)$$

ここで各気体の 1 mol の G エネルギーは T, p に対するものである.上の式の両辺を温度で微分し $(\partial G_i/\partial T)_p = -S_i$ の関係を使うならば

$$\left(\frac{\partial \ln K}{\partial T}\right)_p = \frac{\varDelta H}{RT^2} \quad (27.19)$$

がえられる.ただし $\varDelta H = H_\mathrm{A}+H_\mathrm{B}-H_\mathrm{AB}$ は解離でのエンタルピー変化をあらわし,**解離熱に相当している**.(27.19)を **Van't Hoff** の式という.

Van't Hoff の式は Clausius-Clapeyron の式に対応するもので,じっさい(26.3)にある蒸発熱 L は液相(または固相)から気相に移ったときの系のエンタルピー変化に当る.したがって L の式(26.4)は2つの相での G エネルギーがひとしいという関係にすぎない.

(26.5)に相当する(27.19)の近似的な積分は ΔH を一定値と仮定したときにえられ

$$K = \text{const} \cdot e^{-\Delta H/RT} \qquad (27.20)$$

の形になる.

次の一般的な事項は見やすい. 反応(27.16)の平衡定数

$$\frac{c_L{}^l c_M{}^m \cdots}{c_A{}^a c_B{}^b \cdots} = K \qquad (27.21)$$

について Van't Hoff の式(27.19)がなりたち, ただし反応熱 ΔH は $(lH_L+mH_M+\cdots)-(aH_A+bH_B+\cdots)$ で与えられる.

電離平衡 ふつうの意味での化学平衡ではないが, ここで熱電離の問題を取りあげる. たとえば中性の Na 原子が電子 e^- をひとつ吐きだすと Na^+ になる. Na^+ と e^- が '原子' A と B に当り, 中性の Na が '分子' AB に当る. これらはすべて自由な粒子と見なせるので状態和は次のように書きくだせる:

$$\begin{aligned}
&Na^+ \text{の状態和}: \quad V\left(\frac{2\pi mkT}{h^2}\right)^{3/2}, \\
&e^- \text{ の状態和}: \quad V\left(\frac{2\pi m_e kT}{h^2}\right)^{3/2}, \qquad (27.22) \\
&Na \text{ の状態和}: \quad V\left(\frac{2\pi mkT}{h^2}\right)^{3/2} e^{\chi/kT}.
\end{aligned}$$

ここで Na と Na^+ の質量の違いは電子質量 m_e で, それを無視して Na, Na^+ の質量を m であらわした. また Na の最低のエネルギー準位は Na^+, e^- のそれらより χ だけ低いことを考えた. この χ が電離エネルギーに当る. そこで(27.5)によって, 次の電離平衡の式が書きくだせる:

$$\frac{N[Na^+]N[e^-]}{N[Na]} = V\left(\frac{2\pi m_e kT}{h^2}\right)^{3/2} e^{-\chi/kT}. \qquad (27.23)$$

ここで, たとえば $N[Na^+]$ は Na^+ の数をあらわす. 上の式を **Saha**

の式という.

いま Na と Na$^+$ の総数を N, また Na$^+$ の数を Nx とすると電子の数は Nx, Na の数は $N(1-x)$ である. このあらわしかたで(27.23)は

$$\frac{x^2}{1-x} = \frac{V}{N}\left(\frac{2\pi m_e kT}{h^2}\right)^{3/2} e^{-\chi/kT} \qquad (27.24)$$

と書きかえられる. 電離エネルギーは非常に大きく, それを温度に換算したもの: χ/k は 10,000°K の大きさの程度である. このため常温, 常圧では電離はほとんど起らない. しかし温度が高くなると電離度は増してゆき, またこの傾向は原子の密度が低くなると助長される. Saha の式は天体物理学で重要な役わりをはたす.

§28. 熱力学の第三法則

Boltzmann の原理と熱力学の第三法則 Boltzmann の原理: $S=k\ln W$ にあらわれる微視状態の数 W は外部座標と系のエネルギーの関数である. 一般に系のエネルギーが低くなると W は減少する. ところで 0°K では系は最低のエネルギー準位に落ちこむ. なぜなら, 平衡状態は自由エネルギー $F=E-TS$ が最小になるようにきまるが, この条件は $T=0$ では E が最小という形になってしまうからである.

系の最低のエネルギー準位にはどれだけの微視状態が含まれるだろうか. たとえば固体のなかの原子の力学的な状態は, 原子の振動を基準振動にわけたとき, 各基準振動の量子数を与えるときまる. 全体としての系の最低状態は, すべての基準振動が量子数ゼロをもつときにあらわれ, この微視状態は明らかにただひとつしかない.

一般に, 系の最低準位の伴う微視状態の数はただひとつしかない. これは要素系の間の相互作用による. もともとエルゴーディクな系では, それを組み立てている要素系の間に弱い相互作用があるわけ

で，これが低いエネルギーを持つときの系の力学的な状態のきめてになる．そこで Boltzmann の原理によって，次の**熱力学の第三法則**が結論される：

"絶対零度での系のエントロピーは常にゼロである．"

力学系の最低エネルギーの状態は外部座標が変わると変わりうる．しかし第三法則によれば，系がどんな外部座標をとっていても，またそれを組み立てている要素系の集まりかたがどんなものであっても，その絶対零度でのエントロピーは同一の値ゼロをもつ．したがって，ある状態での系のエントロピーは，絶対零度での系の状態のひとつから，目をつけている状態にいたる，ある可逆過程の道すじに沿うてのエントロピー変化 dQ/T の代数和で与えられる．こうしてえられるエントロピーの値は基準点を $0°K$ でのどの状態に選んだかに関係しない．この考えにしたがって第三法則の正しいことがチェックされる．その例を次の項目に与える．

熱力学の第三法則は古典力学の立場からはでてこない．この立場では，系の力学的な状態は系を組み立てている粒子の座標と運動量の値のひと組であらわされ，これらの値の違う状態は，すべてことなる微視状態である．だから古典力学の意味では，最低エネルギーの状態の近くには連続無限個の微視状態が存在している．もし Γ 空間の体積をある素体積を単位にとって測るならば，形式的に微視状態の数を定義できるが，この素体積の大きさは古典力学の立場では不定である．一般にこの立場ではエントロピーの絶対値はきまらない．第三法則は量子力学的な法則である．

この事情は Sackur-Tetrode の式 (21.3) が Planck の h を含んでいることに注意すれば明らかである．このエントロピーの絶対値が実測値とあうことを次の2番目の項目でみよう．

スズの α-β 転移 スズ(Sn)は $18°C$ から下では灰色の金属(α スズ)，上では白い輝きをもった金属(β スズ)の形をとる．転移温度

$T_c=18°C$ より下でも β スズは準安定な状態で存在できるので，低温から T_c までの α,β スズの比熱，C_α と C_β が測れる．実測によると C_α は C_β より小さい．転移温度での α,β スズのエントロピーは，$0°K$ でのそれぞれの基準点から測った

$$S_\alpha = \int_0^{T_c} \frac{C_\alpha}{T} dT, \quad S_\beta = \int_0^{T_c} \frac{C_\beta}{T} dT \quad (28.1)$$

で与えられ，第三法則によって，これらは T_c での α,β スズのエントロピーの絶対値である．転移温度での α-β 転移は可逆である．だから T_c で α から β へ移る際にあらわれる潜熱 Q は(28.1)に与えられたエントロピーと

$$Q = T_c(S_\beta - S_\alpha) \quad (28.2)$$

の関係にあるはずである．測られた比熱のデータから数値積分によってえられる S_α と S_β から見つもった Q は 515 cal/mol で，その実測値は 535 cal/mol であった．

気体のエントロピーの絶対値 単原子気体のエントロピーは(21.3)で与えられ，それを T,p で書きかえて

$$S = \frac{5}{2} R \ln T - R \ln p + R\left(\frac{5}{2} + i\right), \quad (28.3)$$

$$i = \ln\left\{g_0 \frac{(2\pi m)^{3/2} k^{5/2}}{h^3}\right\}. \quad (28.4)$$

ここで g_0 は原子の最低エネルギー準位の縮退の数をあらわし，(21.3)ではそれを 1 と仮定した．i を**化学定数**という．

気体のエントロピーの絶対値を測るには次のようにすればよい．たとえば 1 atm の状態で，$0°K$ から融点まで，さらに融点から沸点まで，最後に沸点から目ざす温度まで比熱 C_p を測定し，C_p/T を数値積分する．また融解と蒸発の潜熱を測定し，融解と蒸発によるエントロピーを見つける．これらの総計が 1 atm の気体のエントロピーの絶対値である．たとえば，1 atm の水銀(Hg)蒸気の沸点($630°K$)でのエントロピーの測定値は 190×10^7 erg/mol deg で，これに相

当する(28.3)の評価は 191×10^7 である(水銀の $g_0=1$).

2原子分子気体のエントロピーは(21.11)による寄与を(20.8)から見つけ,それを(28.3)にくわえたものになる:

$$S = \frac{7}{2}R\ln T - R\ln p + R\left(\frac{7}{2}+i\right), \qquad (28.5)$$

$$i = \ln\left\{g_0\frac{(2\pi m)^{3/2}k^{5/2}}{h^3}\cdot\frac{8\pi^2 I}{\sigma h^2}\right\}. \qquad (28.6)$$

ここで振動は死んでおり,回転は古典的だとした.i はこのときの化学定数で,σ は分子の対称数である(問題 V.4).

ところで2原子分子気体では,そのエントロピーの理論値(28.5)より小さな実測値のでてくることがある.ひとつの例はCO気体($\sigma=1$)で,このばあいのずれは $R\ln 2$ に近い.このようなずれは2つの道をとおしてあらわれうる.第1に熱測定は正確に絶対零度からなされてはいない.たとえばCO結晶でのCO分子は,結晶内のある軸に沿うて2種類の向きをとりうる.もしどちら向きでもおなじエネルギーをもつならば $R\ln 2$ のエントロピーがでてくる.しかし 2^N 個の向きかたのなかには低いエネルギーをもったものがあるに相違ない.もし最低のエネルギーに相当する分子の配列へ移る温度が,熱測定のなされた最低の温度より低いところにあれば,上記のくい違いがあらわれよう.第2に低温では分子の動きが非常におそくなる.このため最低エネルギーの状態へ系が移ってゆくのに,非常に長い時間のかかることは起りうる.このとき,ふつうの観測のタイム・スケールでは,分子はある乱れた配列のひとつに凍りついているようにみえる.CO結晶はたぶん,このばあいに当る.

§29. 絶対零度へのアプローチ

熱力学的な微係数の極限値 熱力学の第三法則によると,系のエントロピーは絶対零度ではおなじ値をとる.したがって等温変化に

§29. 絶対零度へのアプローチ

よるエントロピー変化 $(\Delta S)_T$ は $T\to 0$ の極限ではゼロになるはずである. すなわち

$$\lim_{T\to 0}(\Delta S)_T = 0. \tag{29.1}$$

これから

$$\lim_{T\to 0}\left(\frac{\partial S}{\partial p}\right)_T = 0, \quad \lim_{T\to 0}\left(\frac{\partial S}{\partial V}\right)_T = 0 \tag{29.2}$$

が結論される. もし Maxwell の関係 (§5) を使うならば (29.2) はそれぞれ

$$\lim_{T\to 0}\left(\frac{\partial V}{\partial T}\right)_p = 0, \quad \lim_{T\to 0}\left(\frac{\partial p}{\partial T}\right)_V = 0 \tag{29.3}$$

を予言する. これらの第1の関係は膨脹係数が絶対零度へ近づくとゼロになることを述べている. 第2の関係もおなじような内容のものである.

つぎに定積比熱 C_V は $T(\partial S/\partial T)_V$ で与えられる. エントロピーは $0°K$ ではゼロになるのだから, それを $T=0$ から T までの C_V/T の積分という形に書いたとき, C_V/T の不定積分の $T=0$ での値はゼロのはずである. それには C_V はすくなくとも $T^x (x>0)$ でゼロにならねばいけない. すなわち

$$\lim_{T\to 0} C_V = 0. \tag{29.4}$$

おなじことは C_p についてもいえる. C_p と C_V の差は膨脹係数の2乗に比例しており (問題 I.4), したがって $0°K$ ではこれらの差はなくなる.

断熱消磁 上にみてきた事項は $0°K$ へ近づくときに物質系のとる挙動に関係している. このような挙動はじっさいに極低温を実現させる際に技術的な障害となるものである. この事情を $0°K$ へ近づく具体的な技法についてみることにしよう.

気体を冷却して液化する技術によって, 私たちはヘリウムの液化温度, 約 $4°K$ まで到達できる. もし液体ヘリウムの蒸発熱を使う

と,もっと低温までゆくことができるが,それには限度がある.だいたい 1°K より低い温度をうるには断熱消磁法とよばれる技術を使う.

断熱消磁法はばらばらの向きをもった原子磁石の集合系——**常磁性体**に関係している.この系に磁場 $\mathcal{H}$ をかけると,原子磁石のエネルギーは磁場と順の方向に向いたものでは $-\mu\mathcal{H}$,逆の方向に向いたものでは $\mu\mathcal{H}$ になる.ここで μ は原子磁石の磁気モーメントで,簡単のため原子磁石のスピンは 1/2 であるとしている.磁場があるときの磁石の向きの平衡分布は容易に書きくだせるが(問題 V.5),ここではすこし違うやりかたでそれを見つけよう.いま N 個の原子磁石のうち N_1 個が磁場と順の向きに向いているとすると,磁場による系のエネルギーは

$$E = -N_1\mu\mathcal{H}+(N-N_1)\mu\mathcal{H} = (N-2N_1)\mu\mathcal{H} \quad (29.5)$$

となる.つぎにエントロピーは N_1 個が磁場の方向に向いた微視状態の数 $N!/N_1!(N-N_1)!$ の対数から

$$S = k\{N\ln N - N_1\ln N_1 - (N-N_1)\ln(N-N_1)\} \quad (29.6)$$

と見つかる.平衡状態での N_1 は,N_1 の関数としてみた自由エネルギー $F=E-TS$ を,N_1 について極小にするとえられる.その結果は

$$\frac{N_1}{N} = \frac{1}{Z}e^{\mu\mathcal{H}/kT}, \quad \frac{N-N_1}{N} = \frac{1}{Z}e^{-\mu\mathcal{H}/kT} \quad (29.7)$$

で与えられ,ここで

$$Z = e^{\mu\mathcal{H}/kT}+e^{-\mu\mathcal{H}/kT} \quad (29.8)$$

は状態和である.

磁場の関数としてのエントロピーは (29.7) を (29.6) に代入すると見つかる.しかし,その形をあらわに書かなくても次のことは容易にわかる.(29.6) は $N_1=N/2$ のときに最大で,このときの 1 mol の系のエントロピーは $R\ln 2$ である.これは (29.7) によると磁場のな

いときのエントロピー値に当る．しかし磁場がかかると N_1 は $N/2$ より大きくなり，エントロピーは $R\ln 2$ より減少する．もし $\mu \mathcal{H}$ が kT より十分大きくなると，N_1 はほとんど N にひとしくなり，このときのエントロピーはゼロになってしまう．この事情が図 VI.2 の $\mathcal{H}=\mathrm{const}$ の曲線に与えられている．おなじ図の水平線 $R\ln 2$ は上にしるした $\mathcal{H}=0$ のときのエントロピーである．これは，じっさいには熱力学の第三法則によって，$0°\mathrm{K}$ ではゼロになるはずで，図の $\mathcal{H}=0$ とした曲線が磁場のないときの実際のエントロピー曲線をあらわしている．

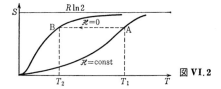

図 VI.2

さて図の A 点は磁場がかかった状態で，その温度は T_1 である．いま断熱的に磁場を取り去れば，系はエントロピーを一定値にたもって $\mathcal{H}=0$ の状態へ移る．これは図の破線であらわされた水平線に沿うて $\mathcal{H}=0$ のエントロピー曲線と交差する位置 B に当り，その温度 T_2 ははじめの温度 T_1 より低いわけである．

断熱消磁の方法でどれだけの温度降下が期待できるかは $\mathcal{H}=0$ と $\mathcal{H}=\mathrm{const}$ の 2 つのエントロピー曲線を水平線で切ったときの両端の距離できまっており，この距離は消磁後の温度を 0 に近づけようとすると小さくなってゆき，最後にはゼロになる．

ここでは断熱消磁法を例にとって述べたが，どんな方法を考えても熱力学の第三法則は次の結果にみちびく：

"絶対零度は有限のプロセスでは到達できないもので，ただ限りなく接近できるだけである．"

問題

VI.1 蒸発熱 L の温度変化が

$$\frac{dL}{dT} = (C_p)_g - (C_p)_l + \frac{L}{T} - \frac{L}{\varDelta V}\left(\frac{\partial \varDelta V}{\partial T}\right)_p$$

で与えられることを示せ.ここで $(C_p)_g, (C_p)_l$ はそれぞれ蒸気と液体の定圧比熱,また $\varDelta V = V_g - V_l$.

VI.2 もし蒸気圧曲線に沿うて dT だけ温度を上げる際に飽和蒸気の吸う熱量を $C_g^* dT$ とするならば,飽和蒸気の比熱 C_g^* は

$$C_g^* = (C_p)_g - \frac{L}{\varDelta V}\left(\frac{\partial V_g}{\partial T}\right)_p$$

となることを示せ.VI.1 の結果を使って,もし $(C_p)_l$ が $-Td(L/T)/dT$ より小さいならば,C_g^* は負で,このとき断熱膨脹によって飽和蒸気は過飽和の状態になりうることを示せ.また飽和水蒸気の C_g^* はいくらか.ただし水の dL/dT を -0.64 cal/g deg とせよ.

VI.3 2つの相 1, 2 が共存している平衡系のエントロピーと体積をそれぞれ

$$S = xS_1 + (1-x)S_2, \quad V = xV_1 + (1-x)V_2$$

とおいたとき,S か V かが一定の変化では x は変わる.ただし $S_1, V_1, \cdots$ は1モルに関する量.上のことに注意して,2相系の定積比熱 C_V と断熱圧縮率 κ_S の間に

$$\frac{C_V}{\kappa_S} = VT\left(\frac{dp}{dT}\right)^2$$

の関係のあることを示せ.ただし dp/dT は相の境界線に沿うての微分.

VI.4 軽い水素と重い水素の間の化学反応: $H_2 + D_2 \rightarrow 2HD$ の平衡定数は室温の近くでは

$$K = 4\left(\frac{m_\text{H}+m_\text{D}}{2m_\text{H}^{1/2}m_\text{D}^{1/2}}\right)\exp\left\{-\frac{h\nu_\text{HD}}{kT}\left[1-\frac{1}{2^{1/2}}\frac{m_\text{H}^{1/2}+m_\text{D}^{1/2}}{(m_\text{H}+m_\text{D})^{1/2}}\right]\right\}$$

で与えられることを示せ．ここで m_H, m_D はそれぞれプロトン，デューテロンの質量で，ν_HD は HD 分子の振動の振動数．原子の間のポテンシャル・エネルギーは H と H，H と D，D と D の間ではおなじことに注意せよ．

VI. 5 固体の自由エネルギーは定圧比熱 C_p の測定データから

$$G(T, p) = E_0 - \int_0^T dT' \int_0^{T'} \frac{C_p(T'')}{T''} dT''$$
$$= E_0 - T \int_0^T \frac{dT'}{T'^2} \int_0^{T'} C_p(T'') dT''$$

によって見つかることを示せ．ただし E_0 は $0°\text{K}$ での系のエネルギー．

VI. 6 常磁性体のスピンの間の相互作用をあらっぽく，各スピンが内部的な磁場 $\mathcal{H}_i$ を受けているという形でとらえる．そのときの分配関数 Z を $1/kT$ で展開し2次の項まで求めよ．これから系のエントロピーと比熱の挙動をしらべよ．エネルギー準位については問題 V.5 を参照せよ．

VI. 7 半径 a の液滴の表面には $\gamma(4\pi a^2)$ の表面エネルギーがともなう．表面張力 γ のために，液滴の半径が da だけ大きくなる際の仕事は，蒸気の圧力 p_1 に対するもの $p_1(4\pi a^2 da)$ に $\gamma(8\pi a da)$ が加わるので，液滴の内圧 p_2 は p_1 より $2\gamma/a$ だけ高い．したがって小さな液滴と蒸気のつりあいは

$$G_l(T, p_2) = G_g(T, p_1)$$

で与えられる．半径 a が無限大 $(p_1=p_2\equiv p_0)$ でのつりあいの式からの差をつくり，次式をみちびけ．

$$(p_1-p_0)V_l + \frac{2\gamma}{a}V_l = RT \ln \frac{p_1}{p_0}.$$

第 VII 章 量子気体

この章では理想系をなしている B-E, F-D 粒子の分布とその応用を述べる．質量のない B-E 粒子の系へエネルギーをくばる問題は結晶の原子振動で出あうような非常に多くの基準振動へエネルギーをくばる問題と同じで，これから熱輻射や低温の固体の比熱の特徴がうまく説明できるようになる．量子力学の基本定数である Planck 定数 h はもともと熱輻射の理論を確立するのに初めて導入されたものである．'この定数に振動子の共通の振動数 ν をかけたものがエネルギー要素 ε になり，E を ε で割ると N 個の振動子へくばるべきエネルギー要素の数 P がえられる' (Max Planck, 1900).

M-B 統計の結果は金属の比熱を考えるのに重大な困難をひき起した．たとえば金属の Na では各 Na 原子からひとつずつ電子が出て，それらのつくる電子気体の海のなかに Na^+ が規則正しくならんでいる．もしこの電子気体を理想気体とみなせるならば $\frac{3}{2}R$ の比熱が予想される．それ以外に Na^+ の格子振動があるはずで，その比熱は適当に温度が高ければエネルギー等分配則によって $3R$ になるはずである．そこで高温では $\frac{3}{2}R+3R$, すなわち $\frac{9}{2}R$ の比熱が予想されるのに，実際に観測される比熱は格子比熱 $3R$ だけである．

なぜエネルギー等分配則が金属の電子気体に適用できないのか，それは量子力学があらわれるまでは解けない謎のひとつであった．この理由は電子気体に F-D 統計を適用しなければいけないことにある．金属のなかの電子気体の密度は $10^{22}\,\mathrm{cm}^{-3}$ のオーダーで，これは理想気体の密度の 10^3 倍に当る．このことと電子の質量が軽いことによって金属内電子に M-B 統計を適用してはいけないことが結論される．M-B 統計からずれた気体を縮退した気体という．

§30. Fermi-Dirac 分布と Bose-Einstein 分布

理想系に M-B 統計を適用して M-B 分布をえたのと同様に,F-D,B-E 統計を適用して粒子の各量子状態への分布がどのようにきまるかをたずねる.

私たちの対象はふたたび理想系である.粒子は巨視的な大きさの容器のなかにあるので,M-B 分布をうる際になしたように,エネルギーの余り違わない多くの量子状態を束ねた細胞 $1, 2, \cdots$ への粒子の分布 $N_1, N_2, \cdots$ を考える.系の粒子数とエネルギーはそれぞれ

$$\sum_i N_i = N, \tag{30.1}$$

$$\sum_i N_i \varepsilon_i = E \tag{30.2}$$

で与えられ,この第2式は理想系だけでなりたつ.

分布に属する微視状態の数 F-D, B-E 粒子系が M-B 粒子系と違うのは分布 $D: (N_1, N_2, \cdots)$ に属する微視状態の数 W_D の数えかたである.まず注意したいのは F-D, B-E 粒子はいずれも見わけられないことである.そのため,N 個の粒子を細胞へくばる,くばりかたの数は M-B 統計の $N!/N_1!N_2!\cdots$ のかわりに1である.そこで,分布 $N_1, N_2, \cdots$ に属する微視状態の数は,各細胞にわり当てられた粒子が細胞のなかの量子状態の席を占める方法の数だけからあらわれてくる.この数は F-D 統計と B-E 統計では違う.

第1に F-D 統計では見わけられない粒子を各量子状態にかさならないように分配しなければいけない.細胞 i に含まれる G_i 個の量子状態のうち N_i 個をとりだし,これらに見わけられない粒子を1つずつくばれば,これは1つの微視状態である.図 VII.1 は F-D 粒子の分配を示したもので,この図では量子状態に番号をつけ,そ

図 VII.1

れらを横にならべている。いま目をつけている細胞 i に含まれる粒子の数は N_i 個だから，可能な微視状態の数は，この細胞では $G_i!/N_i!(G_i-N_i)!$ だけある．そこで分布 D に属する微視状態の数 W_D は

$$W_D = \prod_i \frac{G_i!}{N_i!(G_i-N_i)!} \tag{30.3}$$

となる．

図 VII.2

第2にB-E統計では見わけられない粒子を各量子状態にいくらでもかさなりを許して分配できる．図 VII.2 はB-E粒子の分配を示したものである．いま細胞 i に目をつけると，このなかの粒子の数は N_i である．これらが各量子状態に対応する小さく仕切られた部屋にわり当てられる．これは N_i 個の見わけられない粒子を1列にならべて G_i-1 個の小さな仕切りで区切ってゆくとえられる．ここで小さな仕切りの数は部屋の数より1だけ少ないことを考えた．小さな仕切りで粒子を区切ったとき，仕切りが接しあうこともある．このときには，これらの仕切りの間の小さな部屋には粒子はいないことになる．さて N_i 個の粒子の列に G_i-1 個の仕切りをいれる，いれかたの数を見つけるには，まず粒子も仕切りもしるしがついていると考え，それらを1列にならべる方法の数 $(N_i+G_i-1)!$ を粒子のいれかえの数 $N_i!$ と仕切りのいれかえの数 $(G_i-1)!$ でわってやればよい．こうしてB-E統計では (30.3) のかわりに

$$W_D = \prod_i \frac{(N_i+G_i-1)!}{N_i!(G_i-1)!} \tag{30.4}$$

がえられる．仮定によって G_i は1より非常に大きく，そのため上の式の G_i-1 は G_i でおきかえてもかまわない．

§30. Fermi-Dirac 分布と Bose-Einstein 分布

(30.3)と(30.4)の対数に Stirling の公式を使うと,それらはひとまとめにして次のようにあらわせる:

$$\ln W_D = \sum_i \{\pm G_i \ln G_i \mp (G_i \mp N_i) \ln (G_i \mp N_i) - N_i \ln N_i\} . \tag{30.5}$$

ここで複号の上のものは F-D,下のものは B-E 統計に相当する.以下でもこの約束にしたがう.

F-D 分布と B-E 分布 (30.5)から平衡分布を見つける問題は M-B 統計の場合とまったくおなじである.すなわち(30.1)と(30.2)をみたすように分布を $\delta N_1, \delta N_2, \cdots$ だけ変えたときの(30.5)の変分

$$\delta \ln W_D = \sum_i \{\ln (G_i \mp N_i) - \ln N_i\} \delta N_i \tag{30.6}$$

がゼロになる分布をさがす.これは $\sum \delta N_i = 0$ に $-\alpha$ をかけたものと $\sum \varepsilon_i \delta N_i = 0$ に $-\beta$ をかけたものを(30.6)に加えて各 δN_i の係数がゼロという条件から見つかる:

$$\ln (G_i \mp N_i) - \ln N_i - \alpha - \beta \varepsilon_i = 0 . \tag{30.7}$$

結果としてえられる分布:

$$\frac{N_i}{G_i} = \frac{1}{e^{\alpha + \beta \varepsilon_i} \pm 1} \tag{30.8}$$

で＋符号のものを **Fermi-Dirac 分布** といい,－符号のものを **Bose-Einstein 分布** という.

上に与えた分布は次のようにしても見つかる:(30.2)にあうように細胞 j の粒子を細胞 j' へ,細胞 k の粒子を細胞 k' へ1つずつ移したとき,これに対する $\ln W_D$ の変化(30.6)が,平衡分布ではゼロである.すなわち

$$\frac{N_j}{G_j \mp N_j} \frac{N_k}{G_k \mp N_k} = \frac{N_{j'}}{G_{j'} \mp N_{j'}} \frac{N_{k'}}{G_{k'} \mp N_{k'}} , \tag{30.9}$$

$$\varepsilon_j + \varepsilon_k = \varepsilon_{j'} + \varepsilon_{k'} . \tag{30.10}$$

詳細なつりあいの原理から M-B 分布を見つけた論理を使えば,(30.10)をみたして(30.9)がなりたつのは $N_i/(G_i \mp N_i)$ の関数形が

$e^{-\beta\varepsilon_i}$ に比例するときである. この関数形を

$$\frac{N_i}{G_i \mp N_i} = e^{-\alpha-\beta\varepsilon_i} \tag{30.11}$$

とおくならば, これは(30.8)とおなじである.

詳細なつりあいの原理と衝突の回数 N_i/G_i は細胞 i に含まれる量子状態のひとつを占める平均の粒子数をあらわす. それを量子状態 r について n_r であらわすならば, (30.9)は

$$\frac{n_r}{1\mp n_r}\frac{n_s}{1\mp n_s} = \frac{n_{r'}}{1\mp n_{r'}}\frac{n_{s'}}{1\mp n_{s'}} \tag{30.12}$$

と書ける. ただし(30.10)に相当して, 4つの量子状態 r, s, r', s' のエネルギー準位には $\varepsilon_r+\varepsilon_s=\varepsilon_{r'}+\varepsilon_{s'}$ の関係がある. 上の式を書きかえて

$$n_r n_s(1\mp n_{r'})(1\mp n_{s'}) = n_{r'}n_{s'}(1\mp n_r)(1\mp n_s). \tag{30.13}$$

さて各量子状態を占める平均の粒子数が1にくらべて非常に小さいならば(30.13)は

$$n_r n_s = n_{r'}n_{s'} \tag{30.14}$$

とおいてもかまわない. これはM-B統計での詳細なつりあいの原理をあらわしている. ここで§7に与えた議論をいまの問題にあてはまるようにいいかえると, 次のようになる. 2つの粒子が衝突によって量子状態 r, s からそれぞれ r', s' の状態へ遷移する単位時間あたりの回数を $A_{r's',rs}n_r n_s$, また逆の衝突で2つの粒子が r', s' からそれぞれ r, s へ遷移する単位時間あたりの回数を $A_{rs,r's'}n_{r'}n_{s'}$ とするならば, 詳細なつりあいは

$$A_{r's',rs}n_r n_s = A_{rs,r's'}n_{r'}n_{s'} \tag{30.15}$$

がみたされることで, その際に

$$A_{r's',rs} = A_{rs,r's'} \tag{30.16}$$

の関係がある. 関係(30.16)を微視的な可逆性という.

M-B統計での詳細なつりあいの検討から(30.13)の意味を類推し

§30. Fermi-Dirac 分布と Bose-Einstein 分布

てみる. 2つのF-DまたはB-E粒子が衝突してr, sからr', s'への状態遷移をおこす単位時間あたりの回数は

$$A_{r's', rs} n_r n_s (1 \mp n_{r'})(1 \mp n_{s'}) \tag{30.17}$$

で与えられ, また逆にr', s'からr, sへ遷移する単位時間あたりの回数は上の式のr, sとr', s'をそれぞれたがいに入れかえたもので与えられて, (30.16)の関係がなおなりたっているのではなかろうか. この推定は F-D 粒子のときには理にかなっている. なぜなら(30.17)は, もし粒子のゆく先の状態が他の粒子で占められているならば, すなわち$n_{r'}, n_{s'}$の一方か両方かが1であるならばゼロになるからである. これは2つの粒子が同時におなじ状態を占めることができない F-D 粒子では当然なことである. しかし B-E 粒子の場合に(30.17)は直観的には結論できない. 類推によって与えた衝突回数の式は量子力学によってみちびかれる.

一般に状態rからr'への遷移の起る回数は, M-B 粒子系では遷移前の状態rを占める平均粒子数n_rだけに比例するが, F-D, B-E 粒子系では遷移する先の状態r'を占める平均粒子数に関係する因数$(1 \mp n_{r'})$を含む. たとえば F-D もしくは B-E 粒子がrからr'へ移って, 同時に M-B 粒子がsからs'へ移るような衝突があると, その順逆の過程のつりあいは

$$n_r (1 \mp n_{r'}) \nu_s = n_{r'} (1 \mp n_r) \nu_{s'} \tag{30.18}$$

と書ける. もし M-B 粒子の平均数ν_sに M-B 分布の式を使うならば, 上の関係から(30.11)とおなじ結果

$$1 \mp n_r = n_r e^{\alpha + \beta \varepsilon_r} \tag{30.19}$$

がえられ, これは F-D, B-E 分布をあらわしている.

F-D, B-E 粒子系の熱力学的量 これからも平均の粒子数n_rを使うことにする. エントロピーは(30.5)のk倍で与えられ

$$\frac{S}{k} = \mp \sum_r (1 \mp n_r) \ln (1 \mp n_r) - \sum_r n_r \ln n_r \tag{30.20}$$

と書ける.この式をうるには(30.5)の総和される項を $G_i\times(N_i/G_i$ の関数) という形にあらわし,これを細胞 i についてよせ集めたものは $(n_r$ の関数) を量子状態 r についてよせ集めたものとおなじことに注意すればよい.もし粒子の密度が低いならば $n_r\ll 1$ で,$\ln(1\mp n_r)$ は $\mp n_r$ でおきかえられるので (30.20) の右辺第1項は $\sum n_r=N$ となる.したがって

$$\frac{S}{k} = N - \sum_r n_r \ln n_r. \tag{30.21}$$

これは補正した M·B 統計のエントロピーと一致する.

もし (30.19) の $1\mp n_r$ を (30.20) の $\ln(1\mp n_r)$ のなかみに代入するならば

$$\frac{S}{k} = \alpha N + \beta E + \Phi, \tag{30.22}$$

$$\Phi = \pm\sum_r \ln(1\pm e^{-\alpha-\beta\varepsilon_r}) \tag{30.23}$$

がえられる.また (30.1) の式:$N=\sum n_r$ と (30.2) の式:$E=\sum n_r\varepsilon_r$ は,それぞれ次のように書ける:

$$N = -\frac{\partial\Phi}{\partial\alpha}, \quad E = -\frac{\partial\Phi}{\partial\beta}. \tag{30.24}$$

さて,エントロピーは E と V の関数だと考えている.絶対温度 T を $(\partial S/\partial E)_V=1/T$ からきめるのに,(30.22) を E で偏微分する.その際に,(30.24) に注意するならば α と β の E に対する依存性は S にはひびかないことがわかる.そこで

$$\frac{1}{T} = \left(\frac{\partial S}{\partial E}\right)_V = k\beta \tag{30.25}$$

がえられ,これは M·B 統計の結果とかわらない.

もし (30.22) を $S=$ 一定のもとで V で微分するならば,圧力 p は

$$p = -\left(\frac{\partial E}{\partial V}\right)_S = \frac{1}{\beta}\frac{\partial\Phi}{\partial V} \tag{30.26}$$

で与えられ，ここで(30.24)によって α と β を一定値のように考えた．Φ の V による微分は α を通してのものを含まないので，問題になりうる Φ の体積依存性は(30.23)の和を積分でおきかえるときに現われる状態密度によるものだけである．これは V に比例する(§16)．そこで $\Phi = V(\partial\Phi/\partial V)$ の関係があり，したがって(30.26)は

$$pV = \frac{1}{\beta}\Phi \tag{30.27}$$

となる．

(30.22)と(30.27)から Gibbs の自由エネルギーは

$$G = E - TS + pV = -NkT\alpha . \tag{30.28}$$

ただし(30.25)を考慮した．化学ポテンシャル μ は G の $1/N$ で与えられ，それは $-kT\alpha$ にひとしい．この関係は(25.16)とおなじである．

M-B 統計の限界 上にしらべたことから量子状態 r を占める平均の粒子数 n_r は F-D, B-E 分布では

$$n_r = \frac{1}{e^{\alpha+\beta\varepsilon_r} \pm 1} , \tag{30.29}$$

M-B 分布では

$$n_r = e^{-\alpha-\beta\varepsilon_r} \tag{30.30}$$

で与えられ，α と β の物理的意味はおなじである．そこで(30.29)のかわりに(30.30)を使ってよい条件は

$$e^{\alpha} \gg 1 \tag{30.31}$$

で与えられる．というのも気体粒子の量子状態 r のエネルギー ε_r はすべて正だからである．

条件(30.31)の意味は(20.3)によって e^{α} のかわりに Z/N を入れると明らかになる．すなわち

$$e^{\alpha} = \frac{V}{N}\left(\frac{2\pi mkT}{h^2}\right)^{3/2} \gg 1 \tag{30.32}$$

ならばM-B統計が使える．このためには第1に気体の密度が小さいこと，第2に温度が高く質量の重いことが必要である．次の表にいくつかの気体の e^{α} の値を与える．

気体	温度(°K)	e^{α}
H_2	20.3	1.4×10^2
Ne	27.2	9.3×10^3
A	87.4	4.7×10^5

§31. 光子気体

熱輻射と光子 あつい物体はそのまわりの空間に輻射熱を出している．金属の温度を高めていくと，それはくらやみで赤く見えはじめ，もっと高い温度になると白く輝く．熱の輻射は電磁波の形でのエネルギーの移動である．高温の金属が赤熱から白熱の状態へとかわってゆくのは，短い波長をもった電磁波の強度が強くなることによる．

振動数 ν の電磁波——光は $h\nu$ のエネルギーと $h\nu/c$ の運動量をもった粒子と見なせる．運動量の向きは光の進行方向に平行で，また c は真空での光速をあらわす．光の粒子，すなわち光子(フォトン)のエネルギー ε とその運動量 p の間の関係は

$$\varepsilon = cp \tag{31.1}$$

で，これは質量 m の粒子での相当する関係 $\varepsilon = p^2/2m$ と対照的である．光子が質量をもった粒子と違う，もうひとつの重要な特徴は光子の数が不定なことである．これらは相対論でのエネルギーの表式

$$\varepsilon = c\{p^2 + (mc)^2\}^{1/2} \tag{31.2}$$

から容易に理解される．この式は静止質量 m がゼロならば(31.1)になる．しかし有限の m をもつ粒子では静止状態 ($p=0$) でも mc^2 だけの，いわゆる静止エネルギーがあらわれ，これは非常に大きい．

§31. 光 子 気 体

たとえば電子の mc^2 は 10^{10}°K のオーダーになる.そこで熱学で問題になる温度域では,粒子の発生や消減は,質量のある粒子の系では起らないが,質量のない粒子の系では起りうる.もし(31.2)のエネルギーの原点を静止エネルギーに移すならば,質量のある粒子のエネルギーは $p^2/2m$ で近似される.これはあの式の右辺を p/mc で展開するとみつかる.

空洞のなかの光子気体 いま金属の壁でできた空洞を考えよう.平衡状態では温度 T の金属壁とつりあった光子気体が空洞のなかにみちている.光子の運動量は質量をもった粒子のそれとおなじように量子化される.このとびとびの運動量から(31.1)によってエネルギー準位が見つかる.

光子気体は B-E 統計にしたがう.ところで B-E 分布:(30.29)の下の符号をとったものは,(30.1)と(30.2)の条件のもとで(30.5)が最大になる分布として与えられたものだが,いまは(30.1)すなわち $\sum n_r = N$ が一定値という条件は働かないために,Lagrange の未定乗数 α はあらわれない.そこで B-E 分布の式(30.29)で α をゼロとおいたものが光子の平衡分布を与える.

エネルギーが ε と $\varepsilon + d\varepsilon$ の間にある光子のエネルギー準位の数 $g(\varepsilon)d\varepsilon$ は厚み dp の球殻に含まれる準位数:$2(V/h^3)4\pi p^2 dp$ に(31.1)を入れると見つかる.ここで最初の因数 2 は光の偏りの自由度 2 を考慮したものである.結果は

$$g(\varepsilon)d\varepsilon = 2\frac{V}{(hc)^3}4\pi\varepsilon^2 d\varepsilon. \tag{31.3}$$

光の問題ではエネルギーよりは振動数を使った方が便利である.そこで振動数が ν と $\nu + d\nu$ の間にある光子の量子状態の数を $g(\nu)d\nu$ であらわすと,これは(31.3)に $\varepsilon = h\nu$ を入れて

$$g(\nu)d\nu = \frac{8\pi V}{c^3}\nu^2 d\nu \tag{31.4}$$

となることがわかる.

振動数が ν と $\nu+d\nu$ の間にある光子の数は B-E 分布

$$\frac{1}{e^{h\nu/kT}-1} \tag{31.5}$$

に (31.4) をかけたもので与えられる. この積に $h\nu$ をかけると, 幅 $d\nu$ のなかにある光のエネルギー $E_\nu d\nu$ がみつかる. すなわち次の **Planck** の輻射公式がえられる.

$$E_\nu = \frac{8\pi V}{c^3} \cdot \frac{h\nu^3}{e^{h\nu/kT}-1}. \tag{31.6}$$

E_ν を ν でプロットしたものが図 VII.3 に示されている. それが最大になる振動数 ν_{max} は $x^3/(e^x-1)$ の最大値に対する x の読み 2.822 から見つかる. ここで x は $h\nu/kT$ だから $h\nu_{max}/kT$ は一定値をとる. これから E_ν が最大になる振動数 ν_{max} が温度に比例して大きくなることがわかる.

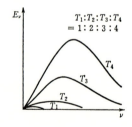

図 **VII.3** 光子気体のエネルギー分布, およびその温度変化

図 VII.3 で E_ν の曲線と横軸で囲まれる領域の面積は光の全エネルギー

$$E = \int_0^\infty E_\nu d\nu \tag{31.7}$$

を与える. この式に (31.6) を代入し, 積分変数を $x=h\nu/kT$ にかえると次の結果がえられる:

$$E = 8\pi V \frac{(kT)^4}{(hc)^3} \int_0^\infty \frac{x^3 dx}{e^x-1}. \tag{31.8}$$

右辺の積分は $\pi^4/15$ になることがわかっている．そこで

$$E = \frac{8\pi^5}{15} \frac{(kT)^4}{(hc)^3} V. \tag{31.9}$$

金属の壁で囲まれた体積 V の空洞のなかの光子気体のエネルギーは T^4 と V に比例する．このことから次の熱力学的な量は容易に見つかる：

比　熱 $\quad C_V = \left(\frac{\partial E}{\partial T}\right)_V = 4\frac{E}{T}, \tag{31.10}$

エントロピー $\quad S = \int_0^T \frac{C_V}{T} dT = \frac{4}{3}\frac{E}{T}, \tag{31.11}$

自由エネルギー $\quad F = E - TS = -\frac{1}{3}E, \tag{31.12}$

圧　力 $\quad p = -\left(\frac{\partial F}{\partial V}\right)_T = \frac{1}{3}\frac{E}{V}. \tag{31.13}$

また(31.12)と(31.13)から Gibbs の自由エネルギー $G = F + pV$ はゼロになる．これは質量のない光子系の B-E 分布が $\alpha = 0$ の場合に当り，したがって化学ポテンシャルがゼロであることによる．

光子気体の圧力が $2E/3V$ のかわりに $E/3V$ になったのは光子のエネルギーが運動量に比例することによる(問題 III.4)．もし光子気体の E が V に比例すること，および p が $E/3V$ になることがわかっていたとする．このとき(5.17)：

$$\left(\frac{\partial E}{\partial V}\right)_T = T\left(\frac{\partial p}{\partial T}\right)_V - p$$

は次の関係

$$T\frac{dp}{dT} = 4p \tag{31.14}$$

にみちびく．この積分は $p = \text{const} \cdot T^4$ である．これは光子気体のエネルギー密度が T^4 に比例することを示している((31.9)の結果)．

このことは Planck の輻射公式(31.6)が見つかる前に **Stefan-Boltzmann の法則**として知られていた.

黒体輻射 光子気体のみちている空洞の壁に小さな孔をあけると，そこから出てくる光のエネルギーの振動数に対する分布は Planck の輻射公式にしたがう. この光を次の理由によって黒体輻射という.

いま空洞のなかの光子と金属の壁の間のエネルギーのやりとりを考えてみる. 壁の表面の単位面積を単位時間にたたいている光子の数は光子の密度の $c/4$ 倍で与えられ，この関係は振動数が ν と $\nu+d\nu$ の間にある光子気体についてなりたつ(問題 II.1). この場合の式に光子のエネルギー $h\nu$ をかけると，壁の単位面積に投射する単位時間あたりの光のエネルギーが

$$\frac{1}{4}\frac{c}{V}E_\nu d\nu \tag{31.15}$$

と見つかる. もちろんこれは振動数が ν と $\nu+d\nu$ の間にある光の投射エネルギーである.

さて投射した光の一部は壁に吸収されよう. 吸収されるエネルギーの量は投射した光のエネルギーに比例するはずである. これを，振動数が ν と $\nu+d\nu$ の間にある光について，(31.15)の a_ν 倍であるとすると，a_ν を壁の**吸収能**という.

さて投射した光の一部は壁に吸収されるが，この壁の表面から光が放出されるはずで，振動数が ν と $\nu+d\nu$ の間の光の放出量を表面の単位面積，単位時間について $e_\nu d\nu$ であらわす. この e_ν を**輻射能**という.

平衡状態では，各振動数域 $d\nu$ での光について，壁の表面からの輻射エネルギーは吸収エネルギーとつりあっている. そこで

$$\frac{e_\nu}{a_\nu}=\frac{c}{4}\frac{E_\nu}{V} \tag{31.16}$$

の関係がえられる. この式の右辺は Planck の輻射分布に比例し，

壁を形づくっている物体の性質に関係しない.

物体の吸収能と輻射能の比が普遍的な形で温度だけに関係している事実を Kirchhoff の法則という. ところで可視領域のすべての光をよく吸収する物体は, 私たちには黒く見える. もしこの物体の温度を上げてゆくならば, Kirchhoff の法則によって, それはまず赤く見えはじめ, ついで白く輝いてくるだろう. これに反して可視領域の光をまったく吸収しない透明な物体, たとえばダイヤモンドは, 熱していっても赤い色も白い輝きも示さない.

いますべての波長域の光を完全に吸収する理想的な物体を想像しよう. それは'もっとも黒い'物体だといえる. この黒い物体の出す輻射は, (31.16) で $a_\nu=1$ とおくとわかるように, ちょうど Planck の輻射公式にしたがう. 空洞を囲む金属壁にあけた小さな窓はすべての光を完全に通す. だからこの窓から出てくる輻射は, もっとも黒い物体の示すものとまったくおなじ性質をもつわけである.

§32. フォノン気体

格子振動の簡単な力学モデルはすべての原子が3つの方向にひとしい振動数で振動すると考える Einstein モデル (§21) だが, このモデルでは低温の格子比熱は $e^{-h\nu/kT}$ にしたがって小さくなる. しかし, じっさいには, それは T^3 に比例する. この事情によくあう結果は低い振動数の基準振動を正しく考慮した Debye モデルからみちびかれる.

フォノン 結晶格子の $3N$ 個の基準振動のなかで低い振動数のものは結晶の弾性振動とおなじものである. いま直線上に N 個の原子が規則正しくならんだ長さ L の結晶を想像しよう. もし結晶の両端を固定しておくと, その弾性振動のうち低い振動数のものは図 VII.4 のようになる. おなじ図の右側に各振動の波長 λ と振動数 ν をしるしている. 波長と振動数の積: $\lambda\nu=v$ は弾性波の速さである.

弾性波――固体のなかの音波には縦波と横波がある．縦波の速さ v_l は横波の速さ v_t よりふつう大きい．

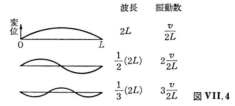

図 VII.4

図示されているように振動数は $v/2L$ のステップで増してゆく．もし結晶の両端がつながって環をつくっておれば，波長は L を整数でわったものになり，振動数は v/L の整数倍になる．これらの結果は，もし音波に伴う運動量 p を，波の進行方向に沿うて $h\nu/v$ の大きさのものと定義するならば，許される運動量の値が $h/2L$ の整数倍（固定条件）か，h/L の整数倍（周期境界条件）かをとるとしたときにえられるものと同じである．だから許される弾性振動のタイプを数える問題は長さ L の領域を運動する自由粒子の量子状態を数える問題とかわらない．この事情は 3 次元の結晶でもおなじである．

さて弾性振動の i 番目のものは振動子のエネルギー $\left(n+\dfrac{1}{2}\right)h\nu_i$ を結晶のエネルギーへ寄与する．弾性振動の全エネルギー E は

$$E = E_0 + \sum_i n_i h\nu_i. \tag{32.1}$$

ここで E_0 は零点エネルギー $\dfrac{1}{2}\sum h\nu_i$ である．上の式で n_i は振動子 i の量子数である．それを $\varepsilon_i = h\nu_i$ のエネルギー準位を占める粒子の数だと解釈する．すると格子振動の系をエネルギーが $h\nu_i$，運動量が $h\nu_i/v$ の音の量子の集まりとみていることになる．この音の量子をフォノンという．

フォノン気体は光子気体とおなじように化学ポテンシャルがゼロであるような B-E 粒子としてふるまう．なぜかというと，(32.1)式

にあらわれたフォノンの数はもともと振動子の量子数で，そのとりうる整数値には別に制限はないからである．このため振動子にエネルギーをくばったときの分布に属する微視状態の数は，B-E 粒子での相当するものとかわらない．

ここで述べたことは光子気体の問題にもあてはまる．このときには，弾性振動のかわりに，空洞のなかの電磁的な定常振動の問題を解くことによってえられる各基準振動をそれぞれ振動子とみて (32.1)式に相当する結果が書きだせる．

Debye モデル いま見てきたところによれば，振動数が ν と $\nu+d\nu$ の間にある弾性振動の数は (31.4) とおなじ形にあらわせる．ただし縦波では

$$g_l(\nu)d\nu = \frac{4\pi V}{v_l^3}\nu^2 d\nu, \qquad (32.2)$$

横波では

$$g_t(\nu)d\nu = \frac{8\pi V}{v_t^3}\nu^2 d\nu \qquad (32.3)$$

がさがしている数を与える．縦波が (31.4) の $\frac{1}{2}$ 倍になるのは光の偏りの自由度が 2 であるのにひきかえ，縦波ではそれが 1 だからである．横波では進行方向に垂直な 2 つの方向に沿うての変位が可能なので，光とおなじ数の偏りの自由度があらわれる．

もし幅 $d\nu$ のなかに含まれる弾性振動の数を縦波も横波もひとまとめにして数えたいならば

$$g(\nu) = g_l(\nu) + g_t(\nu) \qquad (32.4)$$

を考える．これは，もし

$$\frac{1}{v_l^3} + \frac{2}{v_t^3} = \frac{3}{v^3} \qquad (32.5)$$

によって平均の音速 v を導入するならば，

$$g(\nu) = \frac{12\pi V}{v^3}\nu^2 \qquad (32.6)$$

と書くことができる.

さて光子——フォトンとフォノンには大きな違いがある. フォトンの状態は非常に短い波長の領域にまで及んでいるが, フォノンの方はそうでない. というのも原子間距離より短い波長の弾性波は意味がなく, もともと基準振動の総数は $3N$ 個しかないからである. したがって基準振動の振動数に対する分布 $g(\nu)$ を(32.6)で近似してしまうつもりならば

$$\int_0^{\nu_{\max}} g(\nu)d\nu = 3N \tag{32.7}$$

できまる振動数 $\nu_{\max}$ より高い振動数の基準振動はあらわれないはずである(図VII.5). この最高の振動数は(32.6)を(32.7)に入れると見つかる:

$$\nu_{\max} = \left(\frac{3N}{4\pi V}\right)^{1/3} v. \tag{32.8}$$

このように弾性波の結果で格子の基準振動のすべてをおきかえたものを Debye モデルという.

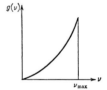

図 **VII.5** Debye モデルによる格子振動の振動数分布関数 $g(\nu)$ のグラフ

Debye モデルによると, 系のエネルギーは零点エネルギーを別にして分布(31.5)の $h\nu$ 倍に $g(\nu)d\nu$ をかけて積分したもので与えられ

$$\begin{aligned}E &= \frac{12\pi V}{v^3}\int_0^{\nu_{\max}} \frac{h\nu}{e^{h\nu/kT}-1}\nu^2 d\nu \\ &= 9RT\left(\frac{T}{\Theta_D}\right)^3 \int_0^{\Theta_D/T} \frac{x^3 dx}{e^x-1}\end{aligned} \tag{32.9}$$

となる. ここで $R=Nk$, また

$$\Theta_D = \frac{h\nu_{\max}}{k} \tag{32.10}$$

を Debye 温度という.

ここで2つの極限の場合を考える。第1に高温: $T \gg \Theta_D$ では(32.9)の積分の中味の x は1より十分小さく、そこで e^x を $1+x$ で近似できる。このとき E は $3RT$ となり、これは $3R$ の比熱を与える (Dulong-Petit の法則、§21).

第2に低温: $T \ll \Theta_D$ では、(32.9)の積分の上限を無限大でおきかえられる。この定積分は(31.8)にあらわれたもので、$\pi^4/15$ にひとしい。そこで(32.9)は

$$E = \frac{3}{5}\pi^4 RT\left(\frac{T}{\Theta_D}\right)^3 \qquad (32.11)$$

となり、比熱は

$$C_V = \frac{12}{5}\pi^4 R\left(\frac{T}{\Theta_D}\right)^3 \qquad (32.12)$$

となる。(32.9)から計算される C_V の温度変化を図 VII.6 に示した。Debye 温度はダイヤモンドで約 2000°K、銅で 320°K である。一般にかたいものはやわらかいものより音速が高いので Debye 温度も高くなる。

(32.11)は光子気体での相当する式 (31.9)と見かけは違うが、要するに (31.9)の光速 c のかわりに音速の平均値 v を入れたものの $\frac{3}{2}$ 倍が(32.11)にすぎない。これらの違いを別にすると、低温でのフォノン気体の取り扱いは光子気体のそれとパラレルに進んでいる。

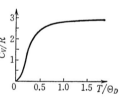

図 VII.6 Debye モデルによる格子比熱の温度変化

§33. 電子気体

絶対零度での電子気体 F-D 分布は α と β をそれぞれ $-\mu/kT$、$1/kT$ でおきかえると

$$n_r = \frac{1}{e^{(\varepsilon_r - \mu)/kT} + 1} \tag{33.1}$$

であらわされる．ここで温度 T が 0 に非常に近い値をもつとしよう．すると上式の分母の指数関数は $0°K$ の化学ポテンシャル μ_0 より高いエネルギー準位では ∞ になり，それ以外の準位では 0 になる．したがって n_r は μ_0 より高い準位では 0 になり，低い準位では 1 になる．すなわち μ_0 より低い準位はすべて電子によって占められているが，それ以外の準位はすべて空である．ふつう μ を Fermi 準位という．

Fermi 準位 $(0°K)$ は容易に見つかる．電子のエネルギー状態密度 $g(\varepsilon)$ は (16.2) の 2 倍で与えられる：

$$g(\varepsilon) = 4\pi V \left(\frac{2m}{h^2}\right)^{3/2} \varepsilon^{1/2}. \tag{33.2}$$

ここで因数 2 を加えたのは電子のスピンが 1/2 で，このため同一の並進的な量子状態を北向きと南向きの 2 つのスピン状態の電子が同時に占めることができるからである．そこで μ_0 は

$$\int_0^{\mu_0} g(\varepsilon) d\varepsilon = N \tag{33.3}$$

から次のようにきまる：

$$\mu_0 = \frac{h^2}{2m} \left(\frac{3}{8\pi} \frac{N}{V}\right)^{2/3}. \tag{33.4}$$

内部エネルギーは

$$E_0 = \int_0^{\mu_0} \varepsilon g(\varepsilon) d\varepsilon = \frac{3}{5} N \mu_0 \tag{33.5}$$

となり，もし $pV = \frac{2}{3}E$ の関係に注意すれば

$$pV = \frac{2}{5} N \mu_0 \tag{33.6}$$

がえられる．

§33. 電 子 気 体

いま金属 Li の $N/V=4.65\times10^{22}$ を仮定すると (33.4) の μ_0 は 7.6×10^{-12} erg と評価され，これを温度に換算すると 5.4×10^{4}°K となる．もしこの μ_0 の評価を (33.6) に入れるならば，圧力 p は 1.4×10^{11} dyne/cm² $\sim 10^5$ atm に達する．

縮退した電子気体 いまから $kT\ll\mu_0$ の意味で低温の領域で，電子気体の熱的な挙動をたずねる．電子の総数が N であるという条件は

$$\int_0^\infty f(\varepsilon)g(\varepsilon)d\varepsilon = N \tag{33.7}$$

であらわされ，ここで

$$f(\varepsilon) = (e^{(\varepsilon-\mu)/kT}+1)^{-1} \tag{33.8}$$

を **F-D 因子**という．(33.7) は化学ポテンシャル μ を温度の関数としてきめる式に当る．

(33.7) の計算には次の観察が重要である．図 VII.7 に有限な温度での $f(\varepsilon)$ と $-\partial f/\partial\varepsilon$ を示している．積分

$$\int_0^\infty \left(-\frac{\partial f}{\partial \varepsilon}\right)d\varepsilon = f(0)-f(\infty) = 1 \tag{33.9}$$

によって $-\partial f/\partial\varepsilon$ の曲線と横軸で囲まれる面積は1である．温度が0に近づくにつれ $-\partial f/\partial\varepsilon$ の形状はだんだん幅のせまいものにかわり，そのピークの高さを増してゆく．その極限として 0°K では無限にせまい幅で無限に高くそびえ立った面積1のピークが考えられるわけである．

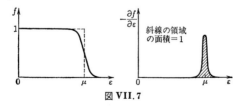

図 VII.7

さて $g(\varepsilon)$ の不定積分を $G(\varepsilon)$ であらわすと (33.7) の左辺は部分積分によって

$$\left[f(\varepsilon)G(\varepsilon) \right]_{\varepsilon=0}^{\varepsilon=\infty} - \int_0^\infty \frac{\partial f}{\partial \varepsilon} G(\varepsilon) d\varepsilon$$

と変形できる．この第1項は，上限 $\varepsilon = \infty$ では $f(\varepsilon)$ がゼロのために消える．下限も

$$G(0) = 0 \tag{33.10}$$

によってやはり消える．だから

$$\int_0^\infty f(\varepsilon) g(\varepsilon) d\varepsilon = \int_0^\infty \left(-\frac{\partial f}{\partial \varepsilon} \right) G(\varepsilon) d\varepsilon \tag{33.11}$$

がえられる．

すでにみたように，$(-\partial f/\partial \varepsilon)$ は $\varepsilon = \mu$ に鋭いピークをもった関数である．そこでエネルギーの原点を μ の位置に移した方が便利である．これは $\varepsilon - \mu \equiv x$ を変数にとることに当る．こうして (33.11) の右辺は

$$\int_{-\infty}^\infty \left(-\frac{\partial f}{\partial x} \right) G(\mu + x) dx \tag{33.12}$$

となる．積分の下限は正しくは $-\mu$ であるが，それを $-\infty$ としてもかまわないことは図 Ⅶ.7 から明らかである．

つぎに $G(\mu+x)$ を x で Taylor 展開すると，2次まで切ったときの (33.12) は

$$G(\mu) + \frac{1}{2} G''(\mu) \int_{-\infty}^\infty x^2 \left(-\frac{\partial f}{\partial x} \right) dx \tag{33.13}$$

となる．ここで第1項をうるのに (33.9) を考慮し，また $G'(\mu)$ の項が落ちたのは

$$\left(-\frac{\partial f}{\partial x} \right) = \frac{1}{kT} \frac{e^u}{(e^u+1)^2} = \frac{1}{kT} \frac{1}{(e^{u/2}+e^{-u/2})^2}$$

が x の偶関数であることによる．ただし $u = x/kT$．(33.13) の第2項にある積分は

$$(kT)^2 \int_{-\infty}^{\infty} \frac{e^u}{(e^u+1)^2} u^2 du$$

と書ける．上の積分は $\pi^2/3$ にひとしい．だから (33.11) は

$$\int_0^{\infty} f(\varepsilon)g(\varepsilon)d\varepsilon = G(\mu) + \frac{\pi^2}{6}(kT)^2 G''(\mu) + \cdots \quad (33.14)$$

となる．

準位密度 $g(\varepsilon)$ は $A\varepsilon^{1/2}$ の形で，その不定積分 $G(\varepsilon)$ は $\frac{2}{3}A\varepsilon^{3/2}$ になる．そこで $G''(\mu)$ は

$$\frac{3}{4} \cdot \frac{2}{3} A \mu^{-1/2} = \frac{3}{4} \frac{1}{\mu^2} G(\mu)$$

であることがわかる．したがって (33.14) は (33.2) を考慮して

$$\frac{2}{3} \cdot 4\pi V \left(\frac{2m\mu}{h^2}\right)^{3/2} \left\{1 + \frac{\pi^2}{8}\left(\frac{kT}{\mu}\right)^2 + \cdots\right\}$$

となり，これが (33.7) によって N にひとしい．こうしてえられる式に (33.4) を考慮するならば，それは

$$\left(\frac{\mu}{\mu_0}\right)^{3/2} \left\{1 + \frac{\pi^2}{8}\left(\frac{kT}{\mu}\right)^2 + \cdots\right\} = 1 \quad (33.15)$$

と書ける．この式を逐次近似の方法で解く場合に，その第 1 近似の μ は上式の $\{\ \}$ のなかの μ を μ_0 でおきかえると見つかる．こうして μ は

$$\mu = \mu_0 \left\{1 - \frac{\pi^2}{12}\left(\frac{kT}{\mu_0}\right)^2 + \cdots\right\} \quad (33.16)$$

のように見つかる．

内部エネルギー E:

$$E = \int_0^{\infty} f(\varepsilon) \varepsilon g(\varepsilon) d\varepsilon \quad (33.17)$$

にあらわれる積分は (33.7) の積分とおなじように取り扱える．あの式の $g(\varepsilon)$ のかわりにいまは $\varepsilon g(\varepsilon)$ を考えればよく，このときの $G(\varepsilon)$ は $\varepsilon g(\varepsilon)$ の不定積分である．この意味で上の式の積分は (33.14) で与

えられるわけである．こうして

$$E = \frac{4\pi V}{5mh^3}(2m\mu)^{5/2}\left\{1+\frac{5}{8}\pi^2\left(\frac{kT}{\mu}\right)^2+\cdots\right\} \quad (33.18)$$

が容易に示される．この式に(33.16)を入れ(33.4)と(33.5)を考慮するならば

$$E = E_0\left\{1+\frac{5}{12}\pi^2\left(\frac{kT}{\mu_0}\right)^2+\cdots\right\} \quad (33.19)$$

がえられる．

低温における電子気体の比熱 C_V は(33.19)を温度で微分すると見つかる．これは1 mol の気体で

$$\frac{C_V}{R} = \frac{\pi^2}{2}\frac{kT}{\mu_0} \quad (33.20)$$

となる．ただし(33.5)を考慮した．この結果は室温の金属の比熱になぜ電子気体の運動エネルギーが寄与しないかを説明している．すでに指摘したように μ_0/k は$10^{4°}$K の大きさで，そのため室温での kT/μ_0 は 10^{-2} の大きさにすぎない．このわけは，もう一度 $-\partial f/\partial \varepsilon$ の曲線に注意するとよくわかる．Fermi 準位の近くでの $-\partial f/\partial \varepsilon$ の鋭いピークの幅が kT の大きさの程度である．全体として電子の占めているエネルギー幅 μ_0 のなかで Fermi 準位の近くの小さな部分，kT の幅に入っている電子が熱的な挙動に関与しているにすぎない．金属の電子比熱は低温で観測される．なぜかというと，低温では，格子比熱は T^3 に比例して急に小さくなるが，電子比熱は T に比例していて，格子比熱よりも大きくなりうるからである．

電子気体のエントロピーは(33.20)の C_V を使って，C_V/T を積分すると見つかる．これは C_V とおなじものにみちびく．このエントロピーは $0°$K ではゼロである．というのも，$0°$K では F-D 粒子系は Fermi 準位まできっちりつまった状態をとり，この微視状態の数はひとつしかないと考えられよう．

§33. 電子気体

Richardson 効果 金属の電子気体は非常に大きな圧力を示すが，じっさいには金属イオンの Coulomb 引力によって電子は金属のなかに閉じこめられている．すなわち電子のポテンシャル・エネルギーは金属のなかでは外より U だけ低い．図 VII.8 で，左側は金属のなか，右側は金属の外に当る．図の縦軸はエネルギーをあらわす．いまは金属内電子の化学ポテンシャルを

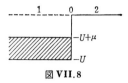

図 VII.8

$$\mu_s = -U + \mu \equiv -\chi \tag{33.21}$$

とおく．ここで χ は Fermi 準位の電子を金属の外にはこび出すに要する最小のエネルギーで，それを**仕事関数**という．

さて金属の外にある電子の蒸気は理想気体とみなすことができ，その化学ポテンシャルは

$$\mu_g = -kT \left\{ \frac{5}{2} \ln T - \ln p + \ln \frac{2(2\pi m)^{3/2} k^{5/2}}{h^3} \right\}. \tag{33.22}$$

これが (25.17) と違うのはカッコの中の最後の項の対数の中味に因数 2 があることで，これは電子のスピン縮退による．すなわち電子の化学定数は (28.4) で $g_0 = 2$ としたものに当る．

電子の飽和蒸気圧 p は平衡の条件：$\mu_s = \mu_g$ を書きくだすと見つかり

$$p = 2 \frac{(2\pi m)^{3/2} k^{5/2}}{h^3} T^{5/2} e^{-\chi/kT} \tag{33.23}$$

となる．

金属からの電子気体の蒸発流は (8.6) 式：

$$\Gamma_{12} = \frac{p}{(2\pi m kT)^{1/2}}$$

から見つかる．この蒸発流を完全にひっぱり出せば $I = e\Gamma_{12}$ だけの電流がとり出せるはずで，(33.23) によってこれは

$$I = \frac{4\pi mek^2}{h^3} T^2 e^{-\chi/kT} \qquad (33.24)$$

で与えられる.ここで e は電子の電荷である.真空管は熱した陰極から蒸発する電子流を陽極で受けることで働いている.陽極の電圧を上げてゆくと,まず電流は増してゆき,やがて飽和する.この飽和電流が金属表面の単位面積について (33.24) で与えられる.

§34. 理想 Bose-Einstein 凝縮

B-E 統計では粒子の分布は

$$n_r = \frac{1}{e^{(\varepsilon_r-\mu)/kT}-1} \qquad (34.1)$$

で与えられ,ε_r の最低の値はゼロである.したがって状態 r を占める平均粒子数がいつでも負にならないためには $e^{-\mu/kT}$ は 1 より小さくない必要がある.すなわち B-E 粒子の化学ポテンシャルは常に負である.

B-E 気体の化学ポテンシャルは

$$\int_0^\infty (e^{(\varepsilon_r-\mu)/kT}-1)^{-1} g(\varepsilon) d\varepsilon = N \qquad (34.2)$$

からきまる.ここで準位密度 $g(\varepsilon)$ は (33.2) で与えられ,ただし電子の内部自由度による因数 2 をその式から落とす.そこで (34.2) は

$$\frac{2\pi V}{h^3}(2mkT)^{3/2} \int_0^\infty \frac{x^{1/2}}{e^{x+\alpha}-1} dx = N \qquad (34.3)$$

と書ける.ここで $\alpha = -\mu/kT$ である.上の式の積分は,$1/(e^{x+\alpha}-1)$ を

$$\frac{e^{-(x+\alpha)}}{1-e^{-(x+\alpha)}} = \sum_{n=1}^\infty e^{-n(x+\alpha)}$$

と展開して,項別に積分すると無限級数であらわせる.その際に $x+\alpha$ が常に正であることを考えた.こうして (34.3) の積分は

$$F_{1/2}(e^{-\alpha}) \equiv \sum_{n=1}^{\infty} \frac{e^{-n\alpha}}{n^{3/2}} \tag{34.4}$$

の $\sqrt{\pi}/2$ 倍にひとしいことが示せる．領域 $\alpha \geqq 0$ での $F_{1/2}(e^{-\alpha})$ の最大値は明らかに $\alpha=0$ のときにあらわれ，この値は

$$F_{1/2}(1) = 2.612 \tag{34.5}$$

と評価される．

さて (34.3) は

$$\left(\frac{2\pi mkT}{h^2}\right)^{3/2} F_{1/2}(e^{-\alpha}) = \frac{N}{V} \tag{34.6}$$

の形のものである．いま気体の密度 N/V を一定にした条件で温度をさげてゆくと，上の式の左辺の第1の因数は減少してゆき，そこで $F_{1/2}(e^{-\alpha})$ は増加してゆくはずである．これは $e^{-\alpha}$ が増してゆくことに当る．すなわち $\alpha(=-\mu/kT)$ が M-B 統計での大きな正の値からゼロへ近づいてゆく．しかしゼロを超えることはできない．極限：$\mu=0$ にたどりついた温度 T_c で (34.6) は

$$2.612 \left(\frac{2\pi mkT_c}{h^2}\right)^{3/2} = \frac{N}{V} \tag{34.7}$$

となる．ここで (34.5) を考えた．

もし (34.7) できまる T_c よりさらに低い温度へゆくならば，もはや物理的に意味のある化学ポテンシャルは，(34.6) したがって (34.2) からは見つからない．しかし化学ポテンシャルがゼロに近づくと最低状態 $\varepsilon_0=0$ ——ゼロ状態を占める粒子数 n_0 は (34.1) によって非常に大きくなる．ところで (34.2) の左辺は $\sum_r n_r$ を積分でおきかえたものである．すなわち和を積分でおきかえたために，$\mu=0$ で無限大になる項が見おとされた．じっさい，このときの B-E 因子は原点の近くで $1/\varepsilon$ にしたがって無限大になるが，状態密度はそこでは $\varepsilon^{1/2}$ にしたがって 0 になり正味の発散 $\varepsilon^{-1/2}$ は積分の結果として消えてしまうのである．

そこでゼロ状態の項だけを $\sum_r n_r$ のなかから抜きだし，残りの状

態を占める粒子数の和 $\sum_{r}'n_r$ を積分でおきかえる. この積分は(34.2)の左辺とおなじである. このように考えると(34.6)のかわりに

$$n_0 + V\left(\frac{2\pi mkT}{h^2}\right)^{3/2} F_{1/2}(e^{-\alpha}) = N \qquad (34.8)$$

が α をきめる式である. ところで

$$n_0 = (e^{\alpha}-1)^{-1} \qquad (34.9)$$

が N のオーダーの大きさになるのは α, したがって化学ポテンシャルが, $1/N$ の大きさになったときである. このときの $F_{1/2}(e^{-\alpha})$ は, $F_{1/2}(1)$ とまったく変わらない. だから(34.8)は n_0 を温度の関数として定める式に当る. これは(34.7)を使うと

$$n_0 = N\left\{1-\left(\frac{T}{T_c}\right)^{3/2}\right\} \qquad (34.10)$$

となる. n_0 の温度変化が図 VII.9 に示される.

B-E 気体では臨界温度 T_c から下で, たくさんの粒子がゼロ状態へ落ちこんでゆく. これを理想 Bose-Einstein 凝縮という. 液体 He⁴ のモル容積(27.6 cm³/mol)とその原子質量(6.7×10^{-24} g)から評価される T_c は 2.13°K で, これは液体 He I から液体 He II への転移温度 2.19°K と余り遠くはない. 液体 He II は殆ど粘性のない流体で, その異常な性質は He⁴ 原子がゼロ状態に落ちこ

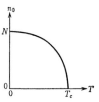

図 **VII.9** ゼロ状態に落ちこんだ B-E 粒子の数の温度変化

むことによる. He³ も 0°K まで液体の状態のままであるが He⁴ のような異常性を示さない. これは He³ が F-D 粒子であることによる.

さて B-E 気体の内部エネルギーは(34.2)の積分される関数に ε をかけたもので与えられ, (34.3)に対応する式は

$$E = \frac{2\pi V}{2mh^3}(2mkT)^{5/2}\int_0^\infty \frac{x^{3/2}}{e^{x+\alpha}-1}dx$$

§34. 理想 Bose-Einstein 凝縮

$$= \frac{3}{2} kT \cdot V \left(\frac{2\pi mkT}{h^2} \right)^{3/2} F_{3/2}(e^{-\alpha}) \tag{34.11}$$

のように書ける．ここで

$$F_{3/2}(e^{-\alpha}) = \sum_{n=1}^{\infty} \frac{e^{-n\alpha}}{n^{5/2}}. \tag{34.12}$$

すでにみたように温度がさがってゆくと，α は大きな正の値からゼロに近づく．各温度に対する α の値は (34.6) から見つもられ，その結果を使って (34.11) が計算される．しかし $T < T_c$ では α はゼロで，このときの (34.12) の値は 1.341 である．だから $T < T_c$ では

$$E = \frac{3}{2} kTV \left(\frac{2\pi mkT}{h^2} \right)^{3/2} \times 1.341. \tag{34.13}$$

ゼロ状態の原子のエネルギーはゼロで E に何も寄与しないので，(34.8) の左辺の第1項に相当する項はいまはあらわれない．

上にえた内部エネルギーの式から圧力 p の式を見つけるには $pV = \frac{2}{3} E$ の関係を使えばよい．もし $T > T_c$ ならば

$$p = kT \left(\frac{2\pi mkT}{h^2} \right)^{3/2} F_{3/2}(e^{-\alpha}), \tag{34.14}$$

またもし $T < T_c$ ならば

$$p = kT \left(\frac{2\pi mkT}{h^2} \right)^{3/2} \times 1.341 \tag{34.15}$$

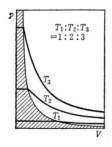

図 **VII.10** 理想 B-E 気体の等温線．斜線の領域では B-E 凝縮がおこっている

がえられる．(34.14) は α を通して気体の体積に関係するが，(34.15) は体積によらない．すなわち理想 B-E 気体の等温線は $T<T_c$ では水平である．これらの事情が図 VII.10 に示される．

問　題

VII.1 黒体表面の単位面積が毎秒放出する輻射エネルギーは σT^4 である．次の Stefan 定数 σ を見出し，以下の問題を考えよう．
$$\sigma = \frac{2\pi^5 k^4}{15 h^3 c^2} = 5.66 \times 10^{-5} \ \frac{\text{erg}}{\sec\,\text{cm}^2\,\text{deg}^4}.$$

(1) 地表が直上の太陽から浴びる輻射エネルギー 2 cal/min cm² (太陽定数) から，太陽の表面温度 $T_\odot$ を見出せ．黒体を仮定し，地球-太陽間の距離は $R=215 R_\odot$ である ($R_\odot$ は太陽半径)．

(2) 地球の放射する輻射エネルギーは太陽から受け取るものとつりあっている．地球表面を黒体と考え，その温度 $T_\oplus$ を求めよ．地球による太陽エネルギーの反射は無視してよい．

(3) 輻射分布 E_ν が最大の波長を太陽と地球で概算せよ．

VII.2 F-D, B-E 粒子の分布 N_i が平衡分布 N_i^0 から ΔN_i だけずれるならば，系のエントロピーはずれの 2 次の項までの範囲で
$$S = S_0 - \frac{1}{2} \sum_i \frac{G_i (\Delta N_i)^2}{N_i^0 (G_i \mp N_i^0)}$$
となることを示せ．S_0 は S の平衡値．

VII.3 固体の自由エネルギー F が $0°$K のエネルギーとフォノンの項の和で与えられるならば，次のことを示せ．

(1) $\qquad F = E_0 + kT \sum_i \ln(1 - e^{-h\nu_i/kT})$.
ここで総和は基準振動 i についてとられる．

(2) 自由エネルギー F は E_0 と振動数 ν_i の体積依存性を通して固体の体積 V に関係する．もし $-\partial \ln \nu_i / \partial \ln V$ が基準振動 i

によらない一定値 γ をとる（Grüneisen の近似）ならば圧力 p は

$$p = -\frac{\partial E_0}{\partial V} + \frac{\gamma}{V} E_T.$$

ここで E_T はフォノンの熱エネルギー．

(3) 固体の膨張係数 $\alpha = \gamma \kappa C_V / V$．ここで κ は圧縮率．

VII. 4 固体の蒸気圧の式 (26.9) を Debye モデルを使って改良せよ．($T \gg \Theta_D$ とせよ．)

VII. 5 地球の $\sim 10^6$ 倍の密度をもつ質量 M の白色矮星では $(Z/Am_H)M$ 個の電子が電離している．ここで A, Z は原子の平均の質量数，原子番号，m_H は陽子の質量．縮退した電子気体の運動エネルギー E_K は重力エネルギー $E_G \sim -GM^2/R$ (G は重力定数，R は星の半径) による星の収縮をおさえている．重い星は $R \propto M^{-1/3}$ に従ってちぢむことを示せ．一様密度，$0°K$ の天体を仮定し，必要な計算では数字係数を省略してよい．

VII. 6 ある半導体では図のような準連続的な準位（伝導バンド）の下に不純物準位とよばれる離散的な準位が不純物原子の近くに局在する．1つの不純物準位をことなるスピン状態の2つの電子が同時に占めると大きな Coulomb 反発がはたらく．そこで2つのスピン状態のうち，どちらかの状態の電子だけがひとつの不純物準位を占めうるとせよ．電子の数も不純物の数も N だとし，また伝導バンドの電子は電子気体をつくると考えられよ．不純物準位の系と電子気体の系に N 個の電子をくばったときのエントロピーの式をつくり，これから不純物準位 ε を占める平均の電子数

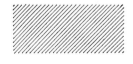

は $1/\left[\dfrac{1}{2}e^{(\varepsilon-\mu)/kT}+1\right]$ で与えられることを示せ.

VII. 7 上の問題で，伝導バンドの最低準位を ε_c，不純物(ドナー)準位を ε_d でしるす．伝導電子の濃度 $[\mathrm{e}^-]$，電離したドナー濃度 $[\mathrm{d}^+]$，中性のドナー濃度 $[\mathrm{d}]$ はつぎの関係をみたすことを示せ．

$$\frac{[\mathrm{e}^-][\mathrm{d}^+]}{[\mathrm{d}]} = \frac{1}{2}n_0 e^{-\Delta/kT}, \quad \Delta = \varepsilon_c - \varepsilon_d.$$

ここで $n_0 = 2(2\pi m_e kT/h^2)^{3/2}$ であり，m_e は伝導電子の有効質量．

VII. 8 理想 B-E 凝縮の転移温度 T_c の近くでの系の $\alpha = -\mu/kT$ と定積比熱 C_V の挙動を次のようにしらべよ．

(1) T_c よりすこし高い温度では，α はゼロに近いと見られ，そこで (34.3) の積分 $\displaystyle\int_0^\infty \frac{x^{1/2}}{e^{x+\alpha}-1}dx$ と $\displaystyle\int_0^\infty \frac{x^{1/2}}{e^x-1}dx = \frac{\sqrt{\pi}}{2}\times 2.612$ の差は $x=0$ の近くだけで認められる大きさをもつにすぎない．そこで上記の差の式では，$(e^{x+\alpha}-1)$ と (e^x-1) はそれぞれ $x+\alpha$, x で近似できよう．こうしてえられる差の近似式:

$$-\alpha\int_0^\infty \frac{dx}{x^{1/2}(x+\alpha)} = -\pi\sqrt{\alpha}$$

を使って，T_c の近くでの α を次の形に見つけよ．

$$\sqrt{\alpha} \cong \frac{2.612}{2\sqrt{\pi}}\left\{1-\left(\frac{T_c}{T}\right)^{3/2}\right\}.$$

(2) 上の結果から $\partial\alpha/\partial T$ は $T=T_c$ で連続であることを観察せよ．つぎに $\partial^2\alpha/\partial T^2$ の $T=T_c$ での跳びを評価せよ．

(3) 最後に (2) の結果を使って，$T=T_c$ で C_V は連続であること，また $\partial(C_V/R)/\partial T$ の $T=T_c+0$ での値と $T=T_c-0$ での値の差は $-\dfrac{3}{2}\left(\dfrac{3}{2}\times 2.612\right)^2\dfrac{1}{2\pi}\dfrac{1}{T_c}$ となることを示せ．(C_V–T 曲線は $T=T_c$ に頂点をもつクサビ形の山である．)

第Ⅷ章 カノニカル分布とグランド・カノニカル分布

　これまでの取り扱いの出発点は Boltzmann のエントロピーで，これは孤立系にかかわる．しかし粒子系の観測は恒温槽に連絡した状況のもとでなされることが多い．この条件のもとでは系のエネルギーよりはむしろ温度が固定されている．そこで温度が T, 体積が V であるような力学系の平均的な挙動はどのような統計集合の上で平均したら見つかるだろうかという問題がでてくる．§24 で述べたように，力学系の巨視的な制御のしかたには，もっと他のものも考えられる．一般に違った制御のしかたで固定された力学系では，統計集合もそれに応じて違った形のものをとるのが便利である．
　この章では T, V, N を固定する場合と T, V, μ を固定する場合の統計分布をしらべる．えられる結果は相互作用のある力学系の取り扱いその他で有効なだけでなく，見とおしのよい見地を提供する．

§35. カノニカル分布

　温度が T, 体積が V の粒子数一定の系を考える．ここで温度が一定なのは系が大きな熱源と接触しているからである．この恒温槽の系をどうとるかで考えのすすめかたがかわってくる．

　簡単な考えかた　いま恒温槽が，考えている系とまったく同じ構造をもった系の集まりでできていると考えてみよう．これらの系の1つ1つを巨大な分子と見たて，それらの間にエネルギーの交換が起りうる程度の弱い相互作用があるとすると，ここに '巨大な分子' からなるひとつの理想系が組み立てられる．この理想系の含む '巨大な分子' の数を N とする．

'巨大な分子'のエネルギー準位 E_r を占める平均の分子数 N_r は，M-B 分布：

$$\frac{N_r}{N} = \frac{1}{Z}e^{-E_r/kT} \tag{35.1}$$

で与えられるはずで，ここで

$$Z = \sum_r e^{-E_r/kT} \tag{35.2}$$

は'巨大な分子'の状態和である．また'巨大な分子'からなる理想系のエントロピーは(19.6)によって

$$-Nk\sum_r \frac{N_r}{N}\ln\frac{N_r}{N} \tag{35.3}$$

となることがわかる．ただし(19.6)には粗視的な細胞についての和があらわれており，それを量子状態についての和に書きかえた．また，いま考えている'巨大な分子'のめいめいは巨視的なもので，見わけがつくので M-B 統計が使えることに注意しておく．

ところで私たちが目をつけているのは理想系のなかの1つの'巨大な分子'で，残りは恒温槽を形づくっている．目をつけている系がエネルギー準位 E_r に見いだされる確率 w_r は N_r/N にひとしいので，それは(35.1)によって

$$w_r = \frac{1}{Z}e^{-E_r/kT} \tag{35.4}$$

で与えられる．また目をつけている系のエントロピーは(35.3)を N でわったもの：

$$S = -k\sum_r w_r \ln w_r \tag{35.5}$$

にひとしいことがわかる．

温度 T の恒温槽に連絡した粒子系の平均的な挙動は，系の各量子状態が(35.4)で与えられる統計的な重みで出現すると考えるならば予言できる．重み(35.4)を伴った系の微視状態の集まりをカノニ

§35. カノニカル分布

カル集合という．また確率分布(35.4)をカノニカル分布という．

一般的な考えかた　上の考えかたでは，力学系の写しからなる系を恒温槽とみたのだが，恒温槽は力学系の写しからなる必要はない．重要なのは環境系が大きなエネルギー源で，このため目をつけている力学系とのエネルギーのやりとりで温度のかわらないことである．

いま2つの系1,2があって，それらの間にエネルギーのやりとりはあるが，それ以外には外部と何も交渉がないと仮定する．さらに系2は系1にくらべて，十分大きな熱容量をもっているとする．系1,2をエネルギーが E_1, E_2 の位置，小さな幅 $\delta E_1, \delta E_2$ の帯域にそれぞれ見つける確率は(17.12)で与えられる．すなわち各帯域に含まれる状態数をそれぞれ $W_1(E_1), W_2(E_2)$ とすると，求める確率は

$$W_1(E_1)W_2(E_2) \qquad (35.6)$$

を

$$\sum_{E_1+E_2=E} W_1(E_1)W_2(E_2) \qquad (35.7)$$

でわったもので与えられる．

さて系2は非常に大きな系である．この系の温度は

$$\frac{\partial \ln W_2(E_2)}{\partial E_2} = \frac{1}{kT} \qquad (35.8)$$

できまる．この式で E_2 のかわりに $E-E_1$ を入れる．すると(35.8)の左辺は $-\partial \ln W_2(E-E_1)/\partial E_1$ となる．ところで系2は仮定によって大きな熱容量をもっているので，E_1 は E にくらべて非常に小さく，このため系2のエネルギーが $E-E_1$ から E まで変わる間に，この系の温度は変わらないとみて差しつかえない．このことを考えて(35.8)に $E_2=E-E_1$ を入れたものを0から E_1 まで積分すると

$$\ln W_2(E-E_1) = \ln W_2(E) - \frac{E_1}{kT} \qquad (35.9)$$

がえられる．これは $\ln W_2(E-E_1)$ を E_1 で Taylor 展開してえられる第2項までの式ともみれる．したがって(35.6)は

$$W_2(E)W_1(E_1)e^{-E_1/kT} \tag{35.10}$$

となり, (35.7)は上の式を E_1 でよせ集めたものになる. だから系 1 を帯域 E_1 に見つける確率は

$$\frac{W_1(E_1)e^{-E_1/kT}}{\sum W_1(E_1)e^{-E_1/kT}} \tag{35.11}$$

にひとしいことがわかる. これは系をエネルギー準位 E_r に見つける確率が (35.4) で与えられるというのとおなじである.

もし恒温槽の系 2 が理想気体であるならば, Taylor 展開の式 (35.9) を使わないでも同じ結論にたどりつける. このとき (16.11) によって $W_2(E_2) = CE_2^{3N_2/2}$. エネルギーに無関係な因数 C の形はいまは必要ではない. 上の式に $E_2 = E - E_1$ を入れると

$$W_2(E - E_1) = CE^{3N_2/2}\left(1 - \frac{E_1}{E}\right)^{3N_2/2} \tag{35.12}$$

がえられる. ここで E_1 は E より非常に小さいので, 1 より小さな正の数 x と十分大きな自然数 n を使って, $E_1 = (x/n)E$ とおける. そこで (35.12) の最後の因数は

$$\left(1 - \frac{x}{n}\right)^{3N_2/2} = \left\{\left(1 - \frac{x}{n}\right)^n\right\}^{3N_2/2n} \tag{35.13}$$

と書ける. 十分大きな n では { } の中味は e^{-x} になり, 上の式の右辺は $e^{-3N_2E_1/2E}$ にひとしい. この因数は $E \cong E_2 = \frac{3}{2}N_2kT$ を考慮すれば, ちょうど $e^{-E_1/kT}$ になる. これで (35.10) がまた確認された.

上の結論をうるのに, 目をつけた系がかならずしも大きい必要はない. ただ恒温槽の系が十分大きいことだけを考慮した. だから目をつけた系が 1 個の粒子からなる系でもカノニカル分布は正しい. すなわち M-B 分布は 1 つのカノニカル分布にほかならない.

カノニカル分布の立場では, 弱い相互作用をしている系 1, 2 の結合系の状態和 Z は部分系の状態和の積にひとしい:

$$Z = Z_1 Z_2. \tag{35.14}$$

これは(21.14)から見易い．この式により，たとえば基準振動の集合系のZは各基準振動の状態和をかけ合わせたものになる．また結合系のカノニカル分布は部分系のカノニカル分布の積にひとしい．

状態和と熱力学的な量　カノニカル分布(35.4)から系のエネルギーや圧力の平均値を見つけるやりかたは§20で与えたものとまったくおなじである．途中の計算を省略して

$$E = \sum w_r E_r = kT^2 \frac{\partial \ln Z}{\partial T}, \qquad (35.15)$$

$$p = \sum_r w_r \left(-\frac{\partial E_r}{\partial V}\right) = kT \frac{\partial \ln Z}{\partial V}. \qquad (35.16)$$

いま状態和Zを(35.11)の分母の形にとって，それを

$$Z = \sum_i W(E_i) e^{-E_i/kT} \qquad (35.17)$$

と書く．ここで$W(E_i)$はエネルギーがE_iの位置，幅δEに含まれる微視状態の数で，総和は帯域についておこなう．総和される項のなかで最大なものは$W(E) e^{-E/kT}$をEで微分するとわかるように

$$\frac{\partial \ln W}{\partial E} = \frac{1}{kT} \qquad (35.18)$$

をみたす．この関係はもちろん力学系が恒温槽と熱平衡にある条件式である．もし(35.17)の総和が(35.18)をみたす最大項でおきかえられるならば，恒温槽の1つの温度に対して力学系のとるべきエネルギー値は(35.18)から読みとれる．このような置きかえができるのは(35.17)の総和される項が最大項の近くで鋭いピークをつくっているときである．力学系を形づくっている粒子の数が非常に大きければ実際にそうであることが示せる(§46)．

このようにして(35.17)の総和を(35.18)をみたす最大項でおきかえた結果では$\ln Z$は$\ln W - (E/kT)$にひとしく，そこでBoltzmannの原理によって

$$F = -kT \ln Z \qquad (35.19)$$

がえられる.ここで $F=E-TS$ は Helmholtz の自由エネルギーである.もし(35.19)を考慮するならば(35.15)と(35.16)はふつうの熱力学の関係式になる.

カノニカル分布(35.4)からエントロピーの式(35.5)をみちびくには次のように考える:

$$S = \frac{E-F}{T}$$
$$= \frac{1}{T}\sum_r w_r E_r + k \ln Z.$$

ここで $\sum w_r = 1$ に注意すると上の式は

$$S = k\sum_r w_r \left(\frac{E_r}{kT} + \ln Z\right)$$
$$= -k\sum_r w_r \ln w_r.$$

このエントロピーの式を Gibbs のエントロピーということがある. Boltzmann のエントロピー(17.1)のかわりに Gibbs のそれを私たちの出発点にとることができたであろう.このエントロピーはひとつの w_r が 1 で,それ以外の w_r がゼロのときに極小値ゼロをとり,それ以外では常に正になる.またミクロ・カノニカル集合では Gibbs のエントロピーは Boltzmann のエントロピーになってしまう.というのも,集合の含む微視状態の数を W とすると $w_r = 1/W$ とおけるので

$$\frac{S}{k} = -\sum_r \frac{1}{W} \ln \frac{1}{W} = \ln W. \tag{35.20}$$

さて力学系を 1 つの微視状態に見つける確率は,その使用できる微視状態の数 W が増すとともに減少する.系は時間の経過につれて W 個の状態の 1 つから他へと動いてゆくのだから,それを微視的に見るならば,ある種の混沌として映ずるであろう.この混沌状態の程度が W の増加につれて増してくるわけで,系のエントロピ

―は，微視的にみたときの系の混沌の程度を測る尺度だといえるかもしれない．

理想気体の状態和　いま状態和 Z の計算の簡単な例として N 個の M-B 粒子からなる理想系を考える．この系のエネルギー準位 E_r は粒子のエネルギー準位 ε_s に N 個の粒子をくばったときのエネルギー $\sum n_s \varepsilon_s$ で与えられるので，状態和 Z は

$$Z = \sum \exp\left\{-\frac{\sum n_s \varepsilon_s}{kT}\right\} \tag{35.21}$$

で与えられる．ここで右辺の第1の総和は $\sum n_s = N$ をみたすような粒子の各量子状態へのくばりかたについてとられる．

見わけられる N 個の粒子を量子状態 $1, 2, \cdots$ へ $n_1, n_2, \cdots$ ずつくばる方法の数は

$$\frac{N!}{n_1! n_2! \cdots}$$

だけある．そこで (35.21) は

$$\begin{aligned} Z &= \sum_{n_1+n_2+\cdots=N} \frac{N!}{n_1! n_2! \cdots} x_1{}^{n_1} x_2{}^{n_2} \cdots \\ &= (x_1 + x_2 + \cdots)^N \end{aligned} \tag{35.22}$$

となる．ここで

$$x_s = e^{-\varepsilon_s/kT} \tag{35.23}$$

とおいた．(35.22) の右辺の (　) の中味はちょうど1粒子の状態和に当り，それを z であらわすと

$$Z = z^N \tag{35.24}$$

が N 粒子系の状態和 (M-B 統計) に当る．これから $F = -kT \ln Z$ をつくると，結果は (20.9) とおなじである．

§36. グランド・カノニカル分布

前の節では2つの系の間にエネルギーのやりとりがある場合だけを考えた．それをすこし拡張して，系 1, 2 の間にエネルギーのやり

とりだけでなく,粒子のやりとりも許されている場合を考える.その際に,系2はエネルギーだけでなく,粒子数も膨大であると仮定する.すなわち系2は恒温槽であるだけではなく粒子槽をも兼ねているわけである.

グランド・カノニカル分布と大きな状態和 いま系1のエネルギーと粒子数をそれぞれ E_1, N_1 とすると,系2の相当する量はそれぞれ $E-E_1, N-N_1$ になる.ここで E と N は結合系のエネルギーと粒子数をあらわしており,これらは一定値をとる.さて系1が N_1 個の粒子からなり,そのエネルギーが E_1 の位置,幅 δE_1 の帯域に見いだされる確率をたずねる.目をつけた帯域に含まれる系1の微視状態の数を $W_1(E_1, N_1)$,系2での相当する数を $W_2(E-E_1, N-N_1)$ であらわすと,たずねる確率は

$$W_1(E_1, N_1) W_2(E-E_1, N-N_1) \qquad (36.1)$$

に比例する.

系2の微視状態の数 W_2 を前の節でなしたのとおなじ考えで処理する.Boltzmann の原理と化学ポテンシャルの定義式(25.4)をおもいだすならば,

$$\begin{aligned}
\frac{\partial}{\partial E_1} \ln W_2(E-E_1, N-N_1) &= -\frac{1}{kT}, \\
\frac{\partial}{\partial N_1} \ln W_2(E-E_1, N-N_1) &= \frac{\mu}{kT}
\end{aligned} \qquad (36.2)$$

がえられ,ここで μ は系2の化学ポテンシャルである.さて系2は系1にくらべて非常に多くのエネルギーと粒子を含んでいるので,系2のエネルギーと粒子数がそれぞれ E, N から $-E_1, -N_1$ だけ変わる間に,その温度も化学ポテンシャルも一定値をとるはずである.このことに注意して(36.2)の積分は

$$W_2(E-E_1, N-N_1) = W_2(E, N) e^{(N_1\mu - E_1)/kT} \qquad (36.3)$$

の形に見つかる.これは $\ln W_2(E-E_1, N-N_1)$ を E_1 と N_1 で Taylor 展開してえられる E_1, N_1 についての1次の項までの結果とおなじである.

このようにして, さがしている確率は
$$W_1(E_1, N_1)e^{(N_1\mu - E_1)/kT} \tag{36.4}$$
に比例することがわかった. 絶対確率を与えるには上の式に
$$\varXi = \sum_{E_1, N_1} W_1(E_1, N_1)e^{(N_1\mu - E_1)/kT} \tag{36.5}$$
の逆数をかければよい.

えられた結果を次に要約する. 環境系との間にエネルギーと粒子のやりとりが許されている体積 V の系は, V, T, μ が一定の条件におかれている. ここで T, μ は環境系に関するものである. この系が粒子数 N を含んでエネルギー準位 $E_r(N)$ に見いだされる確率は
$$w_r(N) = \frac{1}{\varXi} e^{(N\mu - E_r(N))/kT} \tag{36.6}$$
で与えられる. この確率分布をグランド・カノニカル分布という. ここで $\varXi$ は (36.5) で与えられ, またはそれを
$$\varXi = \sum_{N=0}^{\infty} e^{N\mu/kT} Z_N, \tag{36.7}$$
$$Z_N = \sum e^{-E_r(N)/kT} \tag{36.8}$$
と書くことができる. Z_N は N 粒子系の状態和で, $\varXi$ を大きな状態和または大きな分配関数という.

大きな状態和と熱力学的な量 グランド・カノニカル分布では系の含む粒子数はばらついているが, その平均値が分布から見つかる. いま化学ポテンシャル μ のかわりに
$$\lambda = e^{\mu/kT} \tag{36.9}$$
で定義される絶対活動度 λ を導入する. この λ を使って N 個の粒子が系に含まれる確率は $\lambda^N Z_N/\varXi$ で与えられる. そこで系の含む平均の粒子数は

$$\langle N \rangle = \frac{\sum_{N=0}^{\infty} N\lambda^N Z_N}{\sum_{N=0}^{\infty} \lambda^N Z_N}$$

$$= \lambda \frac{\partial \ln \varXi}{\partial \lambda} \qquad (36.10)$$

であらわされる.

もし目をつけている系が十分大きく,したがって平均の粒子数が非常に大きいならば,大きな状態和(36.7)の総和をその最大値でおきかえる.すなわち

$$\ln \varXi \cong \frac{N\mu}{kT} + \ln Z_N. \qquad (36.11)$$

この右辺が最大である条件は

$$\frac{\partial \ln Z_N}{\partial N} = -\frac{\mu}{kT}. \qquad (36.12)$$

上の $\ln \varXi$ で $N\mu$ は Gibbs の自由エネルギー:$F+pV$ にひとしく,また $\ln Z_N$ は $-F/kT$ であるので

$$pV = kT \ln \varXi \qquad (36.13)$$

の関係がみつかる.また最大項の条件(36.12)は関係(25.10)のひとつ:$\mu = (\partial F/\partial N)_{T,V}$ に当る.

Gibbs-Duhem の関係 いま(36.13)を(35.19)と比べると,Helmholtz の自由エネルギーがカノニカル分布で演じていた役割をグランド・カノニカル分布で演じているのは pV であることがわかる.すなわち (T, V, μ) を状態変数にとったときの熱力学的な特性関数は pV であると考えられる.

じっさい,pV の偏微分係数から T, V, μ にそれぞれ共役な S, p, N が見つかる.第1に圧力は単に

$$p = \left(\frac{\partial [pV]}{\partial V}\right)_{T,\mu} \qquad (36.14)$$

である.第2に(36.7)の対数:$\ln \varXi$ を $1/kT$ で微分したものは $N\mu$

$-E$ で, これは $pV-TS$ とおなじである. しかし $\ln \varXi$ を $1/kT$ で微分するのは, (36.13)によって, pV/kT を $1/kT$ で微分するのとおなじで, その結果が $pV-T\partial[pV]/\partial T$ となるのは見やすい. このようにして

$$S = \left(\frac{\partial [pV]}{\partial T}\right)_{V,\mu} \tag{36.15}$$

がえられる. 第3に, (36.10)の右辺が $\partial \ln \varXi/\partial \ln \lambda$ であることに注意すれば(36.9)を考慮して

$$N = \left(\frac{\partial [pV]}{\partial \mu}\right)_{T,V} \tag{36.16}$$

となる. 上にみちびいた3つの式は $d(pV)=pdV+SdT+Nd\mu$ の関係に等価である. すなわち

$$SdT - Vdp + Nd\mu = 0. \tag{36.17}$$

これを Gibbs-Duhem の関係という.

§37. 理想系の大きな状態和

F-D, B-E 粒子系を含めて理想系の大きな状態和は容易に見つかる. それらを順を追うてみてゆこう.

理想気体 補正した M-B 統計の状態和は(35.24)を $N!$ でわったものである. そこで大きな状態和は

$$\varXi = \sum_{N=0}^{\infty} \frac{1}{N!}(\lambda z)^N = e^{\lambda z} \tag{37.1}$$

となる. ここで λ は絶対活動度である. (36.13)によって

$$pV = kT\lambda z \tag{37.2}$$

がえられる. また平均粒子数は(36.10)によって

$$\langle N \rangle = \lambda z \tag{37.3}$$

となる. これを(37.2)に入れると理想気体の状態方程式がでてくる.

F-D 粒子系と B-E 粒子系 第1に F-D 粒子の系の大きな状態和は

$$\varXi = \sum_{N=0}^{\infty} \lambda^N \sum_{n_1+n_2+\cdots=N} \exp\left\{-\frac{\sum n_s \varepsilon_s}{kT}\right\} \quad (37.4)$$

の形のものである.ここで右辺の2番目の総和は N 個の粒子を各準位 ε_s にかさならないようにくばる,くばりかたのすべてについてとられる.この総和は(35.22)のように簡単ではない.しかし1番目の総和によって粒子数の制限はなくなる.そこで λ^N を

$$\lambda^N = \lambda_1{}^{n_1} \lambda_2{}^{n_2} \cdots$$

の形におくならば,(37.4)は

$$\varXi = \sum_{n_1, n_2, \cdots} y_1{}^{n_1} y_2{}^{n_2} \cdots \quad (37.5)$$

とおなじである.ここで

$$y_s = \lambda e^{-\varepsilon_s/kT} \quad (37.6)$$

とおいた.さて $n_1, n_2, \cdots$ についての総和は各 n_s が0か1かをとる場合についてくわえることである.すなわち(37.5)は

$$\sum_{n_s} y_s{}^{n_s} = 1 + y_s \quad (37.7)$$

を $s=1, 2, \cdots$ についてかけ合わせたものとおなじである.すなわち理想F-D粒子系では

$$\varXi = \prod_s (1+y_s). \quad (37.8)$$

第2にB-E粒子系の大きな状態和はふたたび(37.5)であらわされる.ただし $n_1, n_2, \cdots$ についての総和は各 n_s が $0,1,2,\cdots$ のすべての正の整数を走るようにとれる.したがって(37.7)のかわりに

$$\sum_{n_s=0}^{\infty} y_s{}^{n_s} = (1-y_s)^{-1} \quad (37.9)$$

があらわれる.こうして理想B-E粒子系では

$$\varXi = \prod_s (1-y_s)^{-1} \quad (37.10)$$

がえられる.

F-D分布とB-E分布 上にえた結果によれば,F-D,B-E粒子系の大きな状態和はひとまとめにして次のように書ける:

$$\varXi = \prod_s (1\pm y_s)^{\pm 1}. \tag{37.11}$$

複号のうち上のものは F-D, 下のものは B-E 統計に当る. 以下でもこの約束にしたがう.

いま準位 ε_s を占める平均粒子数を見つけたければ, それは

$$\langle n_s \rangle = \frac{1}{\varXi} \left(\sum_{n_1, n_2, \cdots} n_s y_1^{n_1} y_2^{n_2} \cdots y_s^{n_s} \cdots \right)$$

で与えられ, これは明らかに

$$\langle n_s \rangle = y_s \frac{\partial \ln \varXi_s}{\partial y_s}, \tag{37.12}$$

$$\varXi_s = (1 \pm y_s)^{\pm 1} \tag{37.13}$$

とおなじである. すなわち

$$\langle n_s \rangle = \frac{y_s}{1 \pm y_s}. \tag{37.14}$$

そこで (37.6) によってもとの変数にもどすと

$$\langle n_s \rangle = \left(\frac{1}{\lambda} e^{\varepsilon_s/kT} \pm 1 \right)^{-1} \tag{37.15}$$

がえられる. もし λ の定義 (36.9) に注意するならば, 上の式はすでにえた F-D, B-E 分布とおなじことがわかる.

問　題

VIII. 1 カノニカル分布を考えよ. 系のエネルギー E を統計的な変量とみたとき, その平均値 $\langle E \rangle$ からの E のずれ: $\varDelta E = E - \langle E \rangle$ について次の式を示せ.

$$\langle (\varDelta E)^2 \rangle = \langle E^2 \rangle - \langle E \rangle^2 = kT^2 C_V.$$

VIII. 2 グランド・カノニカル分布を考えよ. 系の粒子数 N の平均値 $\langle N \rangle$ からの N のずれ: $\varDelta N = N - \langle N \rangle$ について次の式を示せ.

$$\langle (\varDelta N)^2 \rangle = \langle N^2 \rangle - \langle N \rangle^2 = kT \left(\frac{\partial N}{\partial \mu} \right)_{T,V}.$$

VIII. 3 $T, V, \mu =$ 一定 の熱力学体系は $\Omega \equiv -pV$ が最小ならば安定であることを示せ. 面積 A, 表面張力 γ の表面系の Ω は γA である. 気相(圧力 p_1, 体積 V_1)と液滴(圧力 p_2, 体積 V_2)の平衡条件
$$\Omega = -p_1V_1 - p_2V_2 + \gamma A = \text{Min} \qquad (V_1+V_2 =\text{一定})$$
から問題 VI.7 にある p_2-p_1 と γ の関係をみちびけ.

VIII. 4 (1) 熱力学の見地から多成分系の Gibbs-Duhem の関係
$$SdT - Vdp + \sum_i N_i d\mu_i = 0$$
をみちびけ. (いくつもの相が共存する場合に, G-D 関係は相の数だけある. したがって成分数が c で, 相の数が p の系の熱力学自由度は $c-p+2$ 個である. これを相律という.)

(2) 成分 A, B からなる系で, B の濃度を $x=N_B/N$ でしるすと
$$(1-x)\left(\frac{\partial \mu_A}{\partial x}\right)_{T,p} + x\left(\frac{\partial \mu_B}{\partial x}\right)_{T,p} = 0.$$
(上の式を Gibbs-Duhem の関係ということがある.)

VIII. 5 厚み τ, 面積 A の表面系 s (体積 $V^s = A\tau$) では G-D 関係は
$$S^s dT - V^s dp + Ad\gamma + \sum_i n_i d\mu_i = 0$$
で与えられる. 溶質が 1 種類の希薄溶液で, T 一定における表面張力 γ に対する関係 $d\gamma = -\Gamma d\mu$ を示せ. μ は溶質の化学ポテンシャル, $\Gamma = n - n^0$ は内部濃度をもつとしたときの溶質数量 n^0 からの表面数量の過剰である ($A=1$). 圧力効果は無視してよい.

VIII. 6 理想 F-D, B-E 粒子系の §30 と §37 での取り扱いを比較し, (1) $\varXi$ の側から (30.24) を示せ. (2) おなじ立場からエントロピーの式 (30.20) を示せ.

VIII. 7 半導体の不純物準位(問題 VII.6)の大きな状態和を見つけよ. これを, 2 つのスピン状態の電子がひとつの不純物準位を同時に占めうるとしたときの大きな状態和とくらべよ. また問題 VII.6 で見つけた分布の式を大きな状態和を使って求めよ.

第 IX 章 理想的でない気体

　理想系とみなせる力学系の取り扱いは，統計力学の問題としては何もむつかしいところはない．しかしすべての力学系が理想系に帰着できるわけではない．原子の間の相互作用がまったく重要な役わりを演ずる現象のなかで，よく知られているものは気体の凝縮や固体の融解である．一般に物質系の相転移では力学系の理想的でない特性がつよくあらわれる．

　相転移の問題は，きわめてむつかしい統計力学の問題で，簡単なモデルについて少数の正確な解がえられているにすぎない．この分野はいまでも発展しつづけている．

　これからの2つの章では，古典力学の範囲で議論できるような相互作用のある系の問題のうちで，簡単なもの2,3についてみてゆこう．

§38. ビリアル展開

　理想気体は密度を小さくしていった極限で考えられるもので，実在の気体はその程度の差はあっても，理想気体からとにかく，ずれている．理想気体からのずれが小さいような気体をここで考える．

　体積 V の容器のなかにある N 個の原子の系の Hamilton 関数は

$$H = \sum_i \frac{p_i^2}{2m} + \sum_{i>j} \phi(r_{ij}) \qquad (38.1)$$

で与えられる．ここで右辺の第2項は原子の間に働く力のポテンシャル・エネルギーで，r_{ij} は原子 i,j の間の距離をあらわす．無視されてきた，この原子間力の効果をみるのがいまは問題である．

　単原子気体では古典近似(§20)が使える．おなじことは分子気体

の並進運動の部分についてもいえる.例外は低温でのHe気体で,これは約4°Kの近くまで気体の状態をとりつづける.古典近似での状態和は(20.12)によって

$$Z = \frac{1}{N!} \frac{1}{h^{3N}} \underbrace{\int \cdots \int}_{6N} e^{-H/kT} dx_1 dy_1 dz_1 \cdots dp_{xN} dp_{yN} dp_{zN} \tag{38.2}$$

で与えられる.ここで$1/N!$は見分けられない粒子に対する補正因数である.積分は座標については容器のなかで,運動量については$-\infty$から$+\infty$までおこなう.ところで(38.1)の形から明らかなように,運動量についての積分は,座標についてのそれと独立におこなうことができ,その結果は理想気体の場合とおなじで

$$Z = \left(\frac{2\pi mkT}{h^2}\right)^{3N/2} \Omega(T, V) \tag{38.3}$$

と書け,ここで$\Omega(T, V)$は次の配置状態和である:

$$\Omega(T, V) = \frac{1}{N!} \int \cdots \int \exp\left\{-\frac{\sum \phi(r_{ij})}{kT}\right\} \cdot dx_1 dy_1 dz_1 \cdots dx_N dy_N dz_N. \tag{38.4}$$

配置状態和の計算では,原子間の力が遠くまで及んでいるかそうでないかで違う考えかたをしなければいけない.第1の場合は電離気体の問題であらわれ,その際に重要になるCoulombエネルギーは$1/r$で減少する.しかし中性の原子や分子の間に働く力のポテンシャル・エネルギーは,距離とともにきわめて急に減少する性質をもつ.いまはこの性質の原子間力を考え,その$\phi(r)$のスケッチを図IX.1に与える.いま次の式

$$f_{ij}(r_{ij}) = e^{-\phi(r_{ij})/kT} - 1 \tag{38.5}$$

で定義されるf_{ij}を考える.$\phi(r)$の図から明らかに,大きなrでは$\phi(r)$はゼロになり,したがってf_{ij}もゼロになる.原子間力は原子とおなじ大きさの程度のきわめて限られた領域だけでしか働かないのでf_{ij}は気体の容器のなかの大部分の領域でゼロである.図IX.1

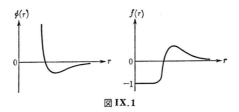

図 IX.1

の右側の $f(r)$ のスケッチは左側の $\phi(r)$ のスケッチから容易に理解できよう.

さて(38.4)で積分される関数は $e^{-\phi(r_{ij})/kT}$ をすべての原子の対についてかけ合わせたものである. これは, (38.5)によって, $1+f_{ij}$ をすべての原子の対についてかけ合わせたものとおなじである. すなわち配置状態和(38.4)は

$$\varOmega = \frac{1}{N!} \int \cdots \int \prod_{i>j}(1+f_{ij})dx_1\cdots dz_N \qquad (38.6)$$

と書ける. 上の式の積分される関数は f_{ij} を小さいとみて

$$1+\sum_{i>j}f_{ij}+\cdots \qquad (38.7)$$

のように展開される. これを(38.6)に代入して項別積分をすれば, (38.7)の第1項の積分は単に

$$\left(\iiint dxdydz\right)^N = V^N \qquad (38.8)$$

を与え, 第2項の積分は

$$V^{N-2}\sum_{i>j}\int\cdots\int f_{ij}dx_idy_idz_idx_jdy_jdz_j \qquad (38.9)$$

となる.

上の(38.9)にでてきた積分は, どの原子についてもおなじはずである. だから原子 1, 2 の対について積分をおこない, 原子対についての総和のかわりに原子対の数をかける. N 個の原子から選び出

せる対の数は $N(N-1)/2$ で,これは大きな N では $N^2/2$ としてもかまわない. そこで(38.9)は

$$\frac{1}{2} V^N \left(\frac{N}{V}\right)^2 \int \cdots \int f_{12} dx_1 \cdots dz_2 \tag{38.10}$$

となる.

　上の積分で f_{12} は原子 1, 2 の間の距離だけに関係する. そこで原子 1, 2 の座標のかわりにその重心座標と相対座標を使うのが便利である. それらは

$$\frac{1}{2}(x_1+x_2) = x_0, \cdots,$$
$$x_2-x_1 = x, \cdots \tag{38.11}$$

によって定義される (x_0, y_0, z_0) と (x, y, z) である. この変数変換では

$$dx_1 dx_2 = dx_0 dx, \cdots \tag{38.12}$$

の関係がある. これは図 IX.2 から明らかである. すなわち x_1, x_2 平面の面分は $dx_0 dx$ によって過不足なくおおいつくされるわけである. そこで(38.10)の積分は重心座標に関するものと, 相対座標に関するものの積になる. 重心座標に関する積分は体積 V を与える. 相対座標に関する積分では, f_{12} が距離 r だけの関数であること

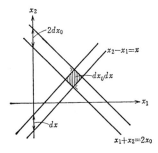

図 IX.2

§38. ビリアル展開

により，$dxdydz$ での積分を $4\pi r^2 dr$ での積分にかえる．この積分で r の範囲を 0 から ∞ までに拡げても結果にはひびかない．というのも f_{12} がゼロでないのは容器の差しわたしにくらべて非常に小さな領域に限られているからである．このようにして(38.10)は次のように書ける：

$$\frac{1}{2} V^N \left(\frac{N}{V}\right)^2 V \int_0^\infty f(r) 4\pi r^2 dr. \qquad (38.13)$$

以上の結果をまとめると配置状態和は

$$\Omega = \frac{V^N}{N!} \left\{ 1 + \frac{N}{2}\frac{N}{V} \int_0^\infty f(r) 4\pi r^2 dr + \cdots \right\} \qquad (38.14)$$

の形に展開できる．(38.3)の対数の $(-kT)$ 倍は自由エネルギー F である．状態和のなかで運動量に関する部分と Ω のなかの $V^N/N!$ の因数の積は理想気体の状態和に相当する．だから理想気体からのずれをあらわす状態和の部分は(38.14)のカッコでまとめた因数で，その対数を小さな x でなりたつ $\ln(1+x) \fallingdotseq x$ にしたがって展開する．このようにして気体の自由エネルギーは

$$F = F_0 + \frac{RT}{V} B(T) + \cdots \qquad (38.15)$$

の形にあらわされる．ここで F_0 は理想気体の自由エネルギーに当る項，また $B(T)$ は

$$B(T) = -\frac{N}{2} \int_0^\infty f(r) 4\pi r^2 dr \qquad (38.16)$$

で与えられる．

気体の圧力 p は $-(\partial F/\partial V)_T$ から見つかり，その際に $-(\partial F_0/\partial V)_T$ が理想気体の圧力：RT/V になることに注意すると，(38.15)により

$$p = \frac{RT}{V}\left(1 + \frac{B}{V} + \cdots\right) \qquad (38.17)$$

がえられる．配置状態和の計算で私たちが省略した項のうち，つぎ

に重要になる項を拾いあげると，それは上の式のカッコのなかで C/V^2 の形の寄与をすることが示される．したがって気体の状態方程式 (38.17) は圧力を $1/V$ のベキ級数で展開している．この展開をビリアル展開という．また $B(T)$ を**第 2 ビリアル係数**，$C(T)$ を**第 3 ビリアル係数**，…という．第 2 ビリアル係数と原子間のポテンシャル・エネルギーの間の関係が (38.16) に与えられた．それをしらべるとおもしろいことが見つかる．

§39. 第 2 ビリアル係数と Van der Waals 方程式

第 2 ビリアル係数の温度変化 第 2 ビリアル係数 (38.16) は (38.5) により

$$B(T) = \frac{N}{2} \int_0^\infty (1-e^{-\phi(r)/kT}) 4\pi r^2 dr \qquad (39.1)$$

と書ける．ここで図 IX.1 の $\phi(r)$ のスケッチに注意すると，ポテンシャル・エネルギー ϕ はある距離 r_0 より小さな r では非常に大きな値をとり，その立ちあがりはけわしい．また ϕ の負の部分，すなわち引力的な ϕ は r_0 より大きな r の領域で浅い谷をつくっている．そこで ϕ が距離 r_0 より小さな r で kT にくらべて非常に大きく，r_0 より大きな r では kT にくらべて小さいと仮定する．この r_0 は原子の直径に当る．このとき (39.1) の積分の中味は r_0 より小さな r では 1 になり，r_0 より大きな r では $\phi(r)/kT$ で近似される．すなわち上の積分は半径 r_0 の球の体積：$(4\pi/3)r_0^3$ に

$$\frac{1}{kT} \int_{r_0}^\infty \phi(r) 4\pi r^2 dr$$

を加えたもので近似される．この近似で第 2 ビリアル係数は

$$B(T) = b - \frac{a}{RT} \qquad (39.2)$$

となり，ここで b と a はそれぞれ

§39. 第2ビリアル係数と Van der Waals 方程式

$$b = \frac{N}{2}\frac{4\pi}{3}r_0^3,$$
$$a = \frac{N^2}{2}\int_{r_0}^{\infty}(-\phi)4\pi r^2 dr \tag{39.3}$$

で与えられ，これらはともに正である．第2ビリアル係数は高温では正であるが，$T_B = a/Rb$ でゼロになり，これより低い温度で負になる．

気体の膨脹係数と Joule-Thomson 効果 (39.2)を(38.17)に入れると

$$p + \frac{a}{V^2} = \frac{RT}{V}\left(1 + \frac{b}{V}\right) \tag{39.4}$$

いま $p=$const のもとで T, V をそれぞれ dT, dV だけ変えるならば，上の式から

$$\left(1 + 2\frac{b}{V} - 2\frac{a}{VRT}\right)\alpha = \frac{1}{T}\left(1 + \frac{b}{V}\right) \tag{39.5}$$

がえられ，ここで $\alpha = (\partial V/\partial T)_p/V$ は気体の膨脹係数である．理想気体の α は $1/T$ にひとしく，そこで実在の気体の膨脹係数の理想気体のものからのずれは

$$\alpha - \frac{1}{T} = \frac{1}{VT}\left(\frac{2a}{RT} - b\right) \tag{39.6}$$

で与えられる．ここで右辺の分母 VT は正しくは VT に $\left(1 + 2\dfrac{b}{V} - 2\dfrac{a}{VRT}\right)$ をかけたものだが，この第2の因数を1でおきかえたのである．この式から明らかに，$\alpha - 1/T$ は高温では負，低温では正になる．

上に述べた $\alpha - 1/T$ の符号は Joule-Thomson 過程(§3)での気体の温度変化を考えるときに重要になる(§5)．(5.23)に与えられた $(\partial T/\partial p)_H = (VT/C_p)(\alpha - 1/T)$ が正ならば Joule-Thomson 過程は気体の液化に使える．それには気体の温度が適当に低いことが必要で

ある.もし(39.6)の a と b の定義式(39.3)をながめるならば,原子間の引力が弱いような気体では a は小さく,そこで $\alpha-1/T$ の符号の変わる温度——反転温度は低くなることがわかる.0°C,圧力差が1 atm のもとで実測される温度変化は空気では -0.3°C,炭酸ガスでは -1.4°C,水素では $+0.03$°C である.このように空気や炭酸ガスの反転温度は室温よりずっと高いところにある.しかし水素の冷却には -80°C まで温度をさげる必要がある.

Van der Waals 方程式 もし(38.15)に(39.2)を入れるならば,気体の自由エネルギーは

$$F = F_0 + \frac{b}{V}RT - \frac{a}{V} \tag{39.7}$$

と書ける.気体の内部エネルギー E は,(5.8)によって,$E = -T^2 \times (\partial [F/T]/\partial T)_V$ から見つかり,それは

$$E = E_0 - \frac{a}{V} \tag{39.8}$$

となる.ここで E_0 は理想気体の内部エネルギーに当る.さて,(39.3)により,a は N^2 に比例している.だから内部エネルギーの補正:$-a/V$ は次のような意味のものである.いま1つの原子に目をつけると,この原子はそのまわりに引力的なポテンシァル・エネルギーを及ぼすような作用域を伴っている.この作用域に滞在する他の原子の平均数は気体の密度 N/V に比例する.この密度に比例する引力的なエネルギーの N 倍が $-a/V$ に当る.

原子の間の引力的な働きあいによる内部エネルギーの項:$-a/V$ によって気体の圧力は理想気体のそれより a/V^2 だけ低くなる.これが(39.4)の左辺の第2項である.あの式の右辺の補正因数 $1+b/V$ は各原子が,それを中心にした半径 r_0 の球の内部から他の原子を排除する効果である.もし次のおきかえ:

$$1 + \frac{b}{V} \rightarrow \left(1 - \frac{b}{V}\right)^{-1} \tag{39.9}$$

§39. 第2ビリアル係数と Van der Waals 方程式

をするならば, (39.4)の右辺は $RT/(V-b)$ になる. これは各原子の排除体積の $N/2$ 倍だけの体積を引き去った容器の体積 $V-b$ が有効な気体原子の運動領域だと考えることに当る. こうして, おきかえ: (39.9)を(39.4)におこなった結果の式

$$\left(p+\frac{a}{V^2}\right)(V-b) = RT \tag{39.10}$$

を **Van der Waals** の状態方程式という.

自由エネルギー 状態方程式(39.10)だけでは自由エネルギー F はきまらない(§5). 必要な, もう1つの条件を(39.8)にとる. こうして規定された気体を **Van der Waals 気体**とよぼう.

そこで $(\partial E_0/\partial V)_T=0$ に注意して

$$\left(\frac{\partial E}{\partial V}\right)_T = \frac{a}{V^2}. \tag{39.11}$$

この式の左辺は, (5.17)によって $T(\partial p/\partial T)_V - p$ にひとしい. したがって(39.10)の助けをかりると

$$\left(\frac{\partial p}{\partial T}\right)_V = \frac{R}{V-b} \tag{39.12}$$

が見つかる. ここで, もし

$$\left(\frac{\partial C_V}{\partial V}\right)_T = T\left(\frac{\partial^2 p}{\partial T^2}\right)_V$$

の関係(問題 I.4)に注意するならば, この気体の C_V が体積によらないことがわかる. もし体積を大きくしてゆくと気体の C_V は理想気体の C_V に近づく. だから Van der Waals 気体の C_V は理想気体のものとおなじである.

これらのことを使うと Van der Waals 気体の自由エネルギー F が見つかる. エントロピーは(5.24)の右辺の第2項の R/V のかわりに(39.12)を入れたもので与えられ, だから

$$S = S_0 + R\ln\left(1-\frac{b}{V}\right). \tag{39.13}$$

ここで S_0 は理想気体のエントロピーである.したがって自由エネルギー $F=E-TS$ は(39.8), (39.13)から次のようになる:

$$F = F_0 - RT \ln\left(1 - \frac{b}{V}\right) - \frac{a}{V}. \tag{39.14}$$

§40. 気体の凝縮

シリンダーのなかの気体を一定の温度のもとで圧縮してゆくと,適当に温度が低ければ,ある圧力のところでシリンダーの底に液体がたまりはじめる.いったん液体がたまりはじめると,圧力を一定にしたままでピストンを下げてゆくことができる.これは液面の上の飽和蒸気がなくなるまでつづく.蒸気がなくなってしまうと,ピストンを下げるのに非常に大きな圧力を要する.こうして実際の気体の等温線は図 IX.3 の形をしている.

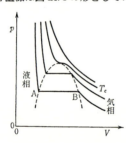

図 IX.3 気体と液体——流体の等温線

図 IX.3 で気体の凝縮は等温線の水平部分で起きている.水平部分は温度が高くなると小さくなってゆき,ある温度 T_c で消えてしまう.等温線 T_c は,図の点線で示された水平線だけでできている領域と (p_c, V_c) の位置で接している.この点を**臨界点**という.もし気体を図の状態 B から点線で囲まれた領域をよぎらないように状態 A へもってゆくならば,いつのまにか気体は液体になっているだろう.

§40. 気体の凝縮

Van der Waals 等温線 気体の凝縮にあらわれる等温線の水平部分をま正直に出すには，§38 でしらべた第 2 ビリアル係数までででは十分でない．これはたいへんむつかしい問題で，ここでは高次のビリアル係数をある近似でとり入れている Van der Waals 方程式にしたがって，気体の等温線をしらべよう．私たちの状態方程式は (39.10)：

$$p = \frac{RT}{V-b} - \frac{a}{V^2} \tag{40.1}$$

で，これから予想される等温線のスロープは

$$\frac{\partial p}{\partial V} = -\frac{RT}{(V-b)^2} + 2\frac{a}{V^3} \tag{40.2}$$

である．スロープがゼロになる V は $\partial p/\partial V=0$ の根から見つかり，それは 3 つありうる．その 1 つは $V=0$ と $V=b$ の間にある．なぜかというと，(40.2) は $V=b$ で $-\infty$，$V=0$ で $+\infty$ だからである．しかし $V=b$ は原子がぎゅうぎゅうづめの状態に当り，だから $V \leqq b$ での等温線にあまり意味はない．

つぎに V が b に近いところ，および V が大きいところで (40.2) はマイナスの符号をもつ．だから $b<V<\infty$ の V の領域で等温線のスロープがゼロになる V が 2 つあるか 1 つもないかのどちらかである．スロープがゼロになる V が 2 つあらわれるには，適当な V の領域で (40.2) が正にならねばいけない．それが適当に低い温度で起りうることは (40.2) から明らかである．

Van der Waals 等温線を 2,3 の温度でプロットしたものが図 IX.4 にある．低い温度の等温線には体積を増すと圧力も増すようなへんな部分があらわれている．しかし $\partial p/\partial V>0$ の状態は平衡系ではあらわれないことが示せる (§46)．もっと高い近似の理論でもおなじような不安定な領域があらわれる．

Maxwell の規則 Van der Waals 等温線の内蔵している不安定域

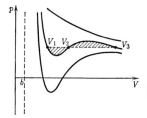

図 IX.4 Van der Waals
方程式による等温線

は実際には水平線でおきかえられねばいけない.図 IX.4 に引かれた水平線で V_1, V_3 がそれぞれ液体,気体の相に当ると考えるのは実情に即している.ところで実際の等温線では,V_1, V_3 の状態での Gibbs の自由エネルギーはつりあっている.この条件は

$$0 = G_3 - G_1$$
$$= \int_{p_1}^{p_3} \left(\frac{\partial G}{\partial p}\right)_T dp = \int_{p_1}^{p_3} V dp \qquad (40.3)$$

の形に書ける.これは図 IX.4 で斜線をひいた領域のうち,V_1 と V_2 の間にあるものと,V_2 と V_3 の間にあるものの面積がひとしいことを述べている.これで水平線のひきかたが一義的に定まるわけで,この定めを Maxwell の規則という.

臨界点 臨界点は Van der Waals 等温線のスロープがゼロになる 2 つの点が一致するところに当る.そこでは $\partial p/\partial V = 0$ が重根をもち,したがって

$$\frac{\partial^2 p}{\partial V^2} = 2\frac{RT}{(V-b)^3} - 6\frac{a}{V^4} \qquad (40.4)$$

もゼロになる.すなわち臨界点での p, V, T は

$$\frac{\partial p}{\partial V} = 0, \qquad \frac{\partial^2 p}{\partial V^2} = 0 \qquad (40.5)$$

と (39.10) とから,a, b のタームであらわされる.次の結果は容易にみちびかれる:

$$p_c = \frac{1}{27}\frac{a}{b^2}, \qquad V_c = 3b,$$
$$RT_c = \frac{8}{27}\frac{a}{b}. \tag{40.6}$$

上の結果からわかるように，原子の間に働く引力の弱い気体ほど，臨界温度 T_c も臨界圧力 p_c も低いはずである．次の表にいくつかの気体についての臨界データをかかげる．表の最後の列の数字は (40.6) によると

$$\frac{p_c V_c}{RT_c} = \frac{3}{8} = 0.375 \tag{40.7}$$

になる．

気体の臨界データ

気体	$T_c(°K)$	$p_c(\text{atm})$	$V_c(\text{cm}^3/\text{mol})$	$p_c V_c/RT_c$
He	5.3	2.26	57.8	0.30
H_2	33.3	12.8	65	0.30
N_2	126.1	33.5	90.1	0.29
O_2	154.4	49.7	74.4	0.29
CO_2	304.5	72.9		

§41. 電離気体

原子間力が遠くまで及んでいる気体では，§38 でなしたビリアル展開は正しくない．いま完全に電離した気体を考えることにし，正，負のイオンの電荷をそれぞれ $+qe, -qe$ であらわす．

さて気体のなかの，たとえば正イオンのどれかに目をつけると，そのまわりの電位は qe/r であらわされそうである．しかし実際には正イオンのまわりには正イオンよりは負イオンがいくぶん多く引きつけられるはずである．このため正イオンの電荷は正味の負電荷の雲によってシールドされ，遠くからは見えなくなってしまう．目をつけている正イオンの電荷が見えなくなるまでの距離 $1/\kappa$ を半径

とする球の内部にあるイオンは球の中心の正イオンと相互作用のエネルギーをもつ．この領域は中性原子の原子間力の作用域にくらべて非常に大きい．

いま目をつけている正イオンから r のところでの球対称な電荷密度を $\rho(r)$ であらわすと，これは正イオンの密度 $n_+(r)$，負イオンの密度 $n_-(r)$ と

$$\rho(r) = qe\{n_+(r)-n_-(r)\} \tag{41.1}$$

の関係にある．これらのイオンは目をつけた正イオンによる電位 $\phi(r)$ によって，それぞれ

$$qe\phi, \quad -qe\phi \tag{41.2}$$

のポテンシャル・エネルギーをもち，そこでイオンの密度は M-B 分布を仮定して

$$\begin{aligned} n_+ &= Ae^{-qe\phi/kT}, \\ n_- &= Ae^{qe\phi/kT} \end{aligned} \tag{41.3}$$

で与えられる．ただし気体の密度はどこでも一様なはずで，すなわち n_++n_- は一定値 n をとるはずで，このことから上の式の A が

$$A = n(e^{qe\phi/kT}+e^{-qe\phi/kT})^{-1} \tag{41.4}$$

によってきまることがわかる．

さて静電気学の教えるところによれば，球対称な電荷分布の中心にある正イオンから r のところでの電位は，正イオンを中心とし半径 r の球を描いたとき，次の2つの部分からなる．第1の部分は球の内部にある電荷による電位 ϕ_1 である．これは球内の全電荷を原点に置いたときにえられる電位とおなじである．すなわち

$$\phi_1(r) = \frac{qe}{r} + \frac{1}{r}\int_0^r \rho(r')4\pi r'^2 dr'. \tag{41.5}$$

ここで $\rho(r)$ は中心の正イオンの電荷を含まない．第2の部分は球外の電荷による電位 ϕ_2 である．これは球内では一定値をとり，そこで原点における球外の電荷による電位とおなじである．すなわち

§41. 電離気体

$$\phi_2(r) = \int_r^\infty \frac{1}{r'}\rho(r')4\pi r'^2 dr'. \tag{41.6}$$

(41.5)と(41.6)の和が位置 r での電位を与える:

$$\phi = \phi_1 + \phi_2 \tag{41.7}$$

ところで(41.5)と(41.6)にあらわれた電荷密度 $\rho(r)$ は(41.3)によって電位 $\phi(r)$ に関係づけられている．だから(41.7)は関数 ϕ についての方程式とみなされる．いまから

$$q e \phi \ll kT \tag{41.8}$$

がなりたつときの ϕ をさがそう．上の仮定では，イオン密度 n_+, n_- を，$qe\phi/kT$ について1次の項までとれば十分である．それらは (41.3)と(41.4)によって

$$\begin{aligned} n_+ &\cong \frac{n}{2}\left(1 - \frac{qe\phi}{kT}\right), \\ n_- &\cong \frac{n}{2}\left(1 + \frac{qe\phi}{kT}\right) \end{aligned} \tag{41.3'}$$

で与えられ，そこで電荷密度(41.1)は

$$\rho(r) = -\frac{n(qe)^2}{kT}\phi(r) \tag{41.9}$$

となる．

さて(41.9)を(41.5)，(41.6)に入れたときの(41.7)がどんな関数形 $\phi(r)$ によってみたされるかがいまは問題である．この解を

$$\phi = B\frac{e^{-\kappa r}}{r} \tag{41.10}$$

の形においてみる．すると，(41.9)を考慮して(41.5)と(41.6)の積分は容易になしとげられ，次の結果がえられる：

$$\phi_1 = \frac{qe}{r} + 4\pi B\frac{n(qe)^2}{kT}\left(\frac{e^{-\kappa r}}{\kappa} + \frac{e^{-\kappa r}}{\kappa^2 r} - \frac{1}{\kappa^2 r}\right), \tag{41.11}$$

$$\phi_2 = -4\pi B\frac{n(qe)^2}{kT}\frac{e^{-\kappa r}}{\kappa}. \tag{41.12}$$

そこで(41.7)は

$$B\frac{e^{-\kappa r}}{r} = \frac{qe}{r} + 4\pi B \frac{n(qe)^2}{kT}\left(\frac{e^{-\kappa r}}{\kappa^2} - \frac{1}{\kappa^2 r}\right) \quad (41.13)$$

となる．この式は，もし

$$\kappa^2 = 4\pi n \frac{(qe)^2}{kT}, \quad (41.14)$$

$$B = qe \quad (41.15)$$

ならば，どんな r についてもなりたつ．このようにして，目をつけている正イオンのまわりの電位が(41.10)の形をしていることがわかった．

このイオンとまわりのイオンの間の Coulomb エネルギーは，まわりのイオンによる中心イオンの位置での電位に中心イオンの電荷をかけたもので与えられる．中心の位置でのまわりの電荷による電位は，(41.12)の $\phi_2(r)$ を $r=0$ としたものに当る．これは，(41.14)，(41.15)に注意するならば，$-qe\kappa$ にひとしいことがわかる．この結果は(41.10)から中心の電荷による電位 qe/r を除いて r をゼロにもっていった結果とおなじである．

そこで中心イオンとまわりのイオンの間の Coulomb エネルギーは

$$-(qe)^2\kappa$$

にひとしい．もしこのエネルギーに正，負のイオンの総数 N をかけると，これは系の Coulomb エネルギーの 2 倍に当る．というのも相互作用はいつも 2 つのイオンの間でおこなわれているから．こうして体積 V の電離気体の Coulomb エネルギーは

$$E_\mathrm{C} = -\frac{N}{2}(qe)^3\left(\frac{4\pi}{kT}\frac{N}{V}\right)^{1/2} \quad (41.16)$$

で与えられる．

系の自由エネルギー F は，理想気体の自由エネルギー F_0 に Coulomb 相互作用による寄与 F_C を加えたものである．F_C は $E_\mathrm{C}/T^2 =$

$-\partial(F_0/T)/\partial T$ を積分すると見つかる.積分定数は,それを高温の極限での F が理想気体の自由エネルギーになるように選ぶと,ゼロであることがわかる.そこで

$$F = F_0 - \frac{2}{3} N(qe)^3 \left(\frac{\pi}{kT}\right)^{1/2} \left(\frac{N}{V}\right)^{1/2}. \qquad (41.17)$$

これから圧力の式は

$$p = \frac{NkT}{V} - \frac{1}{3}(qe)^3 \left(\frac{\pi}{kT}\right)^{1/2} \left(\frac{N}{V}\right)^{3/2} \qquad (41.18)$$

とえられる.これを(38.17)とくらべると,理想気体からのずれの項は電離気体では中性の気体より密度について低いベキではじまることがわかる.したがって電離気体は中性の気体よりずっと低い密度で理想気体からはずれる.

イオンの間の相互作用の及んでいる距離の目やすは $1/\kappa$ である.それを **Debye-Hückel 長さ**という.ところで私たちの結果の正しさは仮定(41.8)にささえられている.あの条件のなかの ϕ を Debye-Hückel 長さのところで見つもると,それはだいたい $qe\kappa$ だと考えてよい.だから,もし(41.14)を考慮するならば

$$\frac{N}{V} \ll \left(\frac{kT}{q^2 e^2}\right)^3 \qquad (41.19)$$

がみたされるときに,私たちの結果の正しいことがわかる.

問　題

IX.1 Van der Waals 気体について次のことをしらべよ.

(1) $\quad C_p - C_V = R \Big/ \left(1 - \frac{2a}{RT} \frac{(V-b)^2}{V^3}\right).$

(2) もし p_c, V_c, T_c を単位にとって p, V, T を測るならば,換算量 $p/p_c = p^*$, $V/V_c = V^*$, $T/T_c = T_c^*$ で書きあらわされた Van der Waals 方程式は

$$\left(p^*+\frac{3}{V^{*2}}\right)(3V^*-1) = 8T^*.$$

(このように換算量を使って物質系の個性によらない形で系の挙動が記述されるのを相応状態の原理という.)

(3) 気体の膨脹係数 α が $1/T$ になる温度は圧力の関数で,それを T-p 平面で描いたもの——反転曲線を換算量であらわせば
$$p^* = 24\sqrt{3T^*}-12T^*-27.$$

IX.2 流体の状態方程式: $p=p(T, V)$ を臨界点のまわりで温度と体積についてそれぞれ 1 次と 3 次まで Taylor 展開したものを

$$p = p_c - \alpha(T_c-T) + \gamma(T_c-T)(V-V_c) - \frac{1}{6}\beta(V-V_c)^3$$

とおけば,$T>T_c$ での流体の挙動から α, β, γ は正にとれることを示せ.上の近似的な状態方程式は $T<T_c$ で不安定な状態を含む.この式の両辺を体積について V_1 から V_3 まで積分したもの (§40 の記法による) は Maxwell の規則によって $p(V_3-V_1)$ になる.この条件と上の状態方程式とから V_3, V_1 を $V_c \pm \sqrt{6}(\gamma/\beta)^{1/2}$ $\times (T_c-T)^{1/2}$ の形に見つけよ.

IX.3 単原子気体の大きな状態和は $z=(2\pi mkT/h^2)^{3/2}\lambda$ で定義される逃散能 z を使って

$$\varXi = 1 + \sum_{N=1}^{\infty} z^N \varOmega_N$$

と書ける.N 原子系の配置状態和 $\varOmega_N$ を (38.6) であらわし,積分される関数を (38.7) の形に展開する.このとき,

(1) $\varOmega_1$ は 1 つの原子の配置状態和で,これを ● であらわす.次に $\varOmega_2$ は 1/2! の因数を別にして,1 と f_{12} を原子 1, 2 の配置座標で積分したものの和になる.この第 1 項は 2 つの独立な原子の配置積分の積で,それを ● ● であらわす.また第 2 項は '分子' 1, 2 の配置積分で,それを ●—● であらわす.同様に,たとえば

$f_{12}f_{23}$ の原子 $1, 2, 3, 4$ についての積分は ⌐•⌐ であらわせる．このあらわしかたで次の式を示せ．

$$\varOmega_3 = \frac{1}{3!}\left\{ \begin{array}{c}\bullet\\ \bullet\\ \bullet\end{array} + 3\, \overset{\bullet}{\bullet\!-\!\bullet} + 3\, \bigwedge + \bigtriangleup \right\},$$

$$\varOmega_4 = \frac{1}{4!}\Big\{ \begin{matrix}\bullet\bullet\\ \bullet\bullet\end{matrix} + 6\, \overset{\bullet\;\bullet}{\bullet\!-\!\bullet} + 12\, \bigsqcup + 3\, =\!=\, + 4\, \diagdown\!\!\!\diagup + 12\, \square$$

$$+ 4\, \bigtriangleup\!\cdot + 3\, \square + 12\, \boxtimes' + 6\, \boxtimes + \boxtimes \Big\}$$

(2) l 個の原子のつながった'分子'の配置状態和だけをひとまとめにしたものは，たとえば $l=3$ ならば $\left(3\bigwedge + \bigtriangleup\right)\!\big/3!$ で与えられる．このような項の $1/V$ で体積によらない集団積分 b_l を定義すれば $\varOmega_N$ は

$$\varOmega_N = \sum \prod_l \frac{(Vb_l)^{m_l}}{m_l!}$$

の形に書けることを(1)で見つけた $N=4$ までの $\varOmega_N$ について確かめよ．ここで m_l は b_l のあらわれる回数で，総和は $\sum l m_l = N$ をみたすような原子のつなぎかたについてとる．

(3) 上の関係を一般的に示すのに，N 個の原子を $1, 2, 3, \cdots$ 個ずつの原子からなるグループにわける．その際に，原子が $1, 2, 3, \cdots$ 個ずつからなるグループの数がそれぞれ $m_1, m_2, m_3, \cdots$ 個だけあらわれるようなグループにわける，わけかたの数は $N!$ を $(1!^{m_1} 2!^{m_2} 3!^{m_3}\cdots)(m_1!\,m_2!\,m_3!\cdots)$ で割ったものになることを観察せよ．(2)の一般式を導け．

(4) 大きな状態和 $\varXi$ に(3)の結果を入れることにより次の結果をみちびけ．

$$p = kT \sum_{l=1}^{\infty} b_l z^l,$$

$$\frac{N}{V} = \sum_{l=1}^{\infty} l b_l z^l.$$

IX. 4 希薄な電解質溶液で,溶質イオンの系を,溶媒の誘電率 D をもった媒質のなかの電離気体とみなしたとき §41 の結果は次のように改まることを示せ.

$$\kappa^2 = 4\pi \left(\frac{N}{V}\right)\frac{(qe)^2}{DkT}, \qquad F_C = -\frac{2}{3}N\left(\frac{qe}{D^{1/2}}\right)^3\left(\frac{\pi}{kT}\right)^{1/2}\left(\frac{N}{V}\right)^{1/2}.$$

ここで F_C は自由エネルギーの静電的部分である.(歴史的には上の形の電解質溶液の理論(Debye-Hückel の理論)が,まずあらわれたのである.)

IX. 5 電解質水溶液の表面ではイオン濃度が内部より小さい.これはイオンが表面から反発的な電気鏡像力を受けるためである.水の大きな誘電率 $(D\sim 80)$ のため電荷の鏡像は金属とほとんど同じ位置にあらわれるが,まわりの電荷の鏡像が鏡像力を遮蔽する.こうして鏡像力のポテンシャルは $W(z) = (qe)^2 e^{-2\kappa z}/4Dz$ で近似される.溶液表面を $z=0$,溶液内を $z>0$ にとり,κ は Debye-Hückel の遮蔽定数である(問題 IX. 4 の式の $N/V \to 2n_0$).つぎのことを示せ.

(1) 単位面積の表面について正・負イオン対の数の変化は

$$\Gamma = \frac{n_0}{2\kappa}\int_0^\infty \left[\exp\left(-h\frac{e^{-u}}{u}\right)-1\right]du, \qquad h = \frac{\kappa(qe)^2}{2DkT}.$$

問題 IX. 4 の F_C から kTh はイオン相互作用による化学ポテンシャル変化の絶対値である.$h\ll 1$ での主要項をとりだして,

$$\Gamma \simeq \frac{1}{8\pi}\frac{(DkT)^2}{(qe)^4} h^2 \ln h.$$

(2) 電解質イオンによる表面張力の増加 $\Delta\gamma$ は $d\gamma = -\Gamma d\mu$(問題 VIII. 5)を積分すると求まる:

$$\Delta\gamma \simeq -\frac{1}{4\pi}\frac{D^2(kT)^3}{(qe)^4}h^2\ln h \qquad (h\ll 1).$$

第X章 溶　体

2つの成分からなる溶体の問題は私たちのまわりにかなりある．水に砂糖をとかすには限度がある．私たちはあつい湯にはつめたい水よりも砂糖がよくとけることを知っている．また液体のなかには，それに接している気体がわずかとけており，たとえば水にとけた酸素を吸って川の魚は生きている．もし物質が金属のなかにどの程度とけるかをたずねるならば，これは冶金学では重要な問題である．たとえばハガネは 0.04% から 1.7% の炭素が鉄にとけこんだものである．また混合物の分離で重要な蒸留の技術は，溶液とそれにつりあう気体の間で混合物の成分比がことなる事実に基づいている．

§42. 溶体のモデル

いま原子Aでできた結晶を考える．この結晶に原子Bがとけこむのに2つのタイプがある．もし原子Bが原子Aにおきかわる形でとけるならば，この溶体を置換型という．また，もし原子Bが原子Aのすきまに入りこんでとけるならば，この溶体を格子間型という．ハガネは格子間型の固溶体である：鉄の原子は，体心立方格子(図X.3)をなしており，その立方形の細胞の各辺の中点が炭素原子のとけこむ格子間位置である．

ここでは置換型の溶体を考える．また次のモデルを仮定する．原子の間の相互作用のエネルギーは，もっとも隣接しあっている原子の対(ツイ)だけでゼロでなく，それは AA 原子対で $(-\chi_{AA})$，BB 原子対で $(-\chi_{BB})$，AB 原子対で $(-\chi_{AB})$ だとする．原子Aも原子Bも結晶のなかで振動しているだろうが，簡単のため，この効果は後で考えに入れよう．

結晶のなかの原子に用意された席——格子位置の N 個を N_A 個の A 原子と N_B 個の B 原子が占める.全体としての席の占めかたの1つ1つが微視状態に当る.これらを配置という.配置の総数 ω は単に N 個の格子位置に N_A 個の A 原子と N_B 個の B 原子をくばる,くばりかたの数である:

$$\omega = \frac{N!}{N_A! N_B!}. \tag{42.1}$$

いま ω 個の配置のひとつに目をつけ,それが私たちのモデルでどれだけのエネルギーを伴うかをたずねる.配置のエネルギーは,目をつけている配置に含まれる AA, BB, AB 原子対のそれぞれの数 N_{AA}, N_{BB}, N_{AB} が見つかるとわかる.すなわち

$$(\text{配置のエネルギー}) = -(N_{AA}\chi_{AA} + N_{BB}\chi_{BB} + N_{AB}\chi_{AB}). \tag{42.2}$$

もっとも隣接している原子対の数 N_{AA}, N_{BB}, N_{AB} には関係がある.ひとつの格子位置にもっとも隣接している格子位置の数 z は体心立方では 8,面心立方では 12 である.1つの原子は z 個の原子に作用の手を伸ばしているので,伸ばしている手の総数は zN である.もし作用の手の総数だけをたずねれば,原子対のどちらから手を伸ばしているかは問題にならない.だから作用の手の総数は $zN/2$ である.したがって

$$N_{AA} + N_{BB} + N_{AB} = \frac{1}{2}zN \tag{42.3}$$

の関係がある.

作用の手の数をもっとこまかにしらべよう.原子 A から伸びている手の総数は zN_A である.このなかに含まれる AB 対の数は N_{AB} だが AA 対の数は $2N_{AA}$ のはずである.こうして

$$\begin{aligned} 2N_{AA} + N_{AB} &= zN_A, \\ N_{AB} + 2N_{BB} &= zN_B \end{aligned} \tag{42.4}$$

の関係がみつかる．これらの式を加えると(42.3)になる．こうして3種類の手の数のうち，独立なものは1つだけだということがわかる．それをたとえば N_{AB} にとる．すると，N_{AA}, N_{BB} は N_A, N_B と N_{AB} であらわされ，簡単な計算によって(42.2)は

$$(\text{配置のエネルギー}) = -\frac{z}{2}(N_A\chi_{AA}+N_B\chi_{BB})$$
$$+\frac{1}{2}N_{AB}(\chi_{AA}+\chi_{BB}-2\chi_{AB}) \quad (42.5)$$

となる．この式の右辺の第1項で，たとえば $(-z\chi_{AA}/2)$ は A 原子だけでできた結晶の原子ひとつあたりのエネルギーで，それを $-\chi_A$ であらわす．すると第1項は

$$-(N_A\chi_A+N_B\chi_B) \quad (42.6)$$

となる．

配置のエネルギーは N_{AB} だけに関係しているので，ω 個の配置のなかでおなじ N_{AB} をもつ配置をひとまとめにする．たばねられた配置の数を $\omega(N_{AB})$ であらわすと

$$\sum_{N_{AB}} \omega(N_{AB}) = \omega \quad (42.7)$$

の関係がある．そして配置の状態和は

$$Z = e^{(N_A\chi_A+N_B\chi_B)/kT} \sum_{N_{AB}} \omega(N_{AB}) e^{N_{AB}\chi/kT} \quad (42.8)$$

と書ける．ここで

$$\chi = \chi_{AB} - \frac{1}{2}(\chi_{AA}+\chi_{BB}) \quad (42.9)$$

は2つの AB 対から AA 対と BB 対の1つずつをつくるに要するエネルギーの 1/2 である．

モデル状態和(42.8)をもっと物理的なものに近づけるには次の点を考える．結晶の，ある格子位置にあるときの原子 A の配置状態和を v_A とおく．これは原子 A が各格子位置の近くで運動する領域の有効体積に当る．この有効体積 v_A を**自由体積**ということがある．

同様に原子 B の自由体積を v_B とおく．すると $1/N!$ を除いた (38.4) に相当する積分は，1 つの配置について $v_A{}^{N_A} v_B{}^{N_B}$ になる．この因数と状態和の運動量積分に関する部分の積を (42.8) にかけると状態和は完全なものになる．すなわち (42.8) を

$$Z = a_A{}^{N_A} a_B{}^{N_B} \sum_{N_{AB}} \omega(N_{AB}) e^{N_{AB}\chi/kT} \qquad (42.10)$$

でおきかえる．ここで

$$a_A = \left(\frac{2\pi m_A kT}{h^2}\right)^{3/2} v_A e^{\chi_A/kT}, \quad a_B = \left(\frac{2\pi m_B kT}{h^2}\right)^{3/2} v_B e^{\chi_B/kT} \qquad (42.11)$$

とおいた．ただし m_A, m_B は A, B 原子の質量．

溶体のモデル状態和 (42.8) または (42.10) の含んでいる束ねられた状態の数 $\omega(N_{AB})$ の正確な式は 3 次元では見つかっていない．このため，なにか近似的な考えかたを取り入れねばいけない．

§43. 溶体のあらい理論

モデル状態和の近似 いま (42.10) の総和を

$$\sum e^{N_{AB}\chi/kT} \qquad (43.1)$$

と書くならば，この総和はすべての配置についてとられる．総和される項を

$$1 + \frac{N_{AB}\chi}{kT} + \frac{1}{2}\left(\frac{N_{AB}\chi}{kT}\right)^2 + \cdots \qquad (43.2)$$

の形に展開したものを項別に総和すると，第 1 項は 1 を配置についてよせ集めたもので，これは配置の総数 ω にひとしい．つぎに第 2 項では $\sum N_{AB}$ の形の総和があらわれ，もしこれを $\omega \langle N_{AB} \rangle$ とおくならば，$\langle N_{AB} \rangle$ は N_{AB} のすべての配置についての平均値に当る．このようにして

$$\sum e^{N_{AB}\chi/kT} = \omega\left\{1 + \langle N_{AB}\rangle \frac{\chi}{kT} + \frac{1}{2}\langle N_{AB}{}^2\rangle \left(\frac{\chi}{kT}\right)^2 + \cdots\right\} \qquad (43.3)$$

§43. 溶体のあらい理論

の展開がえられる.

モデル状態和 (42.10) からえられる自由エネルギーは (43.3) の右辺で, 第2の因数の対数のなかみを展開することにより

$$F = F_0 - kT \ln \omega - \chi \left\{ \langle N_{AB} \rangle + \frac{1}{2} (\langle N_{AB}^2 \rangle - \langle N_{AB} \rangle^2) \frac{\chi}{kT} + \cdots \right\} \tag{43.4}$$

と書きくだされる. ここで F_0 は原子 A, B がそれぞれ単独で固体をなしているときの自由エネルギーである. 上の式は χ/kT について自由エネルギーを展開している. この展開は温度が高ければはやく収束するだろう. その意味で上のような展開を高温展開ということがある.

原子対 AB の平均数 $\langle N_{AB} \rangle$ は次のようにして見つかる. 原子 B, A の濃度: $x = N_B/N$, $1-x = N_A/N$ はそれぞれの原子をある格子位置に見つける確率を与える. そこで1つの A 原子のまわりには平均して zx 個の B 原子があり, これに A 原子の数 N_A をかけたものが $\langle N_{AB} \rangle$ である:

$$\langle N_{AB} \rangle = zNx(1-x). \tag{43.5}$$

$\langle N_{AB}^2 \rangle$, $\langle N_{AB}^3 \rangle$, … も求められるが工夫を要する.

さてもっともあらい近似をとることにして, (43.4) の右辺の最後の項を $-\chi \langle N_{AB} \rangle$ でおきかえよう. すなわち A, B 原子がまざりあったときの内部エネルギーの変化 ΔE を

$$\Delta E = -zN\chi x(1-x) \tag{43.6}$$

で近似しよう. (43.4) の右辺の第2項は (42.1) から計算され, これは混合のエントロピー

$$\Delta S = -Nk\{x \ln x + (1-x) \ln (1-x)\} \tag{43.7}$$

の $(-T)$ 倍に当る. 系の自由エネルギーは次のようになる:

$$F = F_0 + \Delta E - T\Delta S. \tag{43.8}$$

溶けあう条件 さて χ は原子対 AB の解離エネルギーに当る. 正

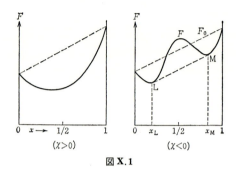

図 X.1

の χ では '分子' AB は安定である.このとき ΔE は $x=1/2$ で極小になる.自由エネルギーのエントロピーの項 $(-T\Delta S)$ はいつでも負で,これは $x=1/2$ で極小になる.図 X.1 に自由エネルギー F を濃度 x についてプロットした.図に F_0 でマークした破線は A, B 原子が分かれて結晶をつくっているときの自由エネルギーである.もし F が F_0 より下にあれば結晶は溶けあう.図の左側のものは A, B 原子が対になるのを好む場合で,このときにはどんな濃度でも結晶は溶けあう.

図の右側のものは A, B 原子が対になるのを好まない場合である.このときにも A 原子か B 原子かの濃度が小さいときに F は F_0 より下にくる.このわけは,濃度の両端 $x=0, 1$ で ΔE が有限のスロープで立ち上がるのにひきかえ,$(-T\Delta S)$ が垂直のスロープで下降することによる.エントロピーの含んでいる,この対数的な特異性は両端をすこしはずれると消えてしまう.こうして適当に温度が低ければ F には 2 つの極小と 1 つの極大があらわれる.

図の破線 LM は F 曲線の 2 つの谷に共通な接線で,接点 L, M に対する B 原子の濃度が x_L, x_M である.そこで B 原子の濃度が x_L より小さいか,x_M より大きいならば A, B 原子は溶けあう.もし B

§43. 溶体のあらい理論

原子の濃度が x_L と x_M の中間にあるならば，次の項目で述べる理由によって濃度がそれぞれ x_L, x_M の2つの溶体に分かれる．

温度が高くなると，エントロピー項: $(-T\varDelta S)$ がつよく効くために中央の山は低くなり，また両側の谷は中央へ寄ってくる．中央の山が消えるときには $\varDelta F=F-F_0$ の山も消える．$\varDelta F$ の曲線は $x=1/2$ に関して対称であるので，中央の山が消える温度で $x=1/2$ での $\varDelta F$ が最大から最小へ移る．(43.6), (43.7)から $\varDelta F=\varDelta E-T\varDelta S$ の x についての2階微係数は

$$2zN\chi+NkT\left(\frac{1}{x}+\frac{1}{1-x}\right) \tag{43.9}$$

となることがわかる．中央に谷のあらわれる温度は上の式に $x=1/2$ を入れたものがゼロという条件から見つかる．この温度 T_c:

$$T_c=\frac{z(-\chi)}{2k} \tag{43.10}$$

から上では A, B 原子は自由に溶けあう．

2相分離 図 X.1 の F 曲線で L, M での自由エネルギーを F_L, F_M であらわす．$\overline{\mathrm{LM}}$ は共通接線だから

$$\left(\frac{\partial F}{\partial x}\right)_L=\left(\frac{\partial F}{\partial x}\right)_M \tag{43.11}$$

の関係がある．この共通接線のスロープが $(F_M-F_L)/(x_M-x_L)$ にひとしいことから

$$F_M-F_L=\left(\frac{\partial F}{\partial x}\right)_L(x_M-x_L) \tag{43.12}$$

がえられる．

もし (43.11) と (43.12) がみたされるならば溶体 L, M がつりあうことを証明しよう．そのために溶体 M から溶体 L へ，A 原子を δN_A 個だけ移したときに F_L+F_M が変わらない条件をたずねる．溶体の自由エネルギーは (43.6), (43.7) により

$$F=(N_A+N_B)\times(x \text{ の関数}) \tag{43.13}$$

の形をしている．いま N_A が δN_A だけ変わると (43.13) の右辺の第 1 の因数が変わることによる F の変化と第 2 の因数が変わることによる F の変化があらわれる．このはじめの部分は $F/(N_A+N_B)$ に δN_A をかけたものである．あとの部分は，$x=N_B/(N_A+N_B)$ から見つかる

$$\delta x = -\frac{x}{N_A+N_B}\delta N_A$$

を使って，

$$-\frac{x}{N_A+N_B}\frac{\partial F}{\partial x}\delta N_A$$

となることがわかる．そこで A 原子の変分 δN_A によって F は

$$\delta F = \left(F-x\frac{\partial F}{\partial x}\right)\frac{\delta N_A}{N} \tag{43.14}$$

だけ変わる．

考えている変分では A 原子の数が溶体 L では δN_A だけ変わっており，溶体 M では $-\delta N_A$ だけ変わっている．したがって

$$\delta(F_L+F_M) = 0 \tag{43.15}$$

は，2 つの溶体 L, M のそれぞれ 1 mol について

$$F_L-x_L\left(\frac{\partial F}{\partial x}\right)_L = F_M-x_M\left(\frac{\partial F}{\partial x}\right)_M \tag{43.16}$$

のなりたつときにみたされる．

溶体 M から溶体 L へ B 原子を δN_B だけ移したときに F_L+F_M が変わらない条件をたずねるならば，それは (43.16) の $(-x_L), (-x_M)$ を，それぞれ $(1-x_L), (1-x_M)$ でおきかえたもので与えられる．この条件と (43.16) が同時になりたつのは (43.11) と (43.12) が同時になりたつときである．

§44. 溶体の蒸気圧曲線

蒸気圧 A, B 原子からできた溶体とその蒸気のつりあいを考え

る．この蒸気は気体 A, B のまざりあったものである．それらの化学ポテンシャルは(25.17)によって

$$(\mu_A)_g = kT \ln p_A + (温度だけの関数),$$
$$(\mu_B)_g = kT \ln p_B + (温度だけの関数) \qquad (44.1)$$

の形をしている．ここで p_A, p_B は気体 A, B の分圧をあらわす．実測される蒸気圧は全圧

$$p = p_A + p_B \qquad (44.2)$$

である．もし溶体の A 原子か B 原子かが蒸気にかわるならば原子1つあたり $(\mu_A)_g$ か $\mu_{(B)g}$ かの Gibbs の自由エネルギーの増加が蒸気の側にあらわれる．

温度と圧力が一定のもとで，溶体と共存している蒸気が溶体とつりあうのは，溶体から A 原子か B 原子かを蒸気に移した際に，全体としての Gibbs の自由エネルギーが変わらないときであった．すなわち，つりあいは A 原子か B 原子かをひとつ溶体に加えたときの溶体の Gibbs の自由エネルギー G_l の変化

$$(\mu_A)_l = \left(\frac{\partial G}{\partial N_A}\right)_l,$$
$$(\mu_B)_l = \left(\frac{\partial G}{\partial N_B}\right)_l \qquad (44.3)$$

が，それぞれ $(\mu_A)_g, (\mu_B)_g$ にひとしいときに起る．(44.3)がじっさい化学ポテンシャルとおなじものであることは§25 でみた．

固体や液体では pV の項の寄与は気体のそれにくらべて小さいために，これを省略して G を F で近似できる．そこで(43.8)を使って(44.3)を計算すると

$$(\mu_A)_l = (\mu_A{}^0)_l - z\chi x^2 + kT \ln(1-x),$$
$$(\mu_B)_l = (\mu_B{}^0)_l - z\chi(1-x)^2 + kT \ln x. \qquad (44.4)$$

ここで右辺の第1項は，A 原子か B 原子かが単体で結晶をつくっているときの化学ポテンシャルに相当する．

いま単体の結晶AかBかとつりあう蒸気AかBかの圧力をそれぞれ $p_A{}^0, p_B{}^0$ であらわすと，このときのつりあい条件は

$$(\mu_A{}^0)_l = kT \ln p_A{}^0 + (温度だけの関数),$$
$$(\mu_B{}^0)_l = kT \ln p_B{}^0 + (温度だけの関数) \tag{44.5}$$

で与えられる．この式のなかで(温度だけの関数)は同種の原子では(44.1)にあらわれたものとおなじである．だから(44.1)と(44.5)の差をつくることによって次の式がえられる：

$$kT \ln \frac{p_A}{p_A{}^0} = (\mu_A)_l - (\mu_A{}^0)_l,$$
$$kT \ln \frac{p_B}{p_B{}^0} = (\mu_B)_l - (\mu_B{}^0)_l. \tag{44.6}$$

この式の右辺は(44.4)からみつかり，そこで上式は

$$p_A = (1-x)p_A{}^0 \exp\left\{\frac{z(-\chi)x^2}{kT}\right\},$$
$$p_B = x p_B{}^0 \exp\left\{\frac{z(-\chi)(1-x)^2}{kT}\right\} \tag{44.7}$$

にみちびく．

もし原子の間の相互作用がどんな原子対でもおなじならば $\chi=0$ で，このとき(44.7)は

$$p_A = (1-x)p_A{}^0, \quad p_B = x p_B{}^0 \tag{44.8}$$

となり，これを Raoult の法則という．この法則によくしたがう溶体を理想溶体といい，似かよった原子や分子からなる溶体はこの部類に属する．

似かよっていない原子からなる溶体では，ことなる原子が対をつくるのを好む場合($\chi>0$)と，好まない場合($\chi<0$)とがある．第1の場合には，結果(44.7)によると，蒸気の分圧は理想溶体のときの値より低くなる．第2の場合には逆のことが起る．この事情が図X.2の(a)に与えられている．これらの図は(44.7)に基づいている．細線は Raoult の法則から予想される分圧で，また(a)の破線は上記の

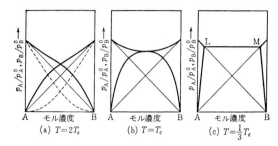

図 X.2 あらい理論による正則溶液の蒸気分圧曲線. 破線は $\chi>0$, 太い実線は $\chi<0$, 細い実線は $\chi=0$ の場合に当り, しるされた温度は実線に対するもの

第1の場合 ($\chi>0$) に当る. 図(b)と(c)は第2の場合 ($\chi<0$) に当る. 原子 A, B がどんな濃度でもまざりあうようになる温度 T_c での蒸気の分圧曲線が図の(b)で, この溶体を**臨界溶体**という. 臨界温度 T_c より下ではまざりあう濃度に限界 x_L と x_M がある(図 X.1). 濃度 x_L と x_M の間では溶体 L と M がつりあっており, 分圧は B 原子の濃度 x_L か x_M かを(44.7)に入れると見つかる. 溶体 L と M の間, 気体と溶体の間でつりあいが実現されているので, x_L と x_M のどちらを(44.7)に入れてもおなじ分圧がえられる. すなわち中間の濃度域では分圧曲線は水平である. この事情が図の(c)に見られる.

これまでにしらべた溶体の問題は置換型のもので, それも単純なモデルに基づいている. しかし, このモデルは液体についても使えないことはない. 液体は局所的には結晶に近いと考えられている. しかし, 私たちの溶体のモデルでは, ある結晶のわくを固定してA, B 原子の置きかわりだけを考えている. もし固溶体や溶液がまざりあいで体積をかなり変えるならば, 私たちのモデルも変更を要する. まざりあいであまり体積の変わらない溶液を**正則溶液**とよんでいる.

希薄溶液 いま溶媒 A にわずかの量の溶質 B がとけこんだとし

よう．このとき(44.4)によると，溶媒の化学ポテンシャルは混合のエントロピーによる項

$$kT \ln(1-x) \cong -kTx \qquad (44.9)$$

だけ変化を受けると見てよい．それ以外は溶質の濃度について高次の微小量だからである．このことに目をつけると希薄溶液の熱力学的な挙動はモデルに無関係にしらべられる．

希薄溶液の溶媒のGibbsの自由エネルギーは

$$G_l(T, p) = G_l^0(T, p) - RTx \qquad (44.10)$$

と書くことができ，ここで G_l^0 は純粋な溶媒の自由エネルギーである．希薄溶液の溶媒の蒸気圧曲線は

$$G_l(T, p) = G_g(T, p) \qquad (44.11)$$

で与えられ，ここで G_g は溶媒蒸気の自由エネルギーである．もし溶媒が単体で存在していたら，その蒸気圧曲線は

$$G_l^0(T^0, p^0) = G_g(T^0, p^0) \qquad (44.12)$$

であらわされる．

溶媒の蒸気圧曲線が純粋な溶媒のものからどれだけずれているかをみるには(44.11)と(44.12)の差をつくればよい．これはClausius-Clapeyronの式をみちびく問題(§26)とまったくおなじで，(26.1)の左辺に $-RTx$ を加えればいま考えている問題になる．(26.2)を考慮して次の結果がえられる．

$$(S_g - S_l)(T - T^0) - (V_g - V_l)(p - p^0) = RTx. \qquad (44.13)$$

上の式は2つの結果を含んでいる．第1に，おなじ温度 $T = T^0$ でみると，蒸気圧の変化 $\Delta p \equiv p - p^0$ は，V_l を V_g に対して省略して，

$$\Delta p = -\frac{RT}{V_g}x = -xp^0 \qquad (44.14)$$

で与えられ，これはRaoultの法則をあらわしている．

第2に圧力を固定しておくと(44.13)の左辺は $(S_g - S_l)(T - T^0)$ になる．これは溶液の沸点が純粋な溶媒のときより

$$\Delta T = \frac{RT^2}{L}x \qquad (44.15)$$

だけ上昇していることをあらわす．ここで L は(26.4)に与えられた溶媒の蒸発熱である．**希薄溶液の沸点上昇の測定は化学では重要な意味をもつ．**溶質の濃度 x はいまは溶質と溶媒のモル比だとみなせる．もし分子量のわからない溶質を分子量の知れている溶媒にわずか溶かして，その沸点の上昇高 ΔT を知るならば，(44.15)によって溶質のモル数がわかる．このデータと溶質の目かたから溶質の分子量が見つかる．

§45. 合金の秩序-無秩序転移

A, B 原子が対になるのを好む場合 ($\chi > 0$) に，適当な濃度をもつ固溶体のなかで，A, B 原子は低い温度で格子位置に規則正しくならぶ．この有名な例は β シンチュウ(CuZn)で，その原子の配列を図 X.3 に示す．この合金では Cu と Zn 原子は 480°C より下では左の図のように規則正しくならぶが，それより高い温度では乱雑にならんでいて Cu と Zn を見つける確率はどの格子位置でも 1/2 である．秩序のあるならびの消える温度を転移温度という．

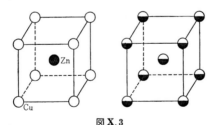

図 X.3

秩序パラメーターによる配置状態和の束ねかえ 秩序-無秩序転移をしらべるには，配置状態和(42.8)の§43での取り扱いは適当で

ない.それをいまは考えなおす.上のβシンチュウの図をみると,Cu原子の占める格子位置とZn原子の占める格子位置とは,それぞれ単純立方格子をつくっている.これら2つの部分格子をあわせたものが体心立方になる.結晶格子をこのような2つの部分格子にわけ,それらを1, 2とよぶ.また格子位置の総数をNとすると各部分格子の格子位置の数は$N/2$である.これらの格子位置をそれぞれ$N/2$個のA, B原子が占める問題を考える.いま部分格子1を

$$\text{A原子が}\ \frac{1}{4}(1+s)N\text{個},\quad \text{B原子が}\ \frac{1}{4}(1-s)N\text{個} \quad (45.1)$$

だけ占めているとすると,部分格子2には

$$\text{A原子が}\ \frac{1}{4}(1-s)N\text{個},\quad \text{B原子が}\ \frac{1}{4}(1+s)N\text{個} \quad (45.2)$$

だけ占めている.もしsが1ならば部分格子1をA原子だけが,部分格子2をB原子だけが占めており,sが-1ならばA, B原子の位置を入れかえて同様な配置になる.またもしsが0ならば部分格子1, 2はいずれも同数ずつのA, B原子で占められている.パラメターsを秩序パラメターという.

さて溶体のモデル状態和(42.8)で,全体としてのA, B原子の数だけに関係する第1の因数はいまは重要でなく,これを省略しよう.またあそこで考えたAB原子対の数N_{AB}による配置の束ねかたをもうすこしこまかくして,秩序パラメターがsの値をもって,AB原子対の数がN_{AB}であるような配置をひとまとめにする.こうして束ねられた配置の数を$\omega(N_{AB}, s)$であらわすと

$$\sum_s \omega(N_{AB}, s) = \omega(N_{AB}) \quad (45.3)$$

の関係がある.ここでsは-1から$+1$までの範囲に及んでいる.こうして状態和は次のように書ける:

$$Z = \sum_s \sum_{N_{AB}} \omega(N_{AB}, s) e^{N_{AB}\chi/kT}. \quad (45.4)$$

秩序パラメターsは巨視的な意味をもつ.だから上の状態和はs

のある値で鋭いピークをもつはずである．もし Z をピークの位置での状態和への寄与でおきかえるならば，自由エネルギーは

$$F(s) = -kT \ln \{\sum_{N_{AB}} \omega(N_{AB}, s) e^{N_{AB}\chi/kT}\} \qquad (45.5)$$

となり，ただし対数の中味は s について極大である．これは $F(s)$ が s について極小になっていることとおなじである．すなわち

$$\frac{\partial F(s)}{\partial s} = 0, \quad \frac{\partial^2 F(s)}{\partial s^2} > 0. \qquad (45.6)$$

Bragg-Williams 近似　問題は $\omega(N_{AB}, s)$ を見つけることである．このむつかしい問題をしらべるかわりに，§43でなしたと同様な近似を使おう．すなわち秩序パラメーターが値 s をもつ配置について N_{AB} を平均したもの：$\langle N_{AB} \rangle$ を，(45.5)のカッコのなかの指数関数に代入する．この近似を **Bragg-Williams 近似**という．秩序パラメーターが s であるような配置の数は

$$\sum_{N_{AB}} \omega(N_{AB}, s) = \omega(s) \qquad (45.7)$$

で与えられる $\omega(s)$ である．そこで

$$F(s) = -\langle N_{AB} \rangle \chi - kT \ln \omega(s) \qquad (45.8)$$

が B-W 近似の自由エネルギーである．

さて $\omega(s)$ は，原子 A を部分格子 1, 2 へ (45.1), (45.2) にしたがってくばる，くばりかたの数に B 原子の同様な数をかけたもので，

$$\omega(s) = \left\{ \frac{\left(\frac{1}{2}N\right)!}{\left(\frac{1+s}{4}N\right)! \left(\frac{1-s}{4}N\right)!} \right\}^2 \qquad (45.9)$$

となる．またこれらの配置についての N_{AB} の平均値は

$$\langle N_{AB} \rangle = \frac{1}{4} zN(1+s^2) \qquad (45.10)$$

となる．この際に部分格子 1 の格子位置にもっとも隣接する z 個の格子位置はすべて部分格子 2 に属し，部分格子 2 の格子についても

同様だと仮定した．これは図 X.3 の体心立方ではみたされている．そこで (45.1) と (45.2) によって，部分格子 1 の上の $\frac{1+s}{4}N$ 個の A 原子は $\frac{1+s}{2}z$ 個の B 原子と，また部分格子 2 の上の $\frac{1-s}{4}N$ 個の A 原子は $\frac{1-s}{2}z$ 個の B 原子と対をなしている．これから (45.10) がえられる．

(45.9) と (45.10) を (45.8) に入れると Stirling の公式を使って

$$F(s) = -\frac{1}{4}Nz\chi(1+s^2)$$
$$+ NkT\left\{\frac{1+s}{2}\ln\frac{1+s}{2} + \frac{1-s}{2}\ln\frac{1-s}{2}\right\}. \quad (45.11)$$

秩序パラメーターの平衡値は (45.6) から見つかる：

$$\frac{\partial F}{\partial s} = \frac{1}{2}NkT\left\{-2\alpha s + \ln\frac{1+s}{1-s}\right\} = 0, \quad (45.12)$$

$$\alpha = \frac{z\chi}{2kT}. \quad (45.13)$$

上の極小条件は

$$s = \tanh \alpha s \quad (45.14)$$

と書きかえられる．図 X.4 に直線 $y=s$ と曲線 $y=\tanh\alpha s$ を s の関数としてスケッチした．これらの直線と曲線の交点が (45.14) の解を与える．温度が高くなると α は小さくなる．曲線の原点でのスロープは α であるから，スロープ 1 の直線が曲線と原点以外で交わるのは $\alpha>1$ のときだけである．ちょうど α が 1 になる温度 T_c は

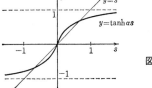

図 X.4

(45.13)によって

$$T_c = \frac{z\chi}{2k} \tag{45.15}$$

で与えられ，T_c より上では秩序パラメターの解はゼロだけである．T_c より下では s が 0 の解と，それ以外に大きさのひとしい 0 でない 2 つの解があるわけだが，そのどれが安定な解であるかを見るには(45.6)の第 2 の条件をしらべればよい．(45.12)を s で微分して

$$\frac{\partial^2 F}{\partial s^2} = NkT\left(\frac{1}{1-s^2} - \alpha\right). \tag{45.16}$$

これは s がゼロなら T_c より下で負，上で正になる．だから $s=0$ は T_c より下で安定な解にはならない．

転移温度 T_c より下では，曲線と直線(図 X.4)の交点に対する s の読みは α が大きくなるにつれて 1 に近づく．そこで秩序パラメターの温度変化は図 X.5(A) のようになる．秩序パラメターは転移温度で垂直なスロープで落ちる．そのわけは

$$\tanh x = x - \frac{1}{3}x^3 + \cdots$$

を使って(45.14)の解を s がゼロに近いところでしらべるとわかる．それは

$$s \cong 3^{1/2}\left(1 - \frac{T}{T_c}\right)^{1/2} \tag{45.17}$$

の形をしているのである．ただし(45.15)を使って α のかわりに T_c/T とおいた．

秩序の消えるところで比熱の異常があらわれる．それをみるには(45.11)から配置エネルギーをみつける．F を T でわったものを T で微分し $(-T^2)$ 倍したものは

$$E = -\frac{1}{4}Nz\chi(1+s^2) \tag{45.18}$$

となり，ここで $F(s)$ の s の温度変化による寄与は極小条件(45.6)

によって消えている．転移温度よりわずかに低い温度では(45.18)に(45.17)を入れたものを温度で微分して $\frac{3}{2}Nk$ になることがわかる．しかし転移温度より上では s はゼロだから比熱は消えている．すなわち A, B 原子を含めて 1 mol の合金の比熱は T_c に近づくにつれて増し，T_c で $1.5R$ になり，それから急にゼロになる(図 X. 5)†．

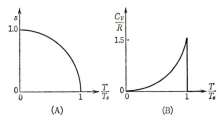

図 **X. 5** 秩序パラメーター s の温度変化(A)と秩序-無秩序転移による異常比熱の温度変化(B)．ともに Bragg-Williams 近似による

ここであらわれた転移は気体の凝縮や固体の融解で出あったものとだいぶ違う特徴をもっている．いまは潜熱のかわりに比熱の異常という形で転移が起っている．潜熱を伴う相転移を **1 次の相転移**，比熱の異常を伴うものを **2 次の相転移**という．

問　題

X. 1　N 個の格子位置をもった結晶のなかに，比較的に原子の移りやすい N_0 個の格子間位置がある．格子位置から格子間位置へ原子を移すのに χ のエネルギーを要するとせよ．温度 T で格子間

---

† T_c より上でもじっさいには異常比熱が残る．これはもっと立ち入った理論によって説明される．

位置を占める原子数 n は $n \simeq \sqrt{NN_0}\,e^{-\chi/2kT}$ で与えられることを示せ．ただし $n \ll N, N_0$ とせよ．

X.2 結晶のなかの N_0 個の格子間位置に気体原子 A が入ってゆくとせよ．もっとも隣接する原子対 AA のエネルギーを χ_{AA} とし，§43 の取り扱いにしたがって格子間位置だけのつくる格子の上の A 原子の集まりをしらべ次の結果をみちびけ．

(1) A 原子の化学ポテンシャル μ_A は

$$\mu_A = -kT \ln a_A + z\chi_{AA} x + kT \ln \frac{x}{1-x}$$

と書ける．ここで a_A は (42.11) で与えられたものに当り，また x は格子間位置の A 原子の数を N とすると $x = N/N_0$．

(2) 格子間位置の上の A 原子の濃度 x と，これにつりあっている単原子気体 A の圧力 p の間には

$$p = p_0 \frac{x}{1-x} e^{z\chi_{AA} x/kT}$$

の関係がある．ここで p_0 は温度だけの関数．

(3) パラジウムに水素が吸収される際に，H_2 は2つのプロトン H^+ にわかれてパラジウムの格子間位置を占める．このときの等温線は

$$p = p_0 \left(\frac{x}{1-x}\right)^2 e^{2z\chi_{HH} x/kT}$$

の形をしている．ここで χ_{HH} は隣接した2つのプロトンの間のエネルギーをあらわす．

X.3 溶媒分子の M 倍の体積をもつ高分子の溶液の混合エントロピーの計算でつかわれる格子モデルによれば，溶媒分子はそれぞれ格子の1つの席(図の白まる)を占めるが，高分子は鎖状につながった M 個の席(図の黒まる)を占領する．溶媒分子の数が N_1，高分子の数が N_2 のとき，格子位置の数は $N_0 = N_1 + MN_2$ である．

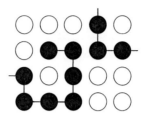

高分子の配置数を $\Omega(N_1, N_2)$ とすれば,混合エントロピーは

$$\Delta S = k \ln \frac{\Omega(N_1, N_2)}{\Omega(0, N_2)}.$$

$\Omega(N_1, N_2)$ の計算では,高分子の配置数をつぎつぎに数えていく.i 番目までが配置した条件のもとで,$i+1$ 番目の高分子が配置するやり方の数を ω_{i+1} でしるすと,

$$\Omega(N_1, N_2) = \frac{1}{N_2!} \prod_{i=1}^{N_2} \omega_i.$$

配置数 ω_{i+1} の計算でつぎの近似をつかう.この高分子の最初の単位が占領可能な空席は $N_0 - iM$ 個あり,2 番目の単位が占領可能な空席の平均数は隣接する格子位置の数 z に,それらが空席である確率 $(N_0 - iM)/N_0$ をかけたものである.3 番目の単位が占領可能な席数は $(z-1)(N_0 - iM)/N_0$ であり,M 番目まで同様な式で近似する.

(1) 混合エントロピーのつぎの式を見出せ.

$$\frac{\Delta S}{k} = -N_1 \ln \phi_1 - N_2 \ln \phi_2,$$

ここで ϕ_1 と ϕ_2 は溶媒と溶質の体積分率である:

$$\phi_1 = \frac{N_1}{N_1 + MN_2}, \qquad \phi_2 = \frac{MN_2}{N_1 + MN_2}.$$

(2) 相互作用がない場合に，溶媒の蒸気圧曲線の式
$$\ln \frac{p_1}{p_1{}^0} = \ln(1-\phi_2) + \left(1 - \frac{1}{M}\right)\phi_2$$
を示せ．これは $M=1$ で理想溶液の (44.8) に一致する．（上の混合エントロピーは Bragg-Williams の平均場近似に相当する結果であり，高濃度の高分子溶液でよい近似になっている．）

X.4 純粋な溶媒とその希薄溶液が溶媒だけを通す膜を境にしてつりあっている．溶液と溶媒の圧力差（浸透圧）Π を $\Pi V = xRT$ の形に見つけよ．ここで V は溶媒 1 モルの体積，x は溶質のモル濃度である．（純粋な溶媒と希薄溶液の溶媒の Gibbs の自由エネルギーのつりあいに目をつけよ．）

X.5 (44.4) が Gibbs-Duhem の関係（問題 VIII.4(2)）をみたしていることを確かめよ．

X.6 潜熱のあらわれない相転移について次の事項を証明せよ．

(1) 相 1, 2 の境界線（T-p 平面）のスロープ dp/dT が有限ならば体積は転移で連続的にかわる．

(2) 2 つの相の Gibbs の自由エネルギー G_1, G_2 を T か p かについて描いた曲線は転移点ではたがいに接している．

(3) エントロピーと体積が転移点で連続なことから，相の境界線のスロープは
$$\frac{dp}{dT} = \frac{1}{VT}\frac{(C_p)_2 - (C_p)_1}{\alpha_2 - \alpha_1} = \frac{\alpha_2 - \alpha_1}{(\kappa_T)_2 - (\kappa_T)_1}$$
で与えられる (Ehrenfest の式)．ここで α は膨張率，κ_T は等温圧縮率．（Clausius-Clapeyron の式のみちびきかたを思いだせ．）

第 XI 章 ゆらぎと相関

 力学系の巨視状態もしくは粗視状態で,それらを特徴づけるパラメーターの関数としてみた確率が,平衡値もしくは平衡分布に相当する場所で鋭いピークをもつのは,力学系の自由度が非常に大きいときにかぎられる.もし自由度の数が小さいならばピークの幅は広がり,熱力学的な量の意味もぼやけてくる.このときには熱力学的な量に対応する力学量を観測すると観測値は熱力学から予想される値のまわりに散らばる.この現象をゆらぎという.ゆらぎは熱力学を超えた現象である.しかし,このときでも統計力学はなおなりたっている.ゆらぎの問題に立ち入ってゆくと,そこから熱力学を超えた物質系のくわしい挙動が浮びあがってくる.

§46. ゆらぎの熱力学的なアプローチ

カノニカル分布とエネルギーのゆらぎ　温度 T の環境におかれた力学系を,エネルギーが E の位置,幅 δE に見つける確率は (35.4) によって

$$w(E)\delta E = \frac{1}{Z} W(E) e^{-E/kT} \tag{46.1}$$

で与えられ,ここで $W(E)$ は幅 δE にふくまれる微視状態の数である.エントロピー $S(E)$ を $k \ln W(E)$ のかわりに $k \ln W(E)/\delta E$ とおく.これら2つの表式は,じっさいにおなじだと見なせる (§16).そこで (46.1) の右辺は

$$e^{-(E-TS)/kT}\delta E \tag{46.2}$$

を状態和 Z でわったものである.(46.2) の最大は $E-TS$ の最小に当るエネルギー E^* のところにあらわれ,それは

§46. ゆらぎの熱力学的なアプローチ

$$\left(\frac{\partial S}{\partial E}\right)_{E^*} = \frac{1}{T} \tag{46.3}$$

からきまる.そこで $E-TS$ を $E=E^*$ のまわりで Taylor 展開すると,$E-E^*=\varDelta E$ とおいて

$$E-TS = E^* - TS(E^*) + \frac{1}{2}\gamma(\varDelta E)^2,$$
$$\gamma = -T\left(\frac{\partial^2 S}{\partial E^2}\right)_{E^*} \tag{46.4}$$

がえられる.ここで γ は T を E^* の関数とみて (46.3) を E^* で微分することにより

$$\gamma = \frac{1}{C_V T} \tag{46.5}$$

となることがわかる.これは明らかに正でなければいけない.

こうして (46.2) は

$$e^{-(E^*-TS^*)/kT} \cdot e^{-\gamma(\varDelta E)^2/2kT} \tag{46.6}$$

の δE 倍である.ただし S^* は $S(E^*)$ の意味である.上の式の $\varDelta E$ に関係する第2の因数では,γ と T がもともと巨視的な量であるのにひきかえ,k は微視的なものである.そこで $\varDelta E$ が微視的な大きさを超えると (46.6) は急激にゼロに近づく.

明らかに,$\varDelta E$ の変域を $-\infty$ から $+\infty$ に拡げても差しつかえない.そこで小さな幅 δE を $d(\varDelta E)$ であらわし,E^* から測って系のエネルギーが $\varDelta E$ と $\varDelta E + d(\varDelta E)$ の間にある確率は Gauss 分布

$$w(\varDelta E)d(\varDelta E) = A^{-1} e^{-\gamma(\varDelta E)^2/2kT} d(\varDelta E) \tag{46.7}$$

で与えられ,ここで

$$A = \int_{-\infty}^{\infty} e^{-\gamma(\varDelta E)^2/2kT} d(\varDelta E) \tag{46.8}$$

は同様な近似でおきかえられた Z から (46.6) の第1の因数を除いたものである.積分 (46.8) はいく度もあらわれたもので

$$A = \left(\frac{2\pi kT}{\gamma}\right)^{1/2} \tag{46.9}$$

となる．また $(\varDelta E)^2$ の平均値は $(\gamma/2kT)$ を 1 つのかたまりとみて，このかたまりについて A の対数を微分して符号を変えたものである．すなわち

$$\langle (\varDelta E)^2 \rangle = \frac{kT}{\gamma}. \tag{46.10}$$

この結果は前に与えたもの：$\langle(\varDelta E)^2\rangle = kT^2 C_V$ と一致している（問題 Ⅷ.1）．

カノニカル分布でのエネルギーのゆらぎの比率は (46.10) の平方根を E^* でわったもので与えられ，この大きさは $1/\sqrt{N}$ のオーダーである．大きな自由度の力学系では分布の幅は鋭いため，$E-TS$ の極小からきまる E の値 E^* と (35.15) で与えられる E の平均値にはなにも違いはあらわれない．また状態和 Z は (46.6) の第 1 の因数と (46.9) の積で与えられるが，その対数を $(-kT)$ 倍したものでは，N のオーダーの $E^* - TS^*$ に対して $\ln N$ のオーダーの $(-kT\ln A)$ を省略してもかまわない．

温度のゆらぎと体積のゆらぎ 物理的な現象としてゆらぎが重要になるのは物質系のどこか，ある場所での小さな部分の熱力学的な量が全体としての系の平均値からずれるときである．このような問題ではカノニカル分布でのように体積を固定した条件は現実的ではない．ただし，かぎられた容器のなかの一部分とその外部の間に粒子の往来を許すならば話はかわってくる．この考えかたについては後でふれる（§47）．そこで流体の系があって，その小さな部分に目をつけると，目をつけた部分の挙動はこの部分と外部との間に熱をとおし，また自由に動けるが，粒子をとおさない膜をはさんだときに予想されるものとかわらない．

このように系を膜の内部にある小さな部分と外部にある大きな部

§46. ゆらぎの熱力学的なアプローチ

分にわけたとき，小さな部分のエントロピーを S，大きな部分のそれを S_0 であらわすと，これらはそれぞれ (E, V), (E_0, V_0) の関数である．ここで E と V は小さな部分のエネルギーと体積，E_0 と V_0 は大きな部分の同様な量である．全体としての系を孤立系とみて，それが (E, V) と (E_0, V_0) であらわされる状態をとる確率は

$$e^{(S+S_0)/k} \tag{46.11}$$

に比例する．この確率は小さな部分の温度と圧力：T と p が大きな部分のそれら：T_0 と p_0 にそれぞれひとしいときに最大である(§17)．

しかし，いまは平衡からのずれが問題である．いま小さな部分が環境とつりあった状態からエネルギーを ΔE だけ，体積を ΔV だけ変えたとすると，大きな部分のエネルギーと体積はそれぞれ $(-\Delta E)$, $(-\Delta V)$ だけ変わる．すると平衡値からのエントロピー変化は小さい部分では

$$\left(\frac{\partial S}{\partial E}\right)_V \Delta E + \left(\frac{\partial S}{\partial V}\right)_E \Delta V$$
$$+ \frac{1}{2}\left\{\left(\frac{\partial^2 S}{\partial E^2}\right)_V (\Delta E)^2 + 2\left(\frac{\partial^2 S}{\partial E \partial V}\right)\Delta E \Delta V + \left(\frac{\partial^2 S}{\partial V^2}\right)_E (\Delta V)^2\right\} \tag{46.12}$$

で与えられる．ここで $(\partial S/\partial E)_V = 1/T$, $(\partial S/\partial V)_E = p/T$ を考えるならば上式の第1行目の式は

$$\frac{1}{T_0}(\Delta E + p_0 \Delta V) \tag{46.13}$$

になる．第2行目の式は，もし

$$\Delta\left(\frac{1}{T}\right) = \left(\frac{\partial(1/T)}{\partial E}\right)_V \Delta E + \left(\frac{\partial(1/T)}{\partial V}\right)_E \Delta V,$$
$$\Delta\left(\frac{p}{T}\right) = \left(\frac{\partial(p/T)}{\partial E}\right)_V \Delta E + \left(\frac{\partial(p/T)}{\partial V}\right)_E \Delta V \tag{46.14}$$

に注意するならば，

$$\frac{1}{2}\left\{\varDelta\left(\frac{1}{T}\right)\varDelta E + \varDelta\left(\frac{p}{T}\right)\varDelta V\right\} \qquad (46.15)$$

と書けることがわかる.

つぎに大きな部分のエントロピー変化は(46.12)の S, E, V をそれぞれ S_0, E_0, V_0 でおきかえたもので, そのうち(46.13)に相当する部分はちょうど(46.13)と消しあう形のものである. また(46.12)の第2行目の項に相当するものは小さな部分の小さな変化 $\varDelta E, \varDelta V$ による大きな部分の温度と圧力の変化に関係しており, これを省略してもかまわない.

こうして正味のエントロピー変化は(46.15)で与えられ, またはそれを書きかえて

$$\varDelta(S+S_0) = \frac{1}{2}\left\{\left(\frac{1}{T}-\frac{1}{T_0}\right)\varDelta E + \left(\frac{p}{T}-\frac{p_0}{T_0}\right)\varDelta V\right\} \qquad (46.16)$$

となる. もし, 変数を E, V のかわりに S, V に選ぶならば, $\varDelta E = T_0 \varDelta S - p_0 \varDelta V$ を上の式に代入して

$$\varDelta(S+S_0) = -\frac{1}{2T}(\varDelta T \varDelta S - \varDelta p \varDelta V) \qquad (46.17)$$

がえられる. そこで目をつけている小さな部分の熱力学量が平衡値からずれる確率は(46.17)のエントロピー変化を使って

$$e^{\varDelta(S+S_0)/k} \qquad (46.18)$$

に比例することになる.

いま小さな部分のゆらぎを温度と体積で読みとるものとする. このときには(46.17)の $\varDelta S$ と $\varDelta p$ は $\varDelta T$ と $\varDelta V$ から

$$\varDelta S = \frac{C_V}{T}\varDelta T + \left(\frac{\partial p}{\partial T}\right)_V \varDelta V,$$

$$\varDelta p = \left(\frac{\partial p}{\partial T}\right)_V \varDelta T + \left(\frac{\partial p}{\partial V}\right)_T \varDelta V$$

と見つかる (§5). これらを(46.17)に入れると

$$\varDelta(S+S_0) = -\frac{1}{2T}\left\{\frac{C_V}{T}(\varDelta T)^2 - \left(\frac{\partial p}{\partial V}\right)_T(\varDelta V)^2\right\}. \quad (46.19)$$

これを(46.18)に入れたものが温度と体積のゆらぎの分布である.

えられた分布を $\varDelta T$ で積分すると体積の平衡値からのずれが $\varDelta V$ と $\varDelta V+d(\varDelta V)$ の間にある確率がみつかる. それは(46.7)の $\varDelta E$ を $\varDelta V$ でおきかえたもので, あの式の γ はいまは

$$\gamma = -\left(\frac{\partial p}{\partial V}\right)_T$$

である. これはもちろん正でなければいけない. そして体積のゆらぎは, (46.10)の $\varDelta E$ を $\varDelta V$ でおきかえ, 次のようになる:

$$\langle(\varDelta V)^2\rangle = -kT\left(\frac{\partial V}{\partial p}\right)_T. \quad (46.20)$$

温度のゆらぎも同様に見つかり

$$\langle(\varDelta T)^2\rangle = \frac{kT^2}{C_V} \quad (46.21)$$

がえられる. これは(46.10)の $\varDelta E$ を $C_V \varDelta T$ とおいたものとおなじである. この式から, 比熱の小さな系の温度にある程度の不確かさが伴うことがわかる. たとえば低温での結晶の比熱は(32.12)で与えられ, それを(46.21)に入れて

$$\frac{1}{T^2}\langle(\varDelta T)^2\rangle = \frac{5}{12\pi^4}\frac{1}{N}\left(\frac{\Theta_\mathrm{D}}{T}\right)^3 \quad (46.22)$$

がえられる. いま 1 mg のダイヤモンドを $0.1°\mathrm{K}$ の恒温槽に入れたとしよう. このとき $(\Theta_\mathrm{D}/T)^3$ は $\sim 8\times 10^{12}$, また N は $\sim 5\times 10^{19}$ になり, そこで(46.22)の左辺の平方根は約 0.003% と見つもられる.

この節の結果は小さな系と大きな系の相互作用のエネルギーが小さな系のそれより十分小さいならば正しい. たとえば結晶の余り小さすぎる一部を小さな系にとれば, この節の結果は働かない. (表面効果と体積効果の大小関係に注意されたい.)

§47. 密度のゆらぎ

粒子系の密度のゆらぎはこの系のどこか一定の体積をもった部分に目をつけ，そこに入っている粒子の数のゆらぎをしらべると見つかる．または一定の粒子数を含む領域の体積のゆらぎからも見つかる．この第2の考えかたをまずとりあげよう．

粒子数 N の領域の体積の平衡値を V であらわすと，体積が平衡値から $\varDelta V$ だけずれたときの，この領域の密度は $N/(V+\varDelta V)$ で，これと平衡値 N/V の差は $-(N/V^2)\varDelta V$ で与えられる．この2乗平均は密度のゆらぎに当る．すなわち

$$\left\langle\left(\varDelta\frac{N}{V}\right)^2\right\rangle = \left(\frac{N}{V^2}\right)^2\langle(\varDelta V)^2\rangle.$$

この式に(46.20)を入れ，左辺の V を一定と見なおすと

$$\langle(\varDelta N)^2\rangle = kT\left(\frac{N}{V}\right)^2\left(-\frac{\partial V}{\partial p}\right)_T. \tag{47.1}$$

もし一定の体積の領域に出いりしている粒子数に目をつけるならば問題 VIII.2 の結果がえられる．これと(47.1)がおなじ内容のものであることは(36.16)の $1/V$ 倍したものの両辺に $(\partial N/\partial p)_{T,V}$ をかけると示される．

密度のゆらぎと光の散乱　(47.1)の平方根を N でわったもの：

$$\frac{\langle(\varDelta N)^2\rangle^{1/2}}{N} = \left(\frac{kT}{V}\kappa_T\right)^{1/2} \tag{47.2}$$

は密度のゆらぎの比率を与える．等温圧縮率 κ_T は理想気体では $1/p$ で，(47.2)の右辺は $1/\sqrt{N}$ になる．もし気体のなかで半径 10^{-5} cm の球の領域に目をつけると $N\sim1.2\times10^5$ (標準状態)であるので密度は約 0.3% ゆれている．

液体や固体の圧縮率はたいへん小さく $10^{-11}\sim10^{-12}$ c.g.s. の程度で，このときには室温，半径 10^{-6} cm の球の領域をとっても(47.2)はせいぜい 10^{-4} の程度である．

§47. 密度のゆらぎ

密度のゆらぎが光の波長と同程度,もしくはもっと大きな領域で起っていると,これは光の屈折率の空間的な変動をつくる.このような媒質を通過する光線の一部は不規則にその道をまげられ,すなわち光の散乱があらわれる.大気を通過する光は空気の密度のゆらぎによって散乱され,それは短い波長でいちじるしい.このため光が大気を横ぎるとき側面から見た空が青く見える.しかし液体では密度のゆらぎが非常に小さく,屈折率のゆらぎによる光の散乱はほとんど考えられない.ただし,これは純粋な液体に関することで,じっさいには光の散乱はわずかの不純物で非常に影響を受ける.

もし液体が臨界点(§40)に近づくと $(\partial p/\partial V)_T$ は小さくなってゆき,そこで密度の大きなゆらぎがあらわれる.そこで屈折率にも大きなゆらぎがあらわれ,したがって光の散乱もまったく大きくなる.臨界点での光の散乱を光の臨界散乱という.

Poisson 分布 これまでの取り扱いでは,熱力学的な量がその平衡値からはずれた値で観測される確率は Gauss 分布をとるということであった.これは N がかなり大きければ正しいが,そうでなければ分布の形もかわってくる.この事情を理想気体の密度のゆらぎについてしらべる.

いま体積 V の容器のなかに N 個の粒子があり,そのなかの体積 v の領域に ν 個の粒子を見つける確率をたずねる.容器のなかではどこでも公平に粒子は滞在するので,1つの粒子が目をつけた領域にいる確率は

$$p = \frac{v}{V}$$

で,それ以外の場所にいる確率は $1-p$ である.そこで ν 個の粒子が目をつけた領域にいる確率は

$$w_\nu = \binom{N}{\nu} p^\nu (1-p)^{N-\nu} \tag{47.3}$$

で与えられる．この領域での平均の粒子数は

$$\langle \nu \rangle = Np \tag{47.4}$$

のはずである．

まず N が $\langle \nu \rangle$ にくらべて十分大きいと仮定する．すると(47.3)の2項係数は

$$\frac{N!}{\nu!(N-\nu)!} = \frac{(N-\nu+1)(N-\nu+2)\cdots N}{\nu!}$$

で，右辺の分子のなかの $\nu-1, \nu-2, \cdots$ は N に対して省略できる．そこで上の表式は N を ν 回かけたものを $\nu!$ でわったものである．したがって(47.3)は

$$w_\nu = \frac{N^\nu}{\nu!} p^\nu (1-p)^N \tag{47.5}$$

でおきかえられる．ただし $(1-p)$ のベキ $N-\nu$ を N でおきかえた．ところで(47.4)を考慮すれば

$$(1-p)^N = \left(1 - \frac{\langle \nu \rangle}{N}\right)^N$$

と書け，これは N が十分大きいならば $e^{-\langle \nu \rangle}$ になる．そこで(47.5)は

$$w_\nu = \frac{\langle \nu \rangle^\nu e^{-\langle \nu \rangle}}{\nu!} \tag{47.6}$$

と書ける．この分布を **Poisson 分布** という．

理想気体のグランド・カノニカル分布はちょうど Poisson 分布になっている．§36 でみたように w_ν は $\lambda^\nu Z_\nu / \varXi$ にひとしい．ここで ν 個の粒子からなる系の状態和 Z_ν は粒子の状態和 z をつかって $z^\nu/\nu!$ で与えられ，大きな状態和 $\varXi$ は(37.1)によって $e^{\lambda z}$ で与えられる．だから

$$w_\nu = \frac{(\lambda z)^\nu}{\nu!} e^{-\lambda z}. \tag{47.7}$$

もし(37.3)を使うならば，これは(47.6)とおなじである．

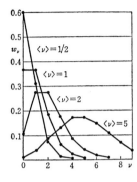

図 XI.1 Poisson 分布を平均粒子数 $\langle \nu \rangle$ が $1/2, 1, 2, 5$ の場合について描いたもの

いくつかの $\langle \nu \rangle$ についての Poisson 分布が図 XI.1 にある．この図から，$\langle \nu \rangle$ が大きくなるにつれて分布は Gauss 形のもの(図 II.5)に近づくことがわかる．じっさい，$\langle \nu \rangle$ が大きければ (47.6) は

$$w_\nu = (2\pi \langle \nu \rangle)^{-1/2} e^{-(\Delta\nu)^2/2\langle \nu \rangle} \tag{47.8}$$

になる．ここで $\Delta\nu = \nu - \langle \nu \rangle$．この式をうるには，(47.6) の $\langle \nu \rangle^\nu/\nu!$ の対数に Stirling の式を使い，その結果を，$\nu = \langle \nu \rangle + \Delta\nu$ としたときの $\Delta\nu/\langle \nu \rangle$ で展開すればよい．

§48. 理想 F-D, B-E 粒子系におけるゆらぎ

量子状態を占める粒子数のゆらぎ 理想系で，ひとつの量子状態を占める粒子数のゆらぎをしらべるには (37.13) の $\varXi_s$ を使うのが便利である．準位 s を n_s 個の粒子が占める確率は $y_s{}^{n_s}/\varXi_s$ で与えられるので，$\langle (n_s - \langle n_s \rangle)^2 \rangle = \langle n_s{}^2 \rangle - \langle n_s \rangle^2$ は

$$\frac{1}{\varXi_s} y_s \frac{\partial}{\partial y_s} y_s \frac{\partial}{\partial y_s} \varXi_s - \left(\frac{1}{\varXi_s} y_s \frac{\partial \varXi_s}{\partial y_s} \right)^2$$
$$= y_s \frac{\partial}{\partial y_s} y_s \frac{\partial \ln \varXi_s}{\partial y_s} \tag{48.1}$$

にひとしい. そこで(37.13), (37.14)を考慮するならば

$$\langle n_s^2 \rangle - \langle n_s \rangle^2 = y_s \frac{\partial}{\partial y_s}\left(\frac{y_s}{1 \pm y_s}\right)$$
$$= \langle n_s \rangle (1 \mp \langle n_s \rangle) \quad (48.2)$$

がえられる. これは問題 VII.2 の結果からも見つかる.

もし気体の密度が小さければ $\langle n_s \rangle$ は 1 にくらべて非常に小さく, そこで(48.2)の右辺は $\langle n_s \rangle$ でおきかえられる. これは各準位を占める M-B 粒子の数のゆらぎに当る. この結果は容器のなかの小さな領域を占める理想気体の原子の数のゆらぎとおなじである.

つぎに気体の密度が大きくなって F-D, B-E 粒子の系が縮退しているときを考える. 第1に F-D 粒子の系では, もし $\langle n_s \rangle$ が 1 であるような準位については, それらを占める粒子数のゆらぎはあらわれない. おなじことは平均粒子数がゼロの準位についてもいえる. だから, ゆらぎの認められるのは Fermi 準位の近くの準位だけである.

これに反して, 第2に B-E 粒子の系では, 各準位の粒子数のゆらぎは多くの粒子を含むものでは $\langle n_s \rangle^2$ の大きさである. したがってゆらぎの比率は 1 で, まったく大きなゆらぎがあらわれる.

もし G_i 個の量子状態を含む細胞のなかに含まれる粒子数のゆらぎを知りたいならば, G_i 個の量子状態についての和 $\sum n_s$ とその平均値の差の 2 乗:

$$\sum_s \sum_{s'} n_s n_{s'} - 2 \sum_s \sum_{s'} n_s \langle n_{s'} \rangle + \sum_s \sum_{s'} \langle n_s \rangle \langle n_{s'} \rangle \quad (48.3)$$

の平均値を見つける. ところで(48.2)のみちびきかたから明らかに, ことなる量子状態を占める粒子数は

$$\langle n_s n_{s'} \rangle = \langle n_s \rangle \langle n_{s'} \rangle, \quad s \neq s'$$

の意味で統計的に独立であるので(48.3)の平均値は(48.2)によって

$$\sum_s (n_s^2 - \langle n_s \rangle^2) = G_i n_i (1 \mp n_i) \quad (48.4)$$

になる. ここで n_i は細胞 i での n_s の平均値.

電流のゆらぎ F-D 粒子系のゆらぎで重要なもののひとつは金属のなかの電流のゆらぎである.細胞 i を占める電子は $(-e)\boldsymbol{v}_i G_i n_i$ だけの電流をもたらす.この電流をすべての細胞についてくわえると,その平均値は電場がなければ消えている.このわけは電子の速度 $\boldsymbol{v}_i$ について F-D 分布が等方的なことによる.しかし,ゆらぎとしての電流は電場がなくてもあらわれる.それは (48.4) によって

$$\langle J^2 \rangle = e^2 \sum_i G_i \xi_i^2 n_i (1-n_i)$$

$$= \frac{e^2}{3} \sum_i G_i v_i^2 n_i (1-n_i) \qquad (48.5)$$

で与えられる.ここで J は x 方向に沿うてあらわれる電流で,また分布 n_i が等方的なため,速度の x 成分の2乗 ξ_i^2 を $v_i^2/3$ でおきかえた.

いま細胞を,エネルギーが ε と $\varepsilon+d\varepsilon$ の間の量子状態を束ねたものに選ぶと,G_i は (33.2):

$$g(\varepsilon) = 4\pi V \left(\frac{2m}{h^2}\right)^{3/2} \varepsilon^{1/2}$$

の $d\varepsilon$ 倍にとれる.また $n_i(1-n_i)$ は $e^{(\varepsilon_i-\mu)/kT}/(e^{(\varepsilon_i-\mu)/kT}+1)^2$ で,これは F-D 因子 $f(\varepsilon)=1/(e^{(\varepsilon-\mu)/kT}+1)$ を ε で微分したものの $-kT$ 倍である.これらのことを考え,(48.5) の和を積分にかえて

$$\langle J^2 \rangle = \frac{16\pi\sqrt{2m}}{3h^3} kTe^2 \int_0^\infty \varepsilon^{3/2} \left(-\frac{\partial f}{\partial \varepsilon}\right) d\varepsilon. \qquad (48.6)$$

ただし単位体積を仮定した.部分積分によって

$$\langle J^2 \rangle = e^2 \frac{kT}{m} \int_0^\infty f(\varepsilon) g(\varepsilon) d\varepsilon.$$

上の積分は (33.7) によって,考えている体積に含まれる電子数 N/V にひとしい.すなわち

$$\langle J^2 \rangle = \left(\frac{N}{V} \cdot \frac{e^2}{m}\right) kT. \qquad (48.7)$$

この結果は一般的である．たとえばM-B統計では，(48.5)の右辺の総和すべき項は，単位体積では$(N/V)\langle v^2\rangle$になり，これに$\langle v^2\rangle=3kT/m$を使うならば，結果はふたたび(48.7)である．

金属のなかの電流のゆらぎは，弱いシグナル電流を検知する際に，それをさまたげる雑音(ノイズ)のみなもとのひとつである．**熱雑音**は温度が高くなると高くなる．だから弱いシグナルの検知は一般に低温で容易になる．

輻射場のゆらぎ B-E粒子系のゆらぎの例として空洞のなかの輻射エネルギーのゆらぎを取りあげる．いま振動数がνと$\nu+\varDelta\nu$の間にある輻射エネルギー：$E_{\varDelta\nu}=E_\nu\varDelta\nu$のゆらぎに目をつければ，それは(48.4)の両辺に$(h\nu)^2$をかけ，またG_iを(31.4)により$8\pi V\nu^2\varDelta\nu/c^3$としたもので与えられる．したがって$E_{\varDelta\nu}$のゆらぎは

$$\langle(\varDelta E_{\varDelta\nu})^2\rangle = (h\nu)E_{\varDelta\nu}+\frac{c^3(E_{\varDelta\nu})^2}{8\pi V\nu^2\varDelta\nu} \tag{48.8}$$

で与えられる．ここで右辺の$E_{\varDelta\nu}$はPlanckの輻射公式(31.6)に$\varDelta\nu$をかけたもの．

同様な式は低温でのフォノン気体についても書ける．また液体HeⅡには大きなゆらぎがあらわれる．このゆらぎはゼロ状態に落ちこんだ原子群による．

§49. 密度の相関

密度のゆらぎ$\langle(\varDelta N)^2\rangle$は流体を特徴づける重要な量と関係づけられる．それをしらべるのに原子の密度の力学的なあらわしかたを考えよう．

まず直線に沿うて運動している原子の1つに目をつけ，それがある時刻に確かにある位置x_0に見つかったとしよう．すると，この原子の'密度'は問題にしている時刻に位置$x=x_0$でゼロでない値をとり，それ以外の位置ではすべてゼロのはずである．いま，ひと

§49. 密度の相関

つの原子の密度をあらわす関数を領域 L で積分したものが1になるように規準化するならば,確かに位置 x_0 にある原子の'密度'は位置 x_0 に非常にせまい幅 Δx をもち,高さが $1/\Delta x$ であるような鋭いピークの形をしている. 幅 Δx が無限にせまくなったとき,この関数を Dirac のデルタ関数という. それを $\delta(x-x_0)$ であらわすと

$$\int_L \delta(x-x_0)dx = 1 \tag{49.1}$$

がなりたつ.

さて容器のなかのある位置 $\boldsymbol{r}_i$ に原子 i が確かにあるとき,その'密度'は

$$\delta(\boldsymbol{r}-\boldsymbol{r}_i) = \delta(x-x_i)\delta(y-y_i)\delta(z-z_i) \tag{49.2}$$

であらわされ,ここで (x_i, y_i, z_i) は $\boldsymbol{r}_i$ の成分である. このとき (49.1) に相当する関係は

$$\int_{V_0} \delta(\boldsymbol{r}-\boldsymbol{r}_i)dV = 1 \tag{49.3}$$

と書ける. ここで V_0 は系の体積,また dV は体積要素 $dxdydz$ をあらわす. 系が N_0 個の原子からなっていると,ある場所 $\boldsymbol{r}$ での'密度' $n(\boldsymbol{r})$ は (49.2) をすべての原子についてよせ集めたもの

$$n(\boldsymbol{r}) = \sum_i \delta(\boldsymbol{r}-\boldsymbol{r}_i) \tag{49.4}$$

で与えられる. 各原子はたえず位置を変えてゆくため,'密度'はたえず値を変えてゆく. この関数は力学量としての密度をあらわしている.

系のなかの体積 V の小さな領域に目をつけると,そこに入っている原子の平均数 $\langle N \rangle$ は

$$\langle N \rangle = \int_V \langle n(\boldsymbol{r}) \rangle dV \tag{49.5}$$

で与えられる. もし考えている系が空間的に一様であるならば $\langle n(\boldsymbol{r}) \rangle$ は場所に関係しないはずで, (49.5) の右辺は $\langle n \rangle$ に V をかけ

たものになり，したがって力学量としての密度の平均値は巨視的な意味の密度 $\langle N \rangle / V$ にひとしいことがわかる.

さて領域 V のなかにある原子の数のゆらぎをしらべよう．これは N^2 の平均値:

$$\langle N^2 \rangle = \left\langle \left(\int_V n(\boldsymbol{r}) dV \right)^2 \right\rangle$$

$$= \iint_V \langle n(\boldsymbol{r}) n(\boldsymbol{r}') \rangle dV dV' \qquad (49.6)$$

をしらべることである．もし位置 $\boldsymbol{r}$ での密度と位置 $\boldsymbol{r}'$ でのそれとがまったく独立にそれらの値を変えてゆくならば (49.6) の積分される関数は $\langle n(\boldsymbol{r}) \rangle$ と $\langle n(\boldsymbol{r}') \rangle$ の積にひとしくなる．それらの差:

$$\langle n(\boldsymbol{r}) n(\boldsymbol{r}') \rangle - \langle n(\boldsymbol{r}) \rangle \langle n(\boldsymbol{r}') \rangle \qquad (49.7)$$

は2つのことなる位置での密度の関係しあう程度をあらわす．上の量がゼロでないならば，2つのことなる位置での密度には**相関**があるという．また上の量を2つのことなる位置での密度の**相関関数**という．

もし (49.6) の積分される関数に (49.4) を入れるならば，それは次の2つの部分に分けられる:

$$\langle n(\boldsymbol{r}) n(\boldsymbol{r}') \rangle = \langle \sum_i \delta(\boldsymbol{r}-\boldsymbol{r}_i) \delta(\boldsymbol{r}'-\boldsymbol{r}_i) \rangle$$
$$+ \langle \sum_i \sum_{j \neq i} \delta(\boldsymbol{r}-\boldsymbol{r}_i) \delta(\boldsymbol{r}'-\boldsymbol{r}_j) \rangle . \qquad (49.8)$$

これを位置 $\boldsymbol{r}, \boldsymbol{r}'$ について小さな領域 V で積分するのに，まず右辺の第1の部分からの寄与を考える．この項では $\boldsymbol{r}$ も $\boldsymbol{r}'$ も $\boldsymbol{r}_i$ の位置だけでゼロでない値をとるので，$\boldsymbol{r}'$ についての積分は $\boldsymbol{r}$ の位置だけでゼロでない値をもち，そこで $\delta(\boldsymbol{r}'-\boldsymbol{r}_i)$ を $\boldsymbol{r}'$ について積分するかわりに $\delta(\boldsymbol{r}'-\boldsymbol{r})$ を $\boldsymbol{r}'$ について積分する．この $\boldsymbol{r}'$ についての積分は $\boldsymbol{r}'$ と $\boldsymbol{r}$ が同じ領域にあるためつねに1になる．そこで残りの $\boldsymbol{r}$ についての積分は (49.4) に注意するならば $\langle n(\boldsymbol{r}) \rangle$ についての積分とおなじで，結果は (49.5) によって $\langle N \rangle$ になる．

§49. 密度の相関

つぎに(49.8)の第2項で，iについて総和される各項は原子iが位置rにあるときの位置r'における他の原子の密度の平均値をあらわしている．これをすべてのiについてよせ集めたものは位置rに原子のどれかがあり，同時に位置r'にそれ以外の原子があるような密度に似た量をあらわしている．それを2体密度という．要するに(49.8)の第2項はおなじ式の左辺とそれほど内容の違うものではない．ただ，おなじ時刻にことなる位置r, r'を同一の原子が占めるような不都合の起る恐れを右辺の第1項によって除いただけである．容器の壁の近くを別にして，2体密度は位置r, r'の距離$|r'-r|=s$だけに関係するはずである．また大きく離れた2つの位置r, r'での密度はたがいに独立にそれぞれの値をとるはずで，この場合の2体密度は$(\langle N \rangle / V)^2$になる．すなわち(49.8)の第2項を

$$\left(\frac{\langle N \rangle}{V}\right)^2 g(s) \tag{49.9}$$

の形に書くならば，$g(s)$はsが大きくなると1に近づく．いいかえると$g(s)-1$は大きなsではゼロになる．ゼロに近づくまでのsの大きさは液体では原子間の平均距離の数倍程度の大きさである．このようにして(49.8)の第2項の積分は

$$\left(\frac{\langle N \rangle}{V}\right)^2 \iint_V \{g(s)-1\} dV dV' + \left(\frac{\langle N \rangle}{V}\right)^2 \iint_V dV dV' \tag{49.10}$$

となる．この式の第2項は単に$\langle N \rangle^2$である．また第1項は(38.11)にしたがって重心座標と相対座標に積分変数を移して積分する．ただし積分の領域Vは$g(s)$が1に近づくsの大きさにくらべてじゅうぶん大きいと仮定する．すると上の表式は

$$\frac{\langle N \rangle^2}{V} \int_0^\infty \{g(s)-1\} 4\pi s^2 ds + \langle N \rangle^2 \tag{49.11}$$

と書ける．

　以上の結果をまとめると(49.6)は
$$\langle (\Delta N)^2 \rangle = \langle N^2 \rangle - \langle N \rangle^2$$

$$= \langle N \rangle + \frac{\langle N \rangle^2}{V} \int_0^\infty \{g(r)-1\} 4\pi r^2 dr \qquad (49.12)$$

となる.ただし距離を s のかわりに r でしるした.もし上の結果を (47.1) に入れるならば

$$1 + \frac{N}{V} \int_0^\infty \{g(r)-1\} 4\pi r^2 dr = kT \frac{N}{V} \kappa_T \qquad (49.13)$$

の関係がえられる.ここで κ_T は等温圧縮率である.

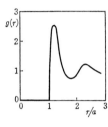

図 **XI.2** 液体アルゴンの原子対分布関数.横軸の r/a は原子間距離 r を原子直径 a でわったもの

液体の原子対の分布関数 $g(r)$ は X 線を使って見つけることができ,図 XI.2 のような形をしている.液体の密度 N/V はほとんど固体に近い値をもつため,(49.13) の左辺の第 2 項は重要である.低い温度では,この項は第 1 項をほとんど打ち消してしまう.しかし臨界温度に近づくと,(49.13) の右辺が非常に大きくなる(§47).これは臨界温度の近くで原子対の相関が非常に遠くまで及んでいることを示している.

§50. 磁化率と磁化のゆらぎ

格子位置に配置した N 個の磁性的な原子の系を考える.磁場がないときの系の自由エネルギーを系の磁気モーメント——**磁化** M の関数とみて $F(M)$ であらわす.磁場 $\mathcal{H}$ がかかると $(-M\mathcal{H})$ のエネルギーがくわわり,磁化の平衡値は

$$F(M) - M\mathcal{H} = \text{Min} \qquad (50.1)$$

からきまる．ここで簡単のため磁化と磁場の方向を平行だとした．条件(50.1)はつぎのように書かれ，これから磁化 M が $\mathcal{H}$ の関数として見つかる．

$$\frac{\partial F(M)}{\partial M} = \mathcal{H}. \tag{50.2}$$

磁化の関数としての自由エネルギー $F(M)$ は M の向きによらないはずで，したがって $F(M)$ は M の偶関数のはずである．それを M で展開したものを

$$F(M) = F_0 + \frac{M^2}{2\chi} + \cdots \tag{50.3}$$

とおく．すると(50.2)は展開の2次までとった範囲で

$$M = \chi \mathcal{H} \tag{50.4}$$

となる．省略した展開の項は上の式の右辺に H^3 の補正を与えるにすぎない．χ を磁化率という．

磁化のゆらぎ 系の磁化が M と $M+dM$ の間にある確率は磁場がなければ，(46.2)により

$$w(M)dM = Z^{-1} e^{-F(M)/kT} dM \tag{50.5}$$

と書ける．だから磁化のゆらぎは

$$\langle (\Delta M)^2 \rangle = \int M^2 w(M) dM \tag{50.6}$$

であらわせる．ここで $\mathcal{H}=0$ ならば磁化の平均値はゼロであることを考えた．もし(50.3)を(50.5)に入れるならば，それは(46.7)の ΔE のかわりに M，γ のかわりに $1/\chi$ としたもので，(46.10)によって(50.6)の右辺は $kT\chi$ になることがわかる．すなわち

$$\chi = \frac{\langle (\Delta M)^2 \rangle}{kT}. \tag{50.7}$$

上の式はまた次のように考えても見つかる．磁場がかかったとき(50.5)に相当するものは，dM を除いて

$$e^{-(F(M)-M\mathcal{H})/kT} \tag{50.8}$$

をこの積分 $Z_{\mathcal{H}}$ でわったものである．上の式を

$$e^{-F(M)/kT}\left(1+\frac{M\mathcal{H}}{kT}+\cdots\right)$$

と展開して項別に積分するならば $M\mathcal{H}/kT$ について奇数ベキの項は消える．だから $Z_{\mathcal{H}}$ は $\mathcal{H}$ の1次の範囲まででは(50.5)の Z とかわらない．だから磁場があるときの磁化の平均値は，$\mathcal{H}$ の1次までの範囲で，$M(1+M\mathcal{H}/kT)$ を磁場のないときの分布(50.5)で平均したものにひとしい．このとき M の平均値はゼロだから

$$\langle M\rangle_{\mathcal{H}}=\frac{\mathcal{H}}{kT}\langle M^2\rangle_{\mathcal{H}=0}.$$

したがって $\chi=\langle M\rangle_{\mathcal{H}}/\mathcal{H}$ は(50.7)とおなじである．

原子的な磁気モーメントの間の相関　いまスピン1/2の磁性原子を考えることにすると，原子 i の磁気モーメントは $\mu_B\sigma_i$ と書ける．ここで σ_i は考える方向に沿うて平行なスピンでは $+1$，逆向きのものでは -1 をとる．そこで力学量としてみた磁化は

$$M=\mu_B\sum_i\sigma_i \tag{50.9}$$

と書ける．M のゆらぎは

$$\langle(\varDelta M)^2\rangle=\mu_B{}^2\left\langle\left(\sum_i\sigma_i\right)^2\right\rangle=\mu_B{}^2\sum_i\sum_j\langle\sigma_i\sigma_j\rangle. \tag{50.10}$$

こうして磁化のゆらぎは原子的な磁気モーメントの対相関またはスピンの対相関 $\langle\sigma_i\sigma_j\rangle$ に関係づけられる．

もし2つのことなる原子のスピンがたがいに独立にその向きをかえると仮定できるならば

$$\langle\sigma_i\sigma_j\rangle=\langle\sigma_i\rangle\langle\sigma_j\rangle=0,\quad i\neq j. \tag{50.11}$$

だから，このときには(50.10)への寄与は $i=j$ の項だけからのもので，$\langle\sigma_i{}^2\rangle=1$ を考えて

$$\langle(\varDelta M)^2\rangle=N\mu_B{}^2 \tag{50.12}$$

がえられる．これは(50.7)によって

$$\chi = \frac{C}{T}, \quad C = \frac{N\mu_B^2}{k} \tag{50.13}$$

の磁化率にみちびく.磁化率が $1/T$ に比例するのを **Curie の法則**といい,これは高温では正しい.C を **Curie 定数**という.

強磁性体の磁化率 温度がさがると,ばらばらに向いた原子的な磁石が秩序のある配向をとるようになる.§29 で述べた $0°K$ での磁性系のエントロピーの挙動はこのことに関係がある.それは原子のスピンの間の相互作用による.そのもっとも簡単なモデルは

$$U = -J \sum_{\langle i,j \rangle} \sigma_i \sigma_j - \mu_B \mathscr{H} \sum_i \sigma_i \tag{50.14}$$

の形のエネルギーを仮定することで,これを **Ising モデル**という.ここで総和はもっとも隣接する原子対 $\langle i,j \rangle$ についておこなう.このモデルでの正確な取り扱いは磁場 $\mathscr{H}$ の1次の範囲までは2次元格子についてなされている.ここでは (50.14) から予想される磁化の平衡値を近似的に見つける.

いま,1つのスピン i に目をつけると,それはもっとも隣接する z 個のスピンと (50.14) の右辺の第1項で与えられる形の相互作用のエネルギーをもつ.どのスピンもおなじ平均値

$$\zeta = \langle \sigma \rangle \tag{50.15}$$

をもつと考えると,目をつけたスピンとまわりのスピンの間の相互作用のエネルギーは $-zJ\zeta\sigma_i$ で与えられ,これに外部磁場によるエネルギーをくわえて,スピン i のエネルギーは

$$-(zJ\zeta + \mu_B \mathscr{H})\sigma_i \equiv -\mu_B \mathscr{H}_e \sigma_i$$

となる.ここで $\mathscr{H}_e = A\zeta + \mathscr{H}$, $A = zJ/\mu_B$ とおく.$A\zeta$ はスピンにはたらく内部磁場である.有効磁場 $\mathscr{H}_e$ のもとでの σ_i の平均値 ζ は $\tanh(\mu_B \mathscr{H}_e/kT)$ で与えられ (問題 V.5),すなわち ζ は

$$\zeta = \tanh\left\{\frac{\mu_B(A\zeta + \mathscr{H})}{kT}\right\} \tag{50.16}$$

から見つかる.

いまから J を正に仮定する．これは隣接スピンが平行に向くのを好む場合に当る．$\mathscr{H}=0$ での (50.16):

$$\zeta = \tanh\left(\frac{\mu_B A \zeta}{kT}\right) \tag{50.17}$$

の解は (45.14) の α を $\mu_B A/kT$ としたものに当る．あそこで見たように，α が 1 になる温度 T_c:

$$T_c = \frac{\mu_B A}{k} = \frac{zJ}{k} \tag{50.18}$$

より上では $\zeta=0$ の解が，下では $\zeta \neq 0$ の解があらわれる．$T>T_c$ ではスピンはばらばらに向いており，これは**常磁性状態**に当る．$T<T_c$ ではスピンはそろっており，$T=0$ でスピンの完全な整列があらわれる（図 X.5(A) を参照）．これは**強磁性状態**に当る．**Curie 温度** T_c は，たとえば，鉄なら $1043°K$，ニッケルなら $631°K$ である．

Curie 温度より上で，磁場がかかったときの ζ を見つけるには (50.16) の右辺を $\mu_B(A\zeta+\mathscr{H})/kT$ でおきかえる．(50.18) を考慮すれば ζ は

$$\zeta = \frac{\mu_B \mathscr{H}}{k(T-T_c)} \tag{50.19}$$

となり，この $N\mu_B$ 倍が磁化の平衡値を与える．だから常磁性の磁化率は

$$\chi = \frac{C}{T-T_c} \tag{50.20}$$

と見つかる（**Curie-Weiss の法則**）．

Curie 温度より下では**自発磁化**：$M_0 = N\mu_B \zeta$ があらわれ，そこで非常に弱い磁場で M_0 にひとしい磁化がえられる．いま磁場がないときの ζ を ζ_0 であらわし，磁場による ζ の変化：$\Delta\zeta = \zeta - \zeta_0$ を $\mathscr{H}$ の 1 次の範囲で見つけよう．それには (50.16) から (50.17) で $\zeta=\zeta_0$ としたものをさしひき，この差を $\Delta\zeta$ と $\mathscr{H}$ について 1 次の項までとどめればよい．すると

$$\varDelta\zeta = \mathrm{sech}^2\left(\frac{\mu_\mathrm{B}A\zeta_0}{kT}\right)\frac{\mu_\mathrm{B}(A\varDelta\zeta+\mathcal{H})}{kT}.$$

ここで $\mathrm{sech}^2 x = 1 - \tanh^2 x$ に注意し，また(50.17)を使うならば，上の式の右辺の第1の因数は $1 - \zeta_0^2$ にひとしい．だから $\varDelta\zeta$ は $\mathcal{H}$ の1次の範囲で

$$\varDelta\zeta = \frac{(1-\zeta_0^2)\mu_\mathrm{B}\mathcal{H}}{k\{T - T_c(1-\zeta_0^2)\}} \tag{50.21}$$

となる．$T \sim T_c$ での ζ_0 は(45.17)の s を ζ_0 としたもので与えられ，これを上の結果に入れ，その $N\mu_\mathrm{B}$ 倍を $\mathcal{H}$ でわったものは

$$\chi = \frac{\partial M}{\partial \mathcal{H}} \cong \frac{1}{2}\frac{C}{T_c - T}. \tag{50.22}$$

強磁性体の磁化曲線が図 XI.3 に与えられている．自発磁化による曲線の垂直の部分から飽和磁化: $M_s = N\mu_\mathrm{B}$ へ移ってゆく際の曲線の初めの部分のスロープが(50.22)に相当する．

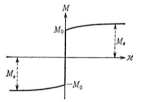

図 **XI.3** 強磁性体の磁化曲線(Curie 温度よりかなり低い温度でのグラフ)

ここで与えた近似法(**Weiss 近似**)は合金の Bragg-Williams 近似に当る．この近似では内部場のゆらぎの効果が無視されている．もし隣接原子からだけではなく非常に多くの原子から作用の手が伸びていたなら，内部場のゆらぎの効果は小さかったであろう．一般に作用の手の数 z が小さくなると，Weiss 近似の信頼度は落ちてくる．

強磁性体の磁化のゆらぎ 自発磁化があるときの磁化のゆらぎを見るには(50.3)の展開は適当ではない．いまは $F(M)$ を自発磁化 M_0 の近くで展開する．それは $\varDelta M = M - M_0$ について

$$F(M) = F(M_0) + \frac{1}{2\chi}(\Delta M)^2 + \cdots \qquad (50.23)$$

とおくことができる.係数 $1/\chi$ はもともと $\partial^2 F(M)/\partial M^2$ を $M=M_0$ で評価した値だが,(50.2)によって,これは $\partial M/\partial \mathcal{H}$ を $M=M_0$ で評価したものの逆数に当り,そこで(50.23)の χ は微分磁化率 $(\partial M/\partial \mathcal{H})_T$ であることがわかる.

さて,強磁性体の磁化のゆらぎは磁化率と(50.7)の関係にある.ところで磁化率もしくは微分磁化率は,(50.20),(50.22)によって,$T=T_c$ で ∞ になり,T_c から遠ざかるにつれて小さくなってゆく.だから強磁性体の磁化のゆらぎもおなじ挙動を示す.この磁化のゆらぎは強磁性体に中性子のビームをあてると観測される.ちょうど密度のゆらぎによる光の散乱とおなじように,磁気モーメントを伴う中性子は磁化のゆらぎによって散乱される.この散乱は明らかに Curie 点でもっとも強く,それを中性子の臨界磁気散乱という.

常磁性磁化率の T_c での発散の意味を磁化のゆらぎのがわからたずねてみよう.それは(50.10)からみられる.あの式の右辺を $i=j$ の項とそれ以外の項の2つの部分にわけるならば,第1項は Curie 定数にゆくもの:$N\mu_B{}^2$ で,残りの項は $\mu_B{}^2$ を除いて $N\sum_{j\neq i}\langle \sigma_j \sigma_i\rangle$ になる.なぜなら上の j についての総和はどの i でもおなじはずだから.そこで磁化のゆらぎは

$$\langle (\Delta M)^2\rangle = N\mu_B{}^2\left\{1+\sum_{i\neq 0}\langle \sigma_i \sigma_0\rangle\right\} \qquad (50.24)$$

と書ける.すなわち強磁性体での磁化のゆらぎが T_c で発散するのは相関関数 $\langle \sigma_i \sigma_0\rangle$ が消えるまでの距離——相関の長さが T_c で非常に大きくなることによる.

じっさいにスピンの相関関数を評価するには,M で束ねられた分布(50.5)のかわりに微視状態についての分布(35.4)を使って $\sigma_i \sigma_j$ の平均値を直接に計算しなければいけない(問題 XI.8).

問　題

XI.1 問題 I.4 の結果を考慮して，安定な熱力学的な系では $C_p > C_V > 0$，$\kappa_T > \kappa_S > 0$ の関係がみたされることを示せ．

XI.2 気体のなかの微小体積 v の領域にひとつも分子のいない確率は e^{-v/v_c} で与えられることを示せ．ここで v_c は分子の平均体積．

XI.3 問題 II.5 に与えた自由行路の分布を使って自由行路 s の平均自由行路 l からのずれ: $\varDelta s = s - l$ の 2 乗平均は $\langle(\varDelta s)^2\rangle = l^2$ となることを示せ．

XI.4 2項分布 (47.3) から次の結果を計算せよ．

$$\sum_{n=0}^{N} n w_n = Np, \quad \sum_{n=0}^{N} n^2 w_n = Np[Np+(1-p)].$$

また Poisson 分布での相当する結果を見出せ．

XI.5 (49.13) の $g(r)$ を $e^{-\phi(r)/kT}$ でおきかえ，あの式の逆数の左辺を $(1+x)^{-1} \fallingdotseq 1-x$ の近似で処理し，得られる結果を積分することにより (38.17) をみちびけ．

XI.6 常磁性状態での相関関数 $G(r) = \langle \sigma_0 \sigma_r \rangle$ は，原点のスピンが上向き $(\sigma_0 = 1)$ の状態における σ_r の平均値で与えられる．中心スピンが引き起こす偏極が格子定数にくらべて十分長距離に及ぶならば，それは磁化の連続な分布 $M(r)$ と見てよい．分布をきめる第1の因子は磁化による自由エネルギー密度の増加 AM^2 であり，第2の因子は空間的変動から生じる項で $B(\nabla M)^2$ と置ける．

$$F \equiv \int [AM^2 + B(\nabla M)^2] dV = \text{Min}$$

から相関関数 $G(r)$ の転移点近くでの挙動を見出せ．

XI.7 2次元 Ising 強磁性の厳密解によれば，スピン相関関数は転移点近くで $G(r) \sim c r^{-1/4} e^{-r/\xi}$，ここで c は定数，また $\xi \propto (T - T_c)^{-1}$．転移点近傍における常磁性磁化率 χ の挙動をしらべよ．

XI.8 磁場がないときの Ising スピンの系の状態和を 1 次元の鎖について書きくだすと

$$Z = \sum_{\sigma_1,\sigma_2,\cdots=\pm 1} e^{K\sum \sigma_i \sigma_{i+1}} = \sum_{\sigma_1,\sigma_2,\cdots=\pm 1} \prod_{i=1}^{N} e^{K\sigma_i \sigma_{i+1}}.$$

ここで $K=J/kT$,また鎖の両端はつながって環をなしているとせよ(周期境界条件).このとき次の結果を示せ.

(1) もし $\sigma_i^2 = 1$ に注意するならば

$$e^{K\sigma_i \sigma_{i+1}} = \cosh K + \sigma_i \sigma_{i+1} \sinh K.$$

(2) 上の式を Z に代入し,$\sigma_1, \sigma_2, \cdots$ の $+, -$ についての総和を実行すれば

$$Z = 2^N (\cosh^N K + \sinh^N K).$$

もし N が無限に大きいならば有限の K では,上の結果は $Z = \cosh^N K$ でおきかえられる.この状態和は単純で,$0°K$ へゆくまでにどこにも比熱の異常を示すような温度はない.(一般に 1 次元物質は短い距離の間に働く相互作用だけでは相転移を示さない.)

(3) 2 つのスピンの相関関数は

$$\phi(n) \equiv \langle \sigma_i \sigma_{i+n} \rangle = \tanh^n K + \tanh^{N-n} K.$$

有限の K では右辺の 2 つの項のうち,ひとつだけが有効な大きさをもつ.

(4) 上の $\phi(n)$ の総和の結果から磁化率 χ は

$$\chi = \frac{N\mu_B^2}{kT}\left\{1 + 2\frac{\tanh K}{1-\tanh K}\right\}.$$
$$= \frac{N\mu_B^2}{kT} e^{2J/kT}$$

正の J と負の J では磁化率の温度変化はどう違うか,図を描いてみよ.

第XII章 非可逆過程

平衡状態からわずかにずれた形でおこる非可逆過程はOnsager (1931)によって与えられた形式にしたがうと系統的にしらべられる.このいわゆる非可逆過程の熱力学の周辺を,この章ではさぐることにする.

§51. 時間的に変化する量と変化をかりたてる量

熱力学の第二法則によると,孤立系の自然変化では系のエントロピーは常に増加する.だからエントロピーの生産速度は常に正である.これを私たちの出発点にとる.まず簡単な問題からはじめよう.

2つの系の間の粒子と熱の流れ 体積が V_1, V_2 の2つの容器1,2に,それぞれ N_1, N_2 個のおなじ種類の気体分子が,E_1, E_2 のエネルギーをもってはいっているとしよう.もしこれらの容器を細い管でつなぐか,もしくは境の壁に小さい孔をあけるならば,分子とエネルギーの流れが起りうる.

いまからの取り扱いでは,分子やエネルギーの流れが起る際に,系1,2のそれぞれは常に平衡状態をたもっていると仮定する.一般に,ある系が平衡状態からずれたとき平衡状態にもどるに要する時間を緩和時間という.だから上の仮定は,系1,2の緩和時間にくらべて系1,2の間の分子やエネルギーの流れが十分ゆっくりおこるならば正しい.

上の仮定のもとで系1,2のエントロピーの和:
$$S = S_1(E_1, V_1, N_1) + S_2(E_2, V_2, N_2) \qquad (51.1)$$
を考えてゆく.もし系1から系2へ Δn だけの分子と Δu だけのエネルギーが移るなら,系のエントロピー変化は $(\partial S/\partial N)_{E,V} = -\mu/T$,

$(\partial S/\partial E)_{V,N}=1/T$ を考慮して

$$\varDelta S = \left\{\left(-\frac{\mu_2}{T_2}\right)-\left(-\frac{\mu_1}{T_1}\right)\right\}\varDelta n + \left(\frac{1}{T_2}-\frac{1}{T_1}\right)\varDelta u \qquad (51.2)$$

となる．ここで μ_1, T_1 はそれぞれ系1の化学ポテンシャルと温度で，μ_2, T_2 は系2の同様な量．(51.2) を $\varDelta t$ でわると，エントロピーの生産速度 $\dot{S}$ は

$$\dot{S} = \varDelta\left(-\frac{\mu}{T}\right)\dot{n} + \varDelta\left(\frac{1}{T}\right)\dot{u} \qquad (51.3)$$

と書かれ，これは正でなければいけない．ここで

$$\varDelta\left(-\frac{\mu}{T}\right) = \left(-\frac{\mu_2}{T_2}\right)-\left(-\frac{\mu_1}{T_1}\right), \quad \varDelta\left(\frac{1}{T}\right) = \frac{1}{T_2}-\frac{1}{T_1}. \qquad (51.4)$$

(51.3) の意味をみるのに $\dot{n}=0$ のばあいを考える．このとき系1，2の間にはエネルギーの流れだけがおこっている．(51.3) は

$$\dot{S} = \varDelta\left(\frac{1}{T}\right)\dot{u} \qquad (51.3')$$

になる．もし系1, 2の間に温度差がなければ $\dot{S}=0$ で，このときにはエネルギーの流れ $\dot{u}$ も消える．流れは $\varDelta(1/T)$ によってかりたてられており，そこで私たちは

$$\dot{u} = L\varDelta\left(\frac{1}{T}\right) \qquad (51.5)$$

とおいて，これを (51.3′) に入れると，$\dot{S}>0$ から $L>0$ が結論される．

つぎに $\dot{n}$ も $\dot{u}$ もゼロでないならば，系の変化をかりたてている量が2つある．だから，たとえばエネルギーの流れは (51.5) で与えられるとはかぎらない．むしろ $\dot{n}$ も $\dot{u}$ も変化をかりたてている2つの量：$\varDelta(-\mu/T)$ と $\varDelta(1/T)$ に関係すると考えるのは理にかなっていよう．このようにして私たちは

§51. 時間的に変化する量と変化をかりたてる量

$$\dot{n} = L_{11}\varDelta\left(-\frac{\mu}{T}\right)+L_{12}\varDelta\left(\frac{1}{T}\right),$$
$$\dot{u} = L_{21}\varDelta\left(-\frac{\mu}{T}\right)+L_{22}\varDelta\left(\frac{1}{T}\right) \tag{51.6}$$

とおく.このとき

$$L_{21} = L_{12} \tag{51.7}$$

の関係がある.これを **Onsager** の相反関係という.

私たちの問題で(51.7)が正しいことを気体1,2の間の分子,エネルギーの流れが気体の境の壁にあいた小さな孔による分子吹き出しをとおして起っている場合についてみよう.第1に吹き出しが等温条件: $\varDelta(1/T)=0$ でおこるならば,(51.6)の2つの式の比から

$$\dot{u} = \frac{L_{21}}{L_{11}}\dot{n}. \tag{51.8}$$

ここで L_{21}/L_{11} は吹き出す分子の輸送するエネルギー(分子あたり)に相当する.これを ε^* であらわすと,ε^* と分子の平均エネルギー ε の間には

$$\varepsilon^* = \varepsilon + \frac{1}{2}kT \tag{51.9}$$

の関係がある(問題 II.2).

第2に分子の流れのないときには,(51.6)の第1式は

$$\varDelta\left(\frac{\mu}{T}\right) = \frac{L_{12}}{L_{11}}\varDelta\left(\frac{1}{T}\right) = \varepsilon^*\varDelta\left(\frac{1}{T}\right) \tag{51.10}$$

となる.ここで L_{12}/L_{11} は(51.7)によって $L_{21}/L_{11}=\varepsilon^*$ にひとしいことを考えた.さて $N\mu=G=E+pV-TS$ を考慮するならば,$\varDelta G = -S\varDelta T+V\varDelta p$ を T でわったものは

$$\frac{V}{T}\varDelta p = \frac{\varDelta G}{T}+\frac{S\varDelta T}{T}$$
$$= \varDelta\left(\frac{G}{T}\right)-(G+TS)\varDelta\left(\frac{1}{T}\right).$$

この左辺では V/T を Nk/p で，また右辺では $G+TS$ を $E+NkT$ でおきかえる．すると上の式は

$$\frac{k}{p}\varDelta p = \varDelta\left(\frac{\mu}{T}\right) - (\varepsilon+kT)\varDelta\left(\frac{1}{T}\right)$$

となる．ここで (51.10) を上の $\varDelta(\mu/T)$ のかわりにいれるならば，上の式の右辺は $(\varepsilon^* - \varepsilon - kT)\varDelta(1/T)$ にひとしく，だから (51.9) によって

$$\frac{\varDelta p}{p} = \frac{1}{2}\frac{\varDelta T}{T} \tag{51.11}$$

がえられる．これを積分すると

$$\frac{p}{\sqrt{T}} = \text{const}. \tag{51.12}$$

これを **Knudsen** の関係という．この関係を私たちは系 1 から系 2 へゆく分子流と逆の分子流のつりあい条件からも見つけることができた（問題 II.3）．

分子の内部転換の速度 3つの準位 0, 1, 2 をもった分子からなる理想気体を考える．分子の総数：

$$N = N_0 + N_1 + N_2 \tag{51.13}$$

は一定である．ここで N_0, N_1, N_2 はそれぞれ準位 0, 1, 2 にある分子の数で，これらはそれぞれの平衡値 $N_0{}^0, N_1{}^0, N_2{}^0$ から n_0, n_1, n_2 だけずれているとする．すなわち

$$N_0 = N_0{}^0 + n_0 , \quad N_1 = N_1{}^0 + n_1 , \cdots. \tag{51.14}$$

(51.13) によって次の関係がある：

$$n_0 + n_1 + n_2 = 0 . \tag{51.15}$$

気体をそれぞれ準位 0, 1, 2 にある 3 種類の気体の混合とみて，準位 i の気体の化学ポテンシャルを μ_i とおく．もし準位 0, 1, 2 の気体が内部転換によって，それぞれ $\varDelta n_0, \varDelta n_1, \varDelta n_2$ ずつ変わったとするならば，エントロピー変化は

§51. 時間的に変化する量と変化をかりたてる量

$$\Delta S = \left(-\frac{\mu_0}{T}\right)\Delta n_0 + \left(-\frac{\mu_1}{T}\right)\Delta n_1 + \left(-\frac{\mu_2}{T}\right)\Delta n_2 \qquad (51.16)$$

で与えられる．ここで3種類の気体は温度平衡にあると仮定した．上の式で Δn_0 のかわりに $-(\Delta n_1 + \Delta n_2)$ を代入し，両辺を Δt でわることによって，エントロピーの生産速度は

$$\dot{S} = X_1 \dot{n}_1 + X_2 \dot{n}_2 \qquad (51.17)$$

で与えられることがわかる．ここで

$$X_1 = -\frac{\mu_1 - \mu_0}{T}, \quad X_2 = -\frac{\mu_2 - \mu_0}{T}. \qquad (51.18)$$

これらが各準位を占める分子数の変化をかりたてる量に当る．そこで n_1, n_2 の時間変化を次の形におく：

$$\begin{aligned}\dot{n}_1 &= L_{11}X_1 + L_{12}X_2, \\ \dot{n}_2 &= L_{21}X_1 + L_{22}X_2.\end{aligned} \qquad (51.19)$$

相反関係：$L_{21}=L_{12}$ は詳細なつりあいの原理と関係がある．それをみるのに(51.19)を別の角度からみちびこう．いま準位 j にあるひとつの分子が準位 i へ遷移する単位時間あたりの確率（遷移確率速度）を a_{ij} であらわすならば，各準位を占める分子数の時間変化は

$$\begin{aligned}\dot{N}_0 &= -a_{00}N_0 + a_{01}N_1 + a_{02}N_2, \\ \dot{N}_1 &= a_{10}N_0 - a_{11}N_1 + a_{12}N_2, \\ \dot{N}_2 &= a_{20}N_0 + a_{21}N_1 - a_{22}N_2.\end{aligned} \qquad (51.20)$$

ここで次のようにおいた：

$$\begin{aligned}a_{00} &= a_{10} + a_{20}, \quad a_{11} = a_{01} + a_{21}, \\ a_{22} &= a_{02} + a_{12}.\end{aligned} \qquad (51.21)$$

さて平衡状態では(51.20)の左辺はすべてゼロのはずで，したがって

$$\begin{aligned}a_{01}N_1^0 + a_{02}N_2^0 &= a_{00}N_0^0, \\ a_{10}N_0^0 + a_{12}N_2^0 &= a_{11}N_1^0, \\ a_{20}N_0^0 + a_{21}N_1^0 &= a_{22}N_2^0\end{aligned} \qquad (51.22)$$

の関係がある.このため(51.20)の右辺の N_0, N_1, N_2 は,それぞれ n_0, n_1, n_2 でおきかえてもかまわない.このおきかえをなした(51.20)の第2,第3式に $n_0 = -(n_1+n_2)$ を代入すると

$$\dot{N}_1 = -(a_{10}+a_{11})n_1+(a_{12}-a_{10})n_2,$$
$$\dot{N}_2 = (a_{21}-a_{20})n_1-(a_{20}+a_{22})n_2. \tag{51.23}$$

いまから上の式を(51.19)の形にもってゆく.それには n_1 と n_2 を X_1 と X_2 のタームであらわせばよい.いま(51.18)に出てきた化学ポテンシャル μ_0, μ_1, μ_2 の平衡値 μ^0 からのずれ: $\varDelta\mu_0, \varDelta\mu_1, \varDelta\mu_2$ と n_0, n_1, n_2 の間の関係を見つけよう.(27.14)によると,化学ポテンシャル μ_i の濃度に関係する項は $kT\ln(N_i/N)$, すなわち $kT\ln(N_i^0+n_i)/N$ で,この平衡値からのずれは kTn_i/N_i^0 としてよい.これが $\varDelta\mu_i$ を与える.だから(51.18)のかわりに

$$X_1 = -k\left(\frac{n_1}{N_1^0}-\frac{n_0}{N_0^0}\right),$$
$$X_2 = -k\left(\frac{n_2}{N_2^0}-\frac{n_0}{N_0^0}\right) \tag{51.24}$$

とおくことができる.

そこで上の式に $n_0 = -(n_1+n_2)$ を入れたものを n_1 と n_2 について解く.初等的な計算から次の結果がえられる:

$$-k\frac{n_1}{N_1^0} = \left(1-\frac{N_1^0}{N}\right)X_1 - \frac{N_2^0}{N}X_2,$$
$$-k\frac{n_2}{N_2^0} = -\frac{N_1^0}{N}X_1 + \left(1-\frac{N_2^0}{N}\right)X_2. \tag{51.25}$$

これらを(51.23)に代入すれば

$$k\dot{N}_1 = a_{11}N_1^0 X_1 - a_{12}N_2^0 X_2,$$
$$k\dot{N}_2 = -a_{21}N_1^0 X_1 + a_{22}N_2^0 X_2. \tag{51.26}$$

これが(51.19)に相当する関係である.

このようにして相反関係: $L_{21}=L_{12}$ は

$$a_{21}N_1^0 = a_{12}N_2^0 \tag{51.27}$$

と等価なことがわかる．もしこの関係がなりたつならば(51.21)，(51.22)によって
$$a_{10}N_0^0 = a_{01}N_1^0, \quad a_{20}N_0^0 = a_{02}N_2^0 \quad (51.28)$$
もまたなりたつ．(51.27)，(51.28)は考えている過程での詳細なつりあいの原理をあらわしている．

ここに出てきた詳細なつりあいは，§30で与えたものと違った見かけをもっている．これは次の理由による．分子の準位間の遷移は分子の間の衝突とか，分子と輻射系との相互作用とかによってひきおこされる．しかし(51.20)では，これらの微視的な過程をあらわには書きくだしてはいない．もしそれをはっきり書きくだすならば，たとえば分子の間の衝突をとると，遷移確率速度 a_{ij} は過程の前後でエネルギーの保存則をみたすような並進エネルギーに関するBoltzmann因子を含んでいる．

一般的に述べると 平衡分布からのずれが小さいときに起る非可逆過程では，過程の各ステップでの系のエントロピーを考えることができる．分布の関数とみた，このエントロピーは平衡分布の近くで，平衡分布からのずれをあらわすパラメター $\alpha_1, \cdots, \alpha_n$ で展開される．もしこの展開をパラメターについて2次の項までできるならば，平衡値から測った系のエントロピー ΔS は

$$\Delta S = \sum_{i,j} \left(\frac{\partial^2 S}{\partial \alpha_i \partial \alpha_j} \right)_{\alpha_1, \cdots, \alpha_n = 0} \alpha_i \alpha_j \quad (51.29)$$

で与えられる．これはゆらぎの問題で取りあげたエントロピーとおなじである．この範囲で私たちの取り扱いがなされていることは，後で明らかになる．

パラメターの時間変化による(51.29)の変化速度は

$$\dot{S} = \sum_i \frac{\partial \Delta S}{\partial \alpha_i} \dot{\alpha}_i . \quad (51.30)$$

そこで量 α_i の変化速度 J_i と変化をかりたてる量 X_i はそれぞれ

$$J_i = \dot{\alpha}_i, \quad X_i = \frac{\partial \Delta S}{\partial \alpha_i} \quad ; \quad i = 1, \cdots, n \qquad (51.31)$$

で与えられ，(51.30)は

$$\dot{S} = \sum_i X_i J_i \qquad (51.32)$$

と書ける．もし J_i とそれをかりたてる'力' X_i の間の関係を

$$J_i = \sum_j L_{ij} X_j \qquad (51.33)$$

の形におくならば Onsager の相反関係

$$L_{ji} = L_{ij} \qquad (51.34)$$

がなりたつ(**Onsager の相反定理**)．エントロピーの生産速度は常に正であるので

$$\sum_{i,j} L_{ij} X_i X_j > 0 \qquad (51.35)$$

がみたされている．

前にみた例のうち，分子の内部転換の問題について(51.31)の X_i が(51.24)とおなじことを示そう．あの問題で準位 $0,1,2$ にある分子数の，平衡値 N_0^0, N_1^0, N_2^0 からのそれぞれのずれが n_0, n_1, n_2 であるときの，エントロピーの平衡値からのずれは

$$\Delta S = -\frac{k}{2}\left(\frac{n_0^2}{N_0^0} + \frac{n_1^2}{N_1^0} + \frac{n_2^2}{N_2^0}\right)$$

で与えられる(問題 IV.3)．もし $n_0 = -(n_1 + n_2)$ を考えるならば

$$X_1 = \frac{\partial \Delta S}{\partial n_1} = -k\left(\frac{n_1}{N_1^0} - \frac{n_0}{N_0^0}\right),$$

$$X_2 = \frac{\partial \Delta S}{\partial n_2} = -k\left(\frac{n_2}{N_2^0} - \frac{n_0}{N_0^0}\right)$$

がえられ，これは(51.24)に一致している．

(51.29)のエントロピーをとる範囲では L_{ij} は平衡系の性質だけに関係している．このとき J_i と X_i の間に線形な関係がある．

§52. 熱電気効果

金属に電場 $\mathcal{E}$ と温度勾配 $\partial T/\partial x$ が x 軸に沿うてかかっているときに起る現象をしらべる．このときにあらわれる電流は電子によってはこばれる電荷 $(-e)$ による．

エントロピーの生産速度 x 軸に垂直な面のなかではすべては一様だと仮定する．そして断面積が単位面積であるような x 軸に沿うてきりだされた柱を考え，その x と $x+dx$ の間にある部分に目をつける．この部分に含まれる電子数 ndx の時間変化は電子の流れ Γ の空間的な変化による．$x+dx$ での流れは x での流れよりは $(\partial \Gamma/\partial x)dx$ だけ大きい．だから単位時間に $-(\partial \Gamma/\partial x)dx$ だけ目をつけた部分の電子数は変わっている．これを $(\partial n/\partial t)dx$ にひとしいとおき，電流密度 $J=(-e)\Gamma$ を使うと連続の方程式

$$\frac{\partial (-e)n}{\partial t} = -\frac{\partial J}{\partial x} \tag{52.1}$$

がえられる．

つぎに単位体積あたりの金属の内部エネルギーを u であらわすと，この時間変化は次の3つの部分からなる．第1に熱の流量 J_q によって $-\partial J_q/\partial x$ の寄与がある．第2に電子が電場 $\mathcal{E}$ によって $(-e)\mathcal{E}$ の力を受け，dt 時間に vdt だけの変位をおこなうことに対して，電場のなす仕事は単位体積あたり $n(-e)\mathcal{E}vdt$ である．ここで v は電子の一様な速度で，$n(-e)v$ は電流密度 J である．これから，単位体積の金属の部分には単位時間あたり $J\mathcal{E}$ だけの内部エネルギーの増加のあることがわかる(**Joule 熱**)．第3に電位 ϕ のもとで電子は $(-e)\phi$ のエネルギーをもち，だから電子数の時間変化率 dn/dt に $(-e)\phi$ をかけただけ u は変わっている．この寄与は (52.1) を考えて $(-\phi)\partial J/\partial x$ にひとしいことがわかる．したがって

$$\frac{\partial u}{\partial t} = -\frac{\partial J_q}{\partial x} + J\mathcal{E} - \phi \frac{\partial J}{\partial x}. \tag{52.2}$$

最後に単位体積のエントロピー s の変化速度を見つけるのに $Tds=du-\mu dn$ を dt で割る．ここで電子の化学ポテンシャル μ を，電位 ϕ によるエネルギーを含めたもの(**電気化学ポテンシャル**) $\mu-e\phi$ でおきかえる．すると単位体積の部分のエントロピーは

$$\frac{\partial s}{\partial t} = \frac{1}{T}\frac{\partial u}{\partial t} - \frac{\mu-e\phi}{T}\frac{\partial n}{\partial t} \tag{52.3}$$

のわりあいで変わっていることがわかる．この式に(52.1)と(52.2)を使うと

$$\frac{\partial s}{\partial t} = -\frac{1}{T}\frac{\partial J_q}{\partial x} - \frac{1}{e}\frac{\mu}{T}\frac{\partial J}{\partial x} + \frac{J\mathcal{E}}{T} \tag{52.4}$$

がえられる．

上の式は容易に次のように変形される：

$$\frac{\partial s}{\partial t} + \frac{\partial}{\partial x}\left[\frac{1}{T}\left(J_q + \frac{\mu}{e}J\right)\right]$$
$$= J_q \frac{\partial}{\partial x}\left(\frac{1}{T}\right) + J\frac{\partial}{\partial x}\left(\frac{\mu}{eT}\right) + \frac{J\mathcal{E}}{T}. \tag{52.5}$$

もしこの右辺がゼロならば，この式は(52.1)とおなじ見かけをもつ．ところで，あの式は電荷が保存量であることをあらわしている．だから(52.5)の右辺をゼロとしたものはエントロピーの保存をあらわす関係とみれる．その際に $(J_q+\mu J/e)/T$ はエントロピーの流量にあたる．こうして非可逆過程におけるエントロピーの生産にかかわる項は(52.5)の右辺である．すなわち単位体積の領域のエントロピーの生産速度は

$$\left(\frac{\partial s}{\partial t}\right)_{\text{irr}} = J\left[\frac{\mathcal{E}}{T} + \frac{\partial}{\partial x}\left(\frac{\mu}{eT}\right)\right] + J_q \frac{\partial}{\partial x}\left(\frac{1}{T}\right) \tag{52.6}$$

で与えられる．これを全領域にわたって積分すると系のエントロピーの生産速度が見つかる．

電流と熱流 (52.6)によって電流 J と熱流 J_q を

§52. 熱電気効果

$$J = L_{11}\left[\frac{\mathcal{E}}{T} + \frac{\partial}{\partial x}\left(\frac{\mu}{eT}\right)\right] + L_{12}\frac{\partial}{\partial x}\left(\frac{1}{T}\right),$$
$$J_q = L_{21}\left[\frac{\mathcal{E}}{T} + \frac{\partial}{\partial x}\left(\frac{\mu}{eT}\right)\right] + L_{22}\frac{\partial}{\partial x}\left(\frac{1}{T}\right) \tag{52.7}$$

とおく.

上の式からまずわかるのは,温度が一様で電流も熱流もないときの関係: $\mathcal{E} + \partial(\mu/e)/\partial x = 0$ である.もしことなる種類の金属 A と B を接触させるならば,接触面に垂直な方向を x 軸とし,境界の近くで上の関係を積分すると,$\mathcal{E} = -\partial\phi/\partial x$ を考慮して

$$\phi_A - \phi_B = \frac{1}{e}(\mu_A - \mu_B) \tag{52.8}$$

がえられる. $\phi_A - \phi_B$ を金属 A, B の接触電位差という.

つぎに(52.7)の含んでいる 4 個の係数を測定データと関係づけよう.

(1) もし $T, \mu = $ const ならば(52.7)の第 1 式は **Ohm** の法則 $J = \sigma\mathcal{E}$ になる.だから電気伝導率 σ は L_{11} と

$$L_{11} = T\sigma \tag{52.9}$$

の関係にある.

(2) もし $J = 0$ の条件で J_q を測るならば,(52.7)の第 2 式は $J_q = -\kappa\partial T/\partial x$ の形のもので κ は熱伝導率である:

$$\frac{L_{11}L_{22} - L_{12}L_{21}}{L_{11}} = T^2\kappa . \tag{52.10}$$

(3) もし $T = $ const ならば(52.7)の 2 つの式の比は

$$J_q = \frac{L_{21}}{L_{11}}J \equiv -\left(\Pi + \frac{\mu}{e}\right)J. \tag{52.11}$$

ここで $-(\Pi + \mu/e)$ は単位電流密度の輸送する熱エネルギーに当る.いまことなる種類の金属 A, B のはりがねを図 XII.1 のようにつないで電流 J を流すならば B から A へゆく際に

$$(\varPi_\mathrm{A}-\varPi_\mathrm{B})J+\frac{1}{e}(\mu_\mathrm{A}-\mu_\mathrm{B})J$$

のエネルギーが接続点で遊離する.しかし上の第2項は(52.8)によって接触電位差によるエネルギー変化と消しあう.だから単位電流密度について $\varPi_\mathrm{AB}=\varPi_\mathrm{A}-\varPi_\mathrm{B}$ の熱(**Peltier** 熱)が接続点のひとつで放出され,他のひとつで吸収される. $\varPi$ を **Peltier** 係数という.

(4) もし $J=0, \partial T/\partial x \neq 0$ ならば(52.7)の第1式は

$$\mathcal{E}+\frac{\partial}{\partial x}\left(\frac{\mu}{e}\right)=-\epsilon\frac{\partial T}{\partial x}, \tag{52.12}$$

$$\epsilon=-\frac{1}{T}\left(\frac{L_{12}}{L_{11}}+\frac{\mu}{e}\right) \tag{52.13}$$

となる.いま金属 A, B のはりがねを図 XII.1 のようにつないで2つ

図 **XII.1**

の接続点の温度をそれぞれ T_1, T_2 にたもつ.はりがね B の途中に入れた電圧計の電圧の読みは(52.12)をはりがねの1周について積分したもの: $\oint \mathcal{E}dx$ で与えられる.(52.12)の右辺の相当する積分を温度についての積分に変えることにより

$$\oint \mathcal{E}dx = \int_{T_1}^{T_2}(\epsilon_\mathrm{A}-\epsilon_\mathrm{B})dT \tag{52.14}$$

にひとしい**熱起電力**のあらわれることがわかる.ここで(52.12)の左辺の μ/e に関する寄与が消えたのは(52.8)による. ϵ を**熱電能**という.

Thomson の関係 まず $\mathcal{E}$ と J_q を J と $\partial T/\partial x$ のタームであらわしたい.それには別に計算を要しない.第1に $J=0$ なら $\mathcal{E}$ は(52.12)になり,第2に $T, \mu=\mathrm{const}$ なら $\mathcal{E}$ は J/σ になる.これから次の第1式が容易に書きくだせる.第2の式も同様である.

$$\mathcal{E} = \frac{J}{\sigma} - \epsilon \frac{\partial T}{\partial x} - \frac{\partial}{\partial x}\left(\frac{\mu}{e}\right),$$
$$J_q = -\kappa \frac{\partial T}{\partial x} - \left(\Pi + \frac{\mu}{e}\right)J. \tag{52.15}$$

もしこれらを(52.2)に代入すれば,あの式の含んでいる $\partial J/\partial x$ をゼロだと仮定して熱量の発生速度は次のようになる:

$$\frac{\partial u}{\partial t} = \frac{\partial}{\partial x}\left(\kappa \frac{\partial T}{\partial x}\right) + \tau \frac{\partial T}{\partial x} J + \frac{J^2}{\sigma}, \tag{52.16}$$

$$\tau = \frac{\partial \Pi}{\partial T} - \epsilon. \tag{52.17}$$

$\tau(\partial T/\partial x)J$ の発生熱を Thomson 熱という.(52.17)は Thomson の第1の関係である.

つぎに相反関係 $L_{21}=L_{12}$ に注意するならば,(52.11)と(52.13)の比較から,Peltier 係数と熱電能の間の関係

$$\Pi = T\epsilon \tag{52.18}$$

が見つかる.これは Thomson の第2の関係である.

§53. Boltzmann の衝突方程式と輸送係数

 (52.7)は金属内の電荷とエネルギーの輸送量を与える式だが,いまはこのような輸送の問題を微視的な立場から取りあげる.この立場の有効なことは§9で見たとおりである.微視的な取り扱いを解析的にすすめる基礎になるのは Boltzmann の衝突方程式である.これを前の節で考えた問題について示そう.

Boltzmann の衝突方程式 いま x 軸に沿うて外力がかかっており,また粒子密度が変わっているが,それ以外に y, z 平面ではすべては一様だと仮定する.μ 空間で配置座標が x,運動量が p_x, p_y, p_z のところで考えた体積要素 $\Delta p_x \Delta p_y \Delta p_z$ のなかに

$$f(x, p_x, p; t)\frac{\Delta p_x \Delta p_y \Delta p_z}{h^3} \tag{53.1}$$

個の気体粒子が含まれるとするならば，$f(x, p_x, p; t)$ は時刻 t での目をつけた領域での量子状態のひとつを占める平均の粒子数にあたる．ここで配置空間での領域は単位体積を考えている．

粒子数(53.1)は時間とともに変わりうる．第1に粒子は位相空間のなかを Hamilton の方程式にしたがって動いてゆく．この Hamilton 関数には衝突のもとになる相互作用の項を含めない．第2に衝突によって粒子はその状態を変えてゆく．

まず第1の効果を取りあげる．目をつけた領域を時刻 t で占めていた粒子は時刻 $t+\Delta t$ ではよその領域へ移っている．この時刻に目をつけた領域へやってくる粒子は時刻 t では

$$x' = x - \frac{p_x}{m}\Delta t, \quad p_x' = p_x - F\Delta t \tag{53.2}$$

の場所にいたものである．ここで $\dot p_x = F$ は粒子に働く力．そこで

$$f(x, p_x, p; t+\Delta t) = f(x', p_x', p'; t) \tag{53.3}$$

の関係がある．この関係では，ある時刻で位相空間のある領域に含まれていた粒子の集まりが Δt 時間後に他の場所で同じ位相体積をもった領域を形づくること(Liouville の定理)を考慮した．Δt 時間に場所 x, p_x での分布 f は

$$\begin{aligned}(\Delta f)_\mathrm{d} &= f(x', p_x', p'; t) - f(x, p_x, p; t) \\ &= -\left(\frac{p_x}{m}\frac{\partial f}{\partial x} + F\frac{\partial f}{\partial p_x}\right)\Delta t\end{aligned} \tag{53.4}$$

だけ変わる．

第2に衝突の効果をたずねる．これは衝突の機構によってあらわしかたが違う．いまは金属のなかの電子気体が不純物によって散乱されるばあいを取りあげる．このとき単位体積の電子気体について，電子が運動量 $\boldsymbol{p}$ の状態から運動量 $\boldsymbol{p}'$ の状態へ移る単位時間の衝突回数を

$$w(\boldsymbol{p}', \boldsymbol{p})f(\boldsymbol{p})[1-f(\boldsymbol{p}')] \tag{53.5}$$

§53. Boltzmannの衝突方程式と輸送係数

とおく(§30). ここでエネルギーの保存則によって

$$p' = p. \tag{53.6}$$

また微視的な可逆性, すなわち(30.16)に相当する関係

$$w(\bm{p}', \bm{p}) = w(\bm{p}, \bm{p}') \tag{53.7}$$

に注意する. (53.5)を可能な $\bm{p}'$ についてくわえたものは状態 $\bm{p}$ の平均粒子数の減少の速度にあたる. また(53.5)の $\bm{p}$ と $\bm{p}'$ を入れかえたものの, 可能な $\bm{p}'$ についての総和は状態 $\bm{p}$ へはいってくる平均の粒子数である. だから衝突による f の変化は $\varDelta t$ 時間に

$$(\varDelta f)_c = \sum_{\bm{p}'} w(\bm{p}', \bm{p})[f(\bm{p}') - f(\bm{p})]\varDelta t. \tag{53.8}$$

総和は(53.6)をみたす量子化された運動量 $\bm{p}'$ についてとられる.

(53.4)と(53.8)の和が $\varDelta t$ 時間の f の正味の変化 $(df/dt)\varDelta t$ にあたり, そこで

$$\frac{df}{dt} = -\frac{p_x}{m}\frac{\partial f}{\partial x} - F\frac{\partial f}{\partial p_x} + \left(\frac{\partial f}{\partial t}\right)_c. \tag{53.9}$$

ここで衝突項 $(\partial f/\partial t)_c$ は(53.8)を $\varDelta t$ でわったもの. (53.9)の形の式を **Boltzmannの衝突方程式**という.

衝突方程式の定常解 時間的に定常な過程では $df/dt=0$ で, このとき私たちの解くべき式は $F=(-e)\mathcal{E}$ を入れて

$$\frac{p_x}{m}\frac{\partial f}{\partial x} + (-e)\mathcal{E}\frac{\partial f}{\partial p_x} = \left(\frac{\partial f}{\partial t}\right)_c. \tag{53.10}$$

さて, もし温度勾配がゆっくりしておれば, 各場所での電子気体は, 第0近似としては, それぞれの場所での温度をもって平衡分布をとるだろうと考える(局所平衡の仮定). この考えでは(53.10)の解を

$$f(x, \bm{p}) = f^0(x, \bm{p}) + f'(x, \bm{p}) + \cdots \tag{53.11}$$

とおいたときの $f^0(x, \bm{p})$ は位置 x での温度 T, 化学ポテンシャル μ をいれてえられるF-D分布

$$f^0 = (e^{(\varepsilon(\bm{p})-\mu)/kT} + 1)^{-1} \tag{53.12}$$

である．これを(53.10)の左辺にいれてみる．必要な微分は

$$\frac{\partial f^0}{\partial x} = \frac{\partial f^0}{\partial T}\frac{\partial T}{\partial x} + \frac{\partial f^0}{\partial \mu}\frac{\partial \mu}{\partial x}$$

$$= \left(-\frac{\partial f^0}{\partial \varepsilon}\right)T\left\{-\varepsilon\frac{\partial}{\partial x}\left(\frac{1}{T}\right) + \frac{\partial}{\partial x}\left(\frac{\mu}{T}\right)\right\},$$

$$\frac{\partial f^0}{\partial p_x} = \frac{\partial f^0}{\partial \varepsilon}\frac{\partial \varepsilon}{\partial p_x} = \frac{\partial f^0}{\partial \varepsilon}\frac{p_x}{m}.$$

(53.13)

したがって(53.10)の左辺の第0近似は(52.7)の電流や熱流をかりたてる量を含んでいる．

衝突項(53.8)で，右辺の p' は(53.6)により半径 p の球面の上にある．そこで(53.8)での和を積分にかえる際に，p を極軸にとって p' が (θ, φ) の位置，立体角要素 $\sin\theta d\theta d\varphi$ にあるときの $w(p', p)$ に当る因数を $w(p, \theta)$ とおく．すると(53.8)のかわりに

$$\left(\frac{\partial f}{\partial t}\right)_c = -\int_0^{2\pi}d\varphi\int_0^\pi w(p, \theta)[f(\boldsymbol{p})-f(\boldsymbol{p'})]\sin\theta d\theta.$$

(53.14)

さて(53.11)を(53.14)にいれたときに，まずあらわれるのは f' である．その形は(53.10)の左辺の第0近似から予想できる．あの式の左辺は共通因数として $(-\partial f^0/\partial \varepsilon)p_x$ を含んでいる．だから

$$f' = c\left(-\frac{\partial f^0}{\partial \varepsilon}\right)p_x \qquad (53.15)$$

の形が予想できる．ここで c はいまから定めるべき定数である．(53.15)を(53.14)にいれたとき

$$\int_0^{2\pi}d\varphi\int_0^\pi w(p, \theta)(p_x - p_x')\sin\theta d\theta \qquad (53.16)$$

が問題である．いま p を極軸にとった座標系(図XII.2の $[\boldsymbol{e}_1, \boldsymbol{e}_2, \boldsymbol{p}]$ 系)で，x 軸の極角が ψ だとするならば図を参照して

$$p_x = p\cos\psi,$$
$$p_x' = p(\cos\theta\cos\psi + \sin\theta\sin\psi\cos\alpha).$$

(53.17)

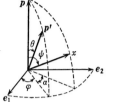

図 XII.2

ここで α は $\boldsymbol{p}'$ の方位角 φ と x 軸のそれの差.上の表式を(53.16)にいれ,φ について積分するならば p_x' の含む $\cos\alpha$ の項は消える.こうして(53.16)は φ の積分の結果として

$$p_x \cdot 2\pi \int_0^\pi w(p,\theta)(1-\cos\theta)\sin\theta d\theta \tag{53.18}$$

と書ける.だから(53.14)は

$$\left(\frac{\partial f}{\partial t}\right)_c = -c\tau^{-1}p_x\left(-\frac{\partial f^0}{\partial \varepsilon}\right), \tag{53.19}$$

$$\tau^{-1} = 2\pi \int_0^\pi w(p,\theta)(1-\cos\theta)\sin\theta d\theta \tag{53.20}$$

となる.ここで τ は緩和時間である.

(53.13)と(53.19)を(53.10)に代入すると,未定の定数 c が見つかる.したがって,第1近似での f が見つかり,それは次のようになる.

$$f(x,\boldsymbol{p}) = f^0(x,p) + \tau\frac{p_x}{m}\left(-\frac{\partial f^0}{\partial \varepsilon}\right)T\left\{(-e)\left[\frac{\mathcal{E}}{T} + \frac{\partial}{\partial x}\left(\frac{\mu}{eT}\right)\right] + \varepsilon\frac{\partial}{\partial x}\left(\frac{1}{T}\right)\right\}. \tag{53.21}$$

輸送方程式 電流密度 J をうるには単位体積に含まれる電子について $(-e)p_x/m$ の総和をつくればよく,また熱流 J_q をうるには $\varepsilon(p)p_x/m$ の同様な総和をすればよい.すなわち

$$J = \sum (-e)\frac{p_x}{m} f(\boldsymbol{p}),$$
$$J_q = \sum \varepsilon(p)\frac{p_x}{m} f(\boldsymbol{p}). \qquad (53.22)$$

ところで上の式の f のかわりに f^0 を入れると結果はゼロになる. これは f^0 が運動空間で球対称な分布をしているためだが, この球対称の分布が f' によってこわれている. (53.22) に (53.21) を入れると (52.7) に相当する式がえられる. 輸送係数 L_{11}, L_{12}, L_{21} および L_{22} はいまは次のようにあらわされる:

$$L_{11} = T\sum e^2\tau\left(\frac{p_x}{m}\right)^2\left(-\frac{\partial f^0}{\partial \varepsilon}\right),$$
$$L_{21} = L_{12} = -T\sum e\tau\left(\frac{p_x}{m}\right)^2\varepsilon\left(-\frac{\partial f^0}{\partial \varepsilon}\right), \qquad (53.23)$$
$$L_{22} = T\sum \tau\left(\frac{p_x}{m}\right)^2\varepsilon^2\left(-\frac{\partial f^0}{\partial \varepsilon}\right).$$

Onsager の相反関係: $L_{21} = L_{12}$ は自動的にみたされている.

輸送係数の評価 上の3つの係数のなかで, L_{11}/T は, (52.9) によって, 電気伝導率 σ である. すなわち

$$\sigma = \frac{L_{11}}{T} = \frac{1}{3}\sum e^2\tau\left(\frac{p}{m}\right)^2\left(-\frac{\partial f^0}{\partial \varepsilon}\right). \qquad (53.24)$$

ここで (53.23) の第1式に, その p_x を p_y, p_z でおきかえたものをくわえ3でわった. 同様に他の式でも p_x^2 は $p^2/3$ でおきかえられる. (53.24) での量子状態についての和を ε についての積分でおきかえるには単位体積のエネルギー状態密度, すなわち (33.2) で V を1としたものを考慮すればよく, そこで

$$\sigma = \frac{16\pi}{3}\frac{\sqrt{2m}e^2}{h^3}\int_0^\infty \tau(\varepsilon)\varepsilon^{3/2}\left(-\frac{\partial f^0}{\partial \varepsilon}\right)d\varepsilon. \qquad (53.25)$$

上の積分は電流のゆらぎの問題で出あった (48.6) とおなじ形をしている. もし緩和時間 $\tau(\varepsilon)$ を一定値だと仮定するならば, 上の式と

§53. Boltzmannの衝突方程式と輸送係数

(48.6)を見くらべて

$$\sigma = \frac{\tau}{kT}\langle J^2\rangle \qquad (\tau = \text{const を仮定}) \qquad (53.26)$$

がえられる. 一般に $\tau(\varepsilon)$ が ε に関係している場合には次のように取りあつかう. §33でみたように $(-\partial f/\partial \varepsilon)$ は $\varepsilon=\mu$ で鋭いピークをもった関数だから(53.25)の積分で $(-\partial f/\partial \varepsilon)$ を除いた積分される関数を $\varepsilon=\mu$ で評価し, 残りの $(-\partial f/\partial \varepsilon)$ を積分する. この積分は単に1である. この結果に(33.4)を使うと

$$\sigma = \frac{N}{V}\cdot\frac{e^2\tau}{m} \qquad (53.27)$$

がえられる. ここで τ は $\tau(\varepsilon)$ の $\varepsilon=\mu$ での値.

L_{ij} の温度変化をみるには(53.25)の形の積分をすこしくわしくしらべねばいけない. (33.12)の積分が(33.14)のように展開される結果を使って

$$\int_0^\infty \tau(\varepsilon)\varepsilon^\nu\left(-\frac{\partial f^0}{\partial \varepsilon}\right)d\varepsilon$$
$$= \tau\mu^\nu\left\{1+\frac{\pi^2}{6}\frac{(kT)^2}{\mu^\nu}\cdot\frac{1}{\tau}\left(\frac{d^2}{d\varepsilon^2}\tau\varepsilon^\nu\right)_{\varepsilon=\mu}\right\}. \qquad (53.28)$$

この積分の $\nu=3/2$ は L_{11} の, $\nu=5/2$ は $L_{21}=L_{12}$ の, $\nu=7/2$ は L_{22} の含んでいる積分に当る. また

$$\left(\frac{d^2}{d\varepsilon^2}\tau(\varepsilon)\varepsilon^\nu\right)_{\varepsilon=\mu} = \nu(\nu-1)\tau\mu^{\nu-2}+2\nu\tau'\mu^{\nu-1}+\tau''\mu^\nu. \qquad (53.29)$$

ここで τ', τ'' は $\tau(\varepsilon)$ の ε についての, それぞれ1次微分と2次微分を $\varepsilon=\mu$ で評価したものをあらわす.

熱伝導率 κ は(52.10)から見つかる. (53.28)を使って $(kT/\mu)^2$ の項までとどめた $L_{11}, L_{22}, L_{21}=L_{12}$ は次の結果にみちびく:

$$\kappa = \frac{\pi^2}{3}\left(\frac{k}{e}\right)^2 T\frac{N}{V}\frac{e^2\tau}{m}. \qquad (53.30)$$

これと(53.27)をくらべると

$$\frac{\kappa}{\sigma T} = \frac{\pi^2}{3}\left(\frac{k}{e}\right)^2. \qquad (53.31)$$

この結果は $\kappa/T\sigma$ が温度によらないことを示しており,これを **Wiedemann-Franz の法則**という.

おなじように

$$\frac{L_{21}}{L_{11}} = -\frac{\mu}{e}\left\{1 + \frac{\pi^2}{6}\left(\frac{kT}{\mu}\right)^2\left(3 + 2\mu\frac{\tau'}{\tau}\right)\right\}. \qquad (53.32)$$

(52.11) によって,これから Peltier 係数 Π が

$$\Pi = \frac{\pi^2}{6}\frac{(kT)^2}{e\mu}\left(3 + 2\mu\frac{\tau'}{\tau}\right) \qquad (53.33)$$

と見つかる.もし電子の自由行路: $l=(p/m)\tau$ が一定だと仮定するならば,$\tau(\varepsilon)$ は $\varepsilon^{-1/2}$ に比例する.この仮定では上の式のさいごの因数は 2 になる.このときの熱電能は (52.18) によって

$$\frac{\Pi}{T} = \frac{\pi^2}{3}\frac{k^2 T}{e\mu}. \qquad (53.34)$$

熱電能は緩和時間のエネルギー依存性に関係するために,理論的にはむつかしい量である.

§54. Onsager の相反定理

Onsager の相反関係 (51.34) を一般的に証明するには (51.33):

$$\dot{\alpha}_i = \sum_r L_{ir}\frac{\partial \Delta S}{\partial \alpha_r} \qquad (54.1)$$

を統計力学の見地から見なおさなければいけない.この式を書きくだす基礎になったエントロピー ΔS は,ゆらぎをしらべるのに使ったものとおなじである.だから (54.1) はゆらぎについてもなりたつはずである.いまこの見地を取りあげる.

そこで (54.1) の両辺に α_j をかけてミクロ・カノニカル集合の上で平均してみる.この形式的な結果は

§54. Onsager の相反定理

$$\langle \dot{\alpha}_i \alpha_j \rangle = \sum_r L_{ir} \left\langle \alpha_j \frac{\partial \Delta S}{\partial \alpha_r} \right\rangle. \tag{54.2}$$

いまこの式の両辺をそれぞれ違った角度から点検する.

(54.2)の右辺の平均値は $e^{\Delta S/k}$ に比例する確率分布

$$w(\alpha_1, \cdots, \alpha_n) = \frac{e^{\Delta S/k}}{\int \cdots \int e^{\Delta S/k} d\alpha_1 \cdots d\alpha_n} \tag{54.3}$$

を使って

$$\left\langle \alpha_j \frac{\partial \Delta S}{\partial \alpha_r} \right\rangle = \int \cdots \int \alpha_j \frac{\partial \Delta S}{\partial \alpha_r} w \, d\alpha_1 \cdots d\alpha_n \tag{54.4}$$

と書ける. しかし w は $e^{\Delta S/k}$ に比例しているので, 上の式の右辺は

$$k \int \cdots \int \alpha_j \frac{\partial w}{\partial \alpha_r} d\alpha_1 \cdots d\alpha_n$$

にひとしい. この積分で α_r に関する部分: $\int \alpha_j (\partial w/\partial \alpha_r) d\alpha_r$ に部分積分をおこなうならば, 積分域の両端で w はゼロのはずだから, 結果は $-\int (\partial \alpha_j/\partial \alpha_r) w d\alpha_r$ になる. すなわち

$$\left\langle \alpha_j \frac{\partial \Delta S}{\partial \alpha_r} \right\rangle = \begin{cases} -k & (r = j), \\ 0 & (r \neq j). \end{cases} \tag{54.5}$$

したがって(54.2)は

$$-k L_{ij} = \langle \dot{\alpha}_i \alpha_j \rangle. \tag{54.6}$$

相関関数 $\langle \dot{\alpha}_i \alpha_j \rangle = \langle \dot{\alpha}_i(t) \alpha_j(t) \rangle$ での $\dot{\alpha}_i(t)$ は衝突による変化速度 $[\alpha_i(t+\tau) - \alpha_i(t)]/\tau$ であり, 微小時間 τ は粒子の衝突時間(衝突回数の逆数)より長いものを考える. この意味で

$$\langle \dot{\alpha}_i \alpha_j \rangle = \frac{1}{\tau} \{ \langle \alpha_i(t+\tau) \alpha_j(t) \rangle - \langle \alpha_i(t) \alpha_j(t) \rangle \}. \tag{54.7}$$

時間 τ の間に系の微視状態は A から B へ変わっている. このとき A での α_j の値と B での α_i の値の積をミクロ・カノニカル集合の A で平均したものが $\langle \alpha_i(t+\tau) \alpha_j(t) \rangle$ で, これは t によらない.

ところで時間的な相関関数には次の重要な性質がある:

$$\langle \alpha_i(t+\tau) \alpha_j(t) \rangle = \langle \alpha_i(t-\tau) \alpha_j(t) \rangle$$

$$= \langle \alpha_i(t)\alpha_j(t+\tau) \rangle . \qquad (54.8)$$

この式で上の行の左辺から右辺へ移るのが問題である.これは微視的な可逆性(§30)による.すなわち,もしある時刻に微視状態Aがあらわれ時間 τ の後に微視状態Bがあらわれるならば,ちょうどおなじわりあいで,ある時刻に微視状態Bがあらわれるときに時間 τ の後に微視状態Aがあらわれる.ところでミクロ・カノニカル分布では,微視状態A,Bはひとしい確率であらわれる.したがって(54.8)の上の行の左,右の項はひとしい.

そこで(54.7)の右辺の $\langle \alpha_i(t+\tau)\alpha_j(t) \rangle$ は $\langle \alpha_i(t)\alpha_j(t+\tau) \rangle$ でおきかえられる.これから

$$\langle \dot{\alpha}_i \alpha_j \rangle = \langle \dot{\alpha}_j \alpha_i \rangle . \qquad (54.9)$$

ここで(54.6)に注意すれば,(54.9)は相反関係: $L_{ji}=L_{ij}$ に等価なことがわかる.

微視的な可逆性は,古典的にいえば,Newton の運動方程式が時間の向きを変えても変わらないことにもとづいている.このため速度を逆にすると粒子は通ってきた軌道に沿うてまたもどってゆく.この力学的な可逆性は $d\boldsymbol{p}/dt$ が時間の向きによらないこと,力もまたそうであることによる.しかし荷電粒子が磁場 $\mathcal{H}$ のなかで運動するときには Lorentz 力 $e[\boldsymbol{v}\times\mathcal{H}]/c$ が働く.ここで $\boldsymbol{v}$ は粒子の速度で,c は光速.この力は時間の向きを変えると符号が変わる.しかし,もし時間の逆転に磁場 $\mathcal{H}$ の逆転を伴わせれば運動方程式は不変にたもたれる.だから Onsager の相反定理は一般的に

$$L_{ji}(\mathcal{H}) = L_{ij}(-\mathcal{H}) \qquad (54.10)$$

の形に書ける.

§55. 平均変化,変化のゆらぎ,可逆性と非可逆性

液体に懸濁したコロイド粒子の,小さな領域内の数の時間的変動の解析は非可逆過程の理解に役だつ(Smoluchowski, 1916).たとえ

ば Swedberg(1911) は 1/33 min の時間間隔 τ で一定領域内の粒子数を観測して 518 個の数の列を与えた. その初めの部分が次にある:

1 2 0 0 0 2 0 0 1 3 2 4 1 2 3 1 0 2
1 1 1 1 3 1 1 2 5 1 1 1 0 2 3 3 1 3

遷移確率 小さな領域内にある粒子数は Poisson 分布 (47.6):

$$w(n) = \frac{\nu^n e^{-\nu}}{n!}, \quad \nu = \langle n \rangle \tag{55.1}$$

に従って散らばる. これは数 n のあらわれる平均の回数を予言するが, n の次の数をたずねれば, もっと立ち入った解析が必要になる.

時間 τ の間の粒子数の変化は領域に入ってくる粒子数と出てゆく粒子数の差で与えられ, この出入りは粒子の Brown 運動による. もし領域内の粒子のどれか 1 つが時間 τ の間に出てゆく確率が p ならば, n 個のうちの i 個の粒子が τ の間に出てゆく確率は

$$A_i^{(n)} = \binom{n}{i} p^i (1-p)^{n-i} \equiv w_1(n|n-i). \tag{55.2}$$

また時間 τ の間に i 個の粒子が入ってくる確率 B_i は領域内の粒子数によらない. i 個の粒子の出入りの平均としてのつりあいを考えると B_i は

$$B_i = \sum_{n=i}^{\infty} A_i^{(n)} w(n) = \frac{e^{-\nu p}(\nu p)^i}{i!} \equiv w_2(i) \tag{55.3}$$

と見つかる. ただし (55.1), (55.2) を考慮した.

粒子の出入りはたがいに独立なはずだから, 初めに粒子数が n であったとき, それが τ の間に m へ移る**条件つき遷移確率** $W(n|m)$ は

$$W(n|m) = \sum_{m_1+m_2=m} w_1(n|m_1) w_2(m_2) \tag{55.4}$$

と書ける. ここで (55.2), (55.3) を使った. 条件つき遷移確率の次の規準化は見易い:

$$\sum_m W(n|m) = 1. \tag{55.5}$$

粒子数の平均変化,変化のゆらぎ 粒子数が n のとき,時間 τ の後での平均粒子数は

$$\langle m \rangle^{(n)} = \sum_m m W(n|m) \tag{55.6}$$

で与えられ,また $\varDelta m = m - n$ の2乗平均も同様に書き下せる.これらは

$$\langle m \rangle^{(n)} - n = -(n-\nu)p, \tag{55.7}$$

$$\langle (\varDelta m)^2 \rangle^{(n)} = [(n-\nu)^2 - n]p^2 + (n+\nu)p \tag{55.8}$$

にみちびく.これらの計算では問題 XI.4 の結果を使った.もし(55.8)に $w(n)$ をかけ n で総和するならば

$$\langle (\varDelta m)^2 \rangle = 2\nu p. \tag{55.9}$$

さて(55.7)は実証されている.(必要な p は(55.9)から評価される.)この式は領域内の粒子数が平均値 ν からずれたときに,粒子数の平均変化が平均値にもどる向きに起ることを示している.すなわち粒子の拡散をあらわしている.もし $|n-\nu| \gg 1$ ならば系統的な拡散が(55.7)に従って起る.なぜなら粒子数の時間変化のゆらぎは(55.8)と(55.7)の2乗の差で与えられ,変化のゆらぎの比率は上の場合では $\sim 1/\sqrt{|n-\nu|}$ に過ぎないからである.

平衡状態からのずれが小さいときの非可逆過程をゆらぎの問題のレベルで取り扱うのは正しい.これら2つの問題の違いは,平均変化の式が前者ではひとつの観測についてなりたつのに対して,後者では多くの観測についての平均の意味でなりたつことである.

持続時間と再帰時間 数列で,もし同じ数字 n が k 個つづく場合が N_k 個あれば n のあらわれた回数は $\sum kN_k$ にひとしい.またもし n でない数字が k 個つづく場合が M_k 個あれば n のあらわれなかった回数は $\sum kM_k$ にひとしい.数字の総数は $\sum k(N_k + M_k)$ だから,数字 n のあらわれる確率(55.1)は

$$w(n) = \frac{\sum kN_k}{\sum k(N_k + M_k)}. \tag{55.10}$$

§55. 平均変化, 変化のゆらぎ, 可逆性と非可逆性

粒子数が n のままで持続する時間は, もしこの数が k 個つづいてあらわれるならば $k\tau$ である: それは $(k-1)\tau$ より確かに長い. こうして数 n が持続する時間, および n でない数があらわれ続ける時間の平均値がそれぞれ

$$T_n = \tau \frac{\sum kN_k}{\sum N_k}, \quad \Theta_n = \tau \frac{\sum kM_k}{\sum M_k} \quad (55.11)$$

で与えられる. ところで数 n が出てきて, それが $(k-1)$ 個のステップだけ継続する確率は $W(n|n)^{k-1}[1-W(n|n)]$ になる. だから平均の持続時間 T_n は

$$T_n = \tau \sum_{k=1}^{\infty} kW(n|n)^{k-1}[1-W(n|n)]$$
$$= \frac{\tau}{1-W(n|n)}. \quad (55.12)$$

もし観測が十分長い時間にわたっておれば, 数字 n の出てくる回数はその消えてゆく回数にひとしい. この条件: $\sum N_k = \sum M_k$ と (55.10)-(55.12) から Θ_n が

$$\Theta_n = \frac{\tau}{1-W(n|n)} \cdot \frac{1-w(n)}{w(n)} \quad (55.13)$$

と見つかる. これは数 n が消えてまた帰ってくるまでの時間——再帰時間の平均に当る.

可逆性と非可逆性 さて力学系の時間的展開という見地から, 非可逆過程には 2 つの問題点がある. 第 1 に力学系の可逆性 (§54) によって, エントロピーの増加する過程が起るなら, その減少する過程も起るはずである (**Loschmidt** のパラドクス). 第 2 に古典的な力学系は '与えられた初期状態に, 正確にではないが望みの精度で, たち帰ってくる' (**Poincaré** の再帰定理). この定理と熱力学の第二法則は両立しない (**Zermelo** のパラドクス).

粒子数の遷移確率 $W(n,m) = w(n)W(n|m)$ は力学系と同じ可逆性: $W(m,n) = W(n,m)$ をもつ. だから上に指摘したパラドクスは

粒子数のゆらぎにもあてはまる.数 n の再帰時間は(55.13)から求まる.Svedberg の観測で1回だけ出た最大数7の Θ_n は 1105τ となり,また1回も出なかった $n=17$ では $\Theta_n=10^{13}\tau$ (50万年)となる.これらの評価では $\nu=1.55$ および $p=0.726$ の値が使われている.

一般に力学系の巨視的に区別できる状態で,平衡状態に近いものは非常に多数回再帰するだろうが,そうでないものは驚くほど長い再帰時間をもつ.再帰を経験するには人間の歴史は余りにも短い.

'空間に上と下がないように,宇宙では時間の2つの向きの区別はない.だが地上の特定な場所で地球の中心に向かう方向を下だとよぶように,1個の世界の特定な時間間隔のなかにある生きものは,起りそうにない状態へ向かう時間の向き(過去への向き)をそれとは逆の向き(未来への向き)と区別するだろう'(L. Boltzmann: Vorlesungen über Gas Theorie).

問　題

XII.1 §51 で与えた第1の例について,(51.29)から(51.32)までの式を書いてみよ.えられる結果を(51.3)とくらべよ.

XII.2 (52.7)で $L_{11}>0, L_{22}>0, L_{11}L_{22}-L_{12}L_{21}>0$ を示せ.

XII.3 2つの系1,2の間のエネルギーの流れの式は,平衡からのずれが小さいならば,系の温度変化の式に書きかえられる.いま時刻 $t=0$ で系2の温度を系1の温度とはことなる温度 T_2^0 に固定するときに系1の温度 T_1 の変化速度を $\dot{T}_1=-(T_1-T_2^0)/\tau$ とおけ.この過程では系1,2の外部から熱が流れこんで平衡状態にたどりつく.もし時刻 $t=0$ で系2の温度が T_2^0 になり,それ以後では外部と系1,2の間の熱の出入りがないならば,T_1 の変化は

$$\dot{T}_1 = -\frac{1}{\tau'}(T_1-T_0), \quad \tau' = \frac{C_2}{C_1+C_2}\tau$$

で与えられることを示せ．ここで T_0 は系 1, 2 が熱平衡になったときの温度で，また C_1, C_2 はそれぞれ系 1, 2 の比熱をあらわす．

XII. 4 常磁性のスピン系が温度 T_0 の恒温槽と接触している．いま外部からかかった磁場 $\mathcal{H}$ が平均値のまわりで $\varDelta \mathcal{H}$ だけずれたとせよ．このとき，平衡値から測ったスピン系の温度 $\varDelta T = T - T_0$ を磁化のずれ $\varDelta M$ と $\varDelta \mathcal{H}$ のタームであらわせ．この $\varDelta T$ を使って，スピン系から恒温槽への熱の流れ $C \varDelta T / \tau$ をあらわせ．さらに，この熱流によるスピン系のエントロピーの変化速度を $\varDelta M$ と $\varDelta \mathcal{H}$ の変化速度のタームであらわせ．こうしてえられる $\varDelta M$, $\varDelta \mathcal{H}$ およびそれらの変化速度の間の関係で，もし $\varDelta \mathcal{H}, \varDelta M$ の時間因子を $e^{i\omega t}$ の形にとるならば次の式のえられることを示せ．

$$\frac{\varDelta M}{\varDelta \mathcal{H}} = -\frac{(C/T)(\partial T/\partial \mathcal{H})_M + i\omega\tau(\partial S/\partial \mathcal{H})_M}{(C/T)(\partial T/\partial M)_{\mathcal{H}} + i\omega\tau(\partial S/\partial M)_{\mathcal{H}}}.$$

ここで C はある有効な比熱，τ は緩和時間である．つぎに $\varDelta M/\varDelta \mathcal{H}$ は，もし $\omega\tau \ll 1$ ならば等温磁化率 $(\partial M/\partial \mathcal{H})_T$ に，もし $\omega\tau \gg 1$ ならば断熱磁化率 $(\partial M/\partial \mathcal{H})_S$ になることを示せ．

XII. 5 電子気体のエントロピー (30.20) を §53 の記法で書き改める．もし $f(\boldsymbol{p})$ の変化が (53.8) で与えられるならば，この衝突によるエントロピーの時間変化率 $(\partial S/\partial t)_c$ をあらわす式を書け．この式で $\boldsymbol{p}$ と $\boldsymbol{p}'$ を入れかえて得られる式をもとの式に加えて 2 でわることにより

$$\left(\frac{\partial S}{\partial t}\right)_c = \frac{1}{2}k \sum_{\boldsymbol{p},\boldsymbol{p}'} w(\boldsymbol{p}',\boldsymbol{p})$$
$$\cdot \ln \frac{f(\boldsymbol{p}')[1-f(\boldsymbol{p})]}{f(\boldsymbol{p})[1-f(\boldsymbol{p}')]} [f(\boldsymbol{p}')-f(\boldsymbol{p})]$$

を見いだせ．また $(x-y)(\ln x - \ln y) \geqq 0$ などの関係を使って $(\partial S/\partial t)_c \geqq 0$ を証明せよ．

XII. 6 拡散の問題について次のことをしらべよ．

(1) 直線(x軸)の上を時間τの間に長さlの距離を進む粒子がある. この粒子は長さlの距離を走りおえたとき, 次のステップでは進みの向き($+x$方向か, $-x$方向か)をまったくでたらめに選ぶものとする. 時刻$t=0$で原点にあった粒子が時刻tでxと$x+dx$の間にある確率$w(x,t)dx$を(18.9)から次の形にみちびけ.

$$w(x,t) = (4\pi Dt)^{-1/2} e^{-x^2/4Dt}, \qquad D = \frac{l^2}{2\tau}.$$

(2) 粒子が3次元的に運動するならばl^2を自由行路の2乗平均値(問題 XI.3)の1/3でおきかえよ. もし時刻$t=0$に, 全体としての原子の密度が一定値をとるように, しるしのついたN個の原子を$x=0$におくならば$Nw(x,t)$は時刻t, 場所xでのこれらの原子の密度$n(x,t)$を表わす. 拡散の方程式$\partial n/\partial t = D\partial^2 n/\partial x^2$をみちびけ. こうして, Dはしるしのついた原子の拡散定数であることを認めよ. このDを問題 II.6 の結果とくらべよ.

(3) 時刻tで$\langle x^2 \rangle = 2Dt$を示せ. これを(10.4)とくらべてえられる$\beta = D/kT$を Einstein の関係という.

(4) 上の結果は拡散定数の一般的な計算のしかたを示している. まず§49を参照して次の式をみちびけ.

$$\langle x^2(t) \rangle = \left\langle \left(\int_0^t \dot{x}(t')dt' \right)^2 \right\rangle$$
$$= 2\int_0^t ds \int_0^{t-s} \langle \dot{x}(t')\dot{x}(t'+s) \rangle dt'.$$

積分される相関関数がt'によらないことに注意せよ. また相関関数がゼロに近づく時間τ_cにくらべてtが十分ながいと仮定して

$$D = \frac{\langle x^2 \rangle}{2t} = \int_0^\infty \langle \dot{x}(0)\dot{x}(s) \rangle ds$$

を示せ. 積分の中味の速度の相関関数の時間依存性をe^{-s/τ_c}に仮定すればτ_cはβとどんな関係にあるか.

問題の略解と解説

I.3 等温変化 dp による発熱量 $= -T(\partial S/\partial p)_T\, dp$. Maxwell の関係 (M4) をつかう. (Maxwell の関係はつぎの規則に従う. (i) 変数の組 (p, S, V, T) から互いに共役でない2つを選び,その無限小比を左辺とする. (ii) 左辺の分母(分子)に共役な変数の無限小が右辺の分子(分母)である. (iii) 左辺(右辺)の微分で一定にする変数は右辺(左辺)の分母の変数である. (iv) $\partial p/\partial T$ かその逆数が現われるならば左辺と右辺の符号は同じであり,それ以外は $-$ 符号を考慮する.)

I.4 (1) 式 (5.14) と (5.19) の右辺を等号でつなぎ, dp を 0 と置き dT で割る. T をかけて $C_p - C_V = T(\partial S/\partial V)_T(\partial V/\partial T)_p$. この式に (M3) ついで (5.18) を考えよ. (2) (5.19) で S を一定と置き dT で割ると $(\partial S/\partial T)_p = -(\partial S/\partial p)_T (\partial p/\partial T)_S$. (5.14) から同様に $(\partial S/\partial T)_V = -(\partial S/\partial V)_T(\partial V/\partial T)_S$. 上式の比が C_p/C_V であり, $(\partial S/\partial p)_T/(\partial S/\partial V)_T = (\partial S/\partial p/\partial S/\partial V)_T = (\partial V/\partial p)_T$ などをつかう. (3) $C_V = T(\partial S/\partial T)_V$ を代入. 微分の順序をいれかえ (M3) をつかう.

I.5 (1) は変数を (S, M) から $(T, \mathcal{H})$ に移したときの Maxwell の関係である. そこで $d(E - TS - \mathcal{H}M) = -SdT - Md\mathcal{H}$ と変形する. (左辺を dF と書くならば,磁場による磁化のエネルギーが $F = F(\mathcal{H})$ に含まれている.)

I.6 ゴムの長さ l, 張力 K はそれぞれ気体の V, $-p$ に対応. (M3) を考えよ.

II.1 図 II.1 の x 軸を極軸にとり,立体角要素 $d\Omega = \sin\theta\, d\theta d\varphi$ の方向から壁の単位面積を毎秒たたく粒子数 $(N/V) v \cos\theta\, d\Omega/4\pi$ を積分 $(\theta \leq \pi/2)$.

II.2 吹き出す分子流 Γ は (8.2) の積分で $U = 0$ としたもの. 因数

$m\dot{\xi}^2/2$ を含めた積分を Γ で割ると,分子流に対する平均 $\langle m\dot{\xi}^2/2 \rangle$ $=kT$ が得られる.

II. 4 分子 1, 2 を $\boldsymbol{v}_1, \boldsymbol{v}_2$ に見つける確率密度 $N(\boldsymbol{v}_1)N(\boldsymbol{v}_2)/N^2$ の指数部分は定数因数を除いて $v_1^2+v_2^2=2v_0^2+g^2/2$. 重心速度 $\boldsymbol{v}_0$ と相対速度 $\boldsymbol{g}$ に積分変数を変換せよ.(有効質量は重心運動では倍増,相対運動では半減という結果である.)

III. 1 $x_1, x_2, y_1, y_2, \cdots$ を重心座標 x_0, y_0, z_0 と相対座標 x, y, z であらわすと,$x_1=x_0+m_2 x/(m_1+m_2)$, $x_2=x_0-m_1 x/(m_1+m_2)$, $\cdots$. これらの式を時間で微分すると速度の式にかわる.結果の式から,

$$K = (1/2)(m_1+m_2)(\dot{x}_0^2+\dot{y}_0^2+\dot{z}_0^2)+(\mu/2)(\dot{x}^2+\dot{y}^2+\dot{z}^2).$$

右辺第 2 項は相対運動のエネルギー K_r に相当し,$\mu=m_1 m_2/(m_1+m_2)$ は換算質量である.極座標 (r, θ, φ) をつかうと K_r は回転部分と振動部分にわかれる.回転部分は (11.7) になり,慣性モーメントは $I=\mu r^2$ となる.振動の運動エネルギー $\mu \dot{r}^2/2$ は 56 ページの $\dot{x}, \dot{y}, \dot{z}$ の式に $\dot{r}$ の項を追加すると得られる.

III. 3 $\dot{p}q=d(pq)/dt-p\dot{q}$ の両辺を時刻 0 から十分大きな t_1 まで積分した結果を t_1 で割ると,各項の時間平均値が得られる.このとき右辺の第 1 項は pq の t_1 と 0 における値の差(定常運動では有限)の $1/t_1$ であるので 0 とみてよい.第 2 項は $-2\langle K \rangle$ になる.

応用(2): 自由度 3 の系では,ビリアルは粒子の位置ベクトルと力のスカラ積になる.ビリアルの総和は壁の圧力 p から $-p\int \boldsymbol{r}\cdot d\boldsymbol{f}=-p\int \nabla\cdot \boldsymbol{r}\, dV=-3pV$ と求まる.壁の面素片 $d\boldsymbol{f}$ は外向き法線方向をもち,面積分から体積積分への変形は Gauss の定理による(任意の形の容器について証明した).

III. 5 (1) 普通の記号で,糸の張力 $S=mg\cos\theta+ml\dot{\theta}^2$. 微小振動の近似で $\cos\theta \fallingdotseq 1-\theta^2/2$, また $\theta=a\cos(\omega t+\alpha)$, $\omega=(g/l)^{1/2}$. 静的な項 mg を以下では別にして $\langle S \rangle=mga^2/4=E/2l$ (E は振動子のエネルギー).他方,系の H は (11.11) で表わされ,$\langle -\partial H/\partial l \rangle=$

$\langle m\omega(-d\omega/dl)q^2\rangle = E/2l$. (2) 糸を $|dl|$ ちぢめる際に外部のなす仕事は $-(E/2l)dl$ で, これが dE にひとしい. この微分式は $El^{1/2}=$ 一定 と積分され, 位相体積 $2\pi E/\omega$ は不変になる.

III. 6 運動方程式の和と差から $q_1\pm q_2$ が基準座標, $(\omega_0^2\pm\kappa/m)^{1/2}$ が基準振動数である(複号同順). 基準座標を $Q_1, Q_2 = (q_1\pm q_2)/\sqrt{2}$ にとると, 面積要素の拡大率に相当するヤコビアン:

$$\frac{\partial(Q_1, Q_2)}{\partial(q_1, q_2)} = \begin{vmatrix} \partial Q_1/\partial q_1 & \partial Q_1/\partial q_2 \\ \partial Q_2/\partial q_1 & \partial Q_2/\partial q_2 \end{vmatrix} = \begin{vmatrix} 1/\sqrt{2} & 1/\sqrt{2} \\ 1/\sqrt{2} & -1/\sqrt{2} \end{vmatrix}$$

の絶対値 1 から $dQ_1 dQ_2 = dq_1 dq_2$. また Q_1, Q_2 にそれぞれ共役な運動量 P_1, P_2 は $(p_1\pm p_2)/\sqrt{2}$ であり, $dP_1 dP_2 = dp_1 dp_2$. ($Q_1\neq 0$, $Q_2=0$ では $q_1=q_2$, また $Q_1=0$, $Q_2\neq 0$ では $q_1=-q_2$. したがって Q_1 は位相の合った振動, Q_2 は位相が逆の振動である.)

IV. 2 系 B の高い準位を占める分子数を N_1 とすると $E_B=N_1\varepsilon$. 微視状態数 W_B は (18.2) で与えられ, これは E_B だけの関数. だから N_1 は (17.8) から求まる.

IV. 3 (2) $G_i\to 1$ の (19.6) に $N_i=N_i^0+\Delta N_i$ を代入, $\ln N_i=\ln N_i^0+\ln(1+\Delta N_i/N_i^0)$ を $\Delta N_i/N_i^0$ で展開. $E, N=$ 一定 を考慮せよ.

IV. 4 $\langle r^2\rangle=3/2b$, $\langle(\sum \boldsymbol{r}_i)^2\rangle=Nl^2$ $\therefore b=3/(2Nl^2)$. '4 次モーメント' $\langle(\sum \boldsymbol{r}_i)^4\rangle=(Nl^2)^2+2N(N-1)(l^4/3)$. ここで $N(N-1)$ は $N\gg 1$ では N^2 でおきかえられる. 他方, Gauss 分布では

$$\langle r^n\rangle = \int_0^\infty r^n w(r) 4\pi r^2 dr = (b/\pi)^{3/2}\int_0^\infty r^n e^{-br^2} 4\pi r^2 dr$$
$$= (2/\pi^{1/2})(1/b)^{n/2}\int_0^\infty e^{-x} x^{(n+1)/2} dx.$$

ここで $br^2=x$. 最後の積分はガンマ関数 $\Gamma(s)=\int_0^\infty e^{-x} x^{s-1} dx$ であり, 漸化式 $\Gamma(s+1)=s\Gamma(s)$ を使って $\Gamma(1)=1$ か $\Gamma(1/2)=\sqrt{\pi}$ に帰着される. $\Gamma(7/2)=15\sqrt{\pi}/8$ より $\langle r^4\rangle=15/(4b^2)$.

IV. 5 問題 IV. 4 より $\Delta S = -kbr^2$. S の減少は F の増加 $\Delta F = kTbr^2$ をもたらす。このモデルによるゴムの張力は 1 高分子あたり $\partial \Delta F/\partial r$.

V. 1 $g_1/g_0 = \eta$, $\varepsilon/kT = x$ と置くと $C_V = Nk\eta x^2 e^{-x}/(1+\eta e^{-x})^2$. C_V/Nk は低温側で $\eta x^2 e^{-x}$, 高温側で $\eta x^2/(1+\eta)^2$ となる. $\eta = 1, 7/3, 3, 5, 9$ に対する C_V の山はこの順で $x_m = 2.4, 2.7, 2.8, 3.1, 3.5$ に出てくることが電卓で簡単に見つかる. 山の位置での $C_V/Nk = (x_m/2)^2 - 1$.

V. 3 Z_v の式は (21.4): $Z = 1/[2 \sinh (h\nu/2kT)]$ の展開である.

V. 4 (2) 核スピンの状態数を考えるとパラ, オルソの生成確率は $Z_p/(Z_p+3Z_o)$, $3Z_o/(Z_p+3Z_o)$. (3) 触媒下の水素 (平衡水素) の $F = -NkT \ln (Z_p+3Z_o)$, ふつうの水素の $F = -NkT[(1/4) \ln Z_p + (3/4) \ln (3Z_o)]$. (4) 低温の比熱の違いをみるのに 2 準位を考える略解 V. 1 が役立つ. 平衡水素の $\varepsilon = 2B$, $\eta = 9$; パラの $\varepsilon = 6B$, $\eta = 5$; オルソの $\varepsilon = 10B$, $\eta = 7/3$ ($B = \hbar^2/2I = 86k$). 比熱の山がパラ, 平衡水素には V. 1 の x_m の近くに出るが, オルソとふつうの水素には出てこない. (水素の測定比熱に山が出ないのはパズルだった. パラ, オルソ水素の発見はプロトンがスピン 1/2 の F-D 粒子だという発見でもあった.)

V. 5 (1) $Z = x^{-J}(1-x^{2J+1})/(1-x)$, ここで $\exp(g\mu_B \mathcal{H}/kT) = x$.
(2) $\langle m \rangle = \sum_{m=-J}^{J} m x^m / \sum_{m=-J}^{J} x^m = x \partial \ln Z/\partial x$. ($F$ は略解 I.5 の $F(\mathcal{H})$ に相当する.)

VI. 1 $p = $ 一定における dT, および $T = $ 一定における dp による $L = T(S_g - S_l)$ の変化を考慮し, dp を (26.3) によって dT であらわす. (M4) を考え dT で割る.

VI. 2 C_g^* の式は (5.19) に (M4) と (26.3) をつかうと得られる. VI. 1 の式 (ΔV を V_g で近似) を考えると $C_g^* = (C_p)_l - (L/T) + dL/dT$ が得られる. $T = 373$ K, $L = 539$ cal/g として $C_g^* = 1.01 - 1.44 -$

$0.64 = -1.07$ cal/g·deg. 断熱膨張の問題：2相共存曲線に沿う微分 $dS_g/dV = (dS_g/dT)/(dV_g/dT)$ で，右辺の分母は常に負である（198ページの図）．もし分子が正なら共存曲線に沿う膨張は発熱過程で，断熱膨張により蒸気は温度が上昇し不飽和になる．逆に分子が負ならば，断熱膨張で飽和蒸気は温度が下降し過冷却になる．（共存曲線をよぎっても液体形成の核がなければ飽和蒸気は準安定である．高速粒子のつくる飽和水蒸気の電離が核となり，断熱膨張で飛跡に水滴が生じる．これは Wilson の霧箱の原理である．）

VI. 3 2相が共存している系の S と V の微小変化の式は形式的に

$$dS = \Delta S dx + x d(\Delta S) + dS_2, \quad \Delta S = S_1 - S_2, \qquad (A)$$
$$dV = \Delta V dx + x d(\Delta V) + dV_2, \quad \Delta V = V_1 - V_2. \qquad (B)$$

(B) の $dV=0$ をつかって (A) の dx を消去する．結果の式を dT で割ると，左辺は $(\partial S/\partial T)_V$ であり，右辺にあらわれる微分は $d(\Delta S)/dT$ などの共存曲線に沿う微分だけである．$(\partial V/\partial p)_S$ は S と V の役割を交換して同様に得られ，右辺は $d(\Delta S)/dp$ などの共存曲線に沿う微分だけを含む．温度微分と圧力微分は $dp = (dp/dT)dT$ で関係づけられる．(26.3), (26.4) をつかう．

VI. 4 各分子の Z の計算で，回転部分は古典的な (21.11) を使い，H_2, D_2 分子では対称数2で割る（問題 V.4）．振動部分は最低準位だけを考慮する．これは水素分子の $h\nu/k$ が 10^3 K のオーダーであることによる（最近は °K を K と書くようになった）．各分子の振動数 ν は換算質量 (21.15) の平方根に反比例する．

VI. 5 $G = H - TS$ の H は C_p の積分で，また S は C_p/T の積分で表わされる．積分定数 H_0 を E_0 で近似した．

VI. 6 $Z = (2J+1)[1+(g\mu_B \mathscr{H}_i/kT)^2 J(J+1)/6]$．近似 $\ln(1+x) \fallingdotseq x$ により $S/Nk = \ln(2J+1) - [J(J+1)/6](g\mu_B \mathscr{H}_i/kT)^2$．

VI. 7 $T=$ 一定 で $dG = Vdp$ を積分．液相では $V_l =$ 一定 とし，気

相では V_g を RT/p で近似.（小さな液滴につりあう蒸気圧は飽和蒸気圧より高い.このため蒸気は小滴から液体の方へ移っていく.一般に,系のサイズが小さくなると,サイズの3乗に比例する体積効果に対して2乗に比例する表面効果がきいてくる.表面エネルギーのために,小さな液滴は不安定になる.)

VII.1 放射エネルギー流は $(31.9) \times (c/4V)$.（1）太陽の放射流は半径 R の球面上では $\sigma T_\odot^4 (R_\odot/R)^2$, 実測値 $= 1.40 \times 10^6$ erg/cm² sec. $T_\odot \fallingdotseq 5800$ K.（2）地球（半径 $R_\oplus$）での輻射のバランスは
$$4\pi R_\oplus^2 \sigma T_\oplus^4 = \pi R_\oplus^2 \sigma T_\odot^4 (R_\odot/R)^2.$$
$T_\oplus \fallingdotseq 280$ K.（3）輻射分布 E_ν のピーク（154ページ）での波長は $\lambda T = 0.51$ をみたす.（波長に対する分布 E_λ のピークは $\lambda_{\max} T = 0.290$ に出る.分布 E_λ は $E_\lambda d\lambda = E_\nu |d\nu|$ から求まる.$\lambda_{\max}$ が T に反比例して短波長へ移動するのを Wien の変位則という.)

VII.3（3）一般的に α は (5.18) によって $(\partial p/\partial T)_V$ の計算になる.

VII.4 問題 VII.3(1) の F で,右辺第2項は (32.9) と同じように書ける:$9NkT(T/\Theta_D)^3 \int_0^{\Theta_D/T} \ln(1-e^{-x}) x^2 dx \approx NkT[3\ln(\Theta_D/T)-1]$. 近似 $e^{-x} \fallingdotseq 1-x$ で積分した.(26.7) は $\mu_s = -\chi - kT[3\ln(T/\Theta_D)+1]$ に,(26.9) は同式の Θ^3 を $\Theta_D{}^3/e$ で置きかえたものにかわる.（χ をエンタルピー差（原子あたり）で書きかえると (26.5) の形になる:$L/N \approx \chi - kT/2$.)

VII.5 Fermi 準位における運動量 $p_F \sim (MZ/Am_H)^{1/3} h/R$ から
$$E_K \sim (h^2/m)(Z/Am_H)^{5/3} M^{5/3}/R^2.$$
星の半径は $E_K + E_G = $ 最小 からきまる:
$$R \sim (Z/Am_H)^{5/3}(h^2/Gm) M^{-1/3}.$$
（M の増大につれ p_F は $M^{2/3}$ にしたがって増大し,$p_F > mc$ で電子は相対論的エネルギー $\varepsilon = cp$ に移る ((31.2) 式).この極限で
$$E_K \sim hc(Z/Am_H)^{4/3} M^{4/3}/R.$$
そこで E_K は E_G と同じ R-依存性を示し,$E_K < |E_G|$ では星がつ

問題の略解と解説

ぶれてしまう．重力崩壊のおこる臨界質量は
$$M_c \sim (Z/Am_H)^2(hc/G)^{3/2}.$$
$A/Z=2$ での右辺は $7.3M_\odot$ となるが，正確には Chandrasekhar の $M_c=1.44M_\odot$．ここで $M_\odot=2\times10^{33}$ g は太陽の質量．)

VII.6 不純物準位に上向きスピンの電子 n_1 個をくばる方法の数，残りの $N-n_1$ 個の準位に下向きスピンの電子 n_2 個をくばる方法の数の積が微視状態数である．(30.7)に相当する式は $\ln[(N-n_1-n_2)/n_1]-\alpha-\beta\varepsilon=0$ など．

VII.7 伝導電子は濃度(単位体積内の数)が小さいので分布は M–B になる(低温で $\varepsilon_d<\mu<\varepsilon_c$，温度の上昇につれ μ は低下していき ε_d をよぎる)：$f(\varepsilon)\simeq\exp[-(\varepsilon-\mu)/kT]$．エネルギー原点の移動 $\varepsilon\to\varepsilon+\varepsilon_c$ により
$$[e^-] = e^{-(\varepsilon_c-\mu)/kT}\int_0^\infty e^{-\varepsilon/kT}g(\varepsilon)d\varepsilon.$$
積分は $V\to1$, $m\to m_e$ の (21.1)×2 になる．問題 VII.6 より $[d^+]/[d]=(1/2)\exp[(\varepsilon_d-\mu)/kT]$．

VIII.1 $\langle E\rangle = \sum_r E_r\exp(-\beta E_r)/\sum_r\exp(-\beta E_r) = -Z^{-1}\partial Z/\partial\beta$,
$\langle E^2\rangle = \sum_r E_r^2\exp(-\beta E_r)/\sum_r\exp(-\beta E_r) = Z^{-1}\partial^2 Z/\partial\beta^2$,
$C_V = \partial\langle E\rangle/\partial T = -k\beta^2\partial\langle E\rangle/\partial\beta = k\beta^2\partial^2\ln Z/\partial\beta^2$.

VIII.3 §24 の取り扱いで，系 Σ の粒子数変化 ΔN による環境系 Σ_0 のエントロピー変化 $\mu_0\Delta N/T_0$ を(24.2)に加える．このとき(24.4)は $\Delta E-T_0\Delta S-\mu_0\Delta N<-\int_A^B pdV$ にかわる．$T, V, \mu=$ 一定 では $T_0=T$, $\mu_0=\mu$ であるので，不等式は $\Delta(E-TS-N\mu)=\Delta(-pV)<0$ となる．

VIII.4 (25.9)で $\sum_i\mu_i dN_i = d(\sum N_i\mu_i) - \sum N_i d\mu_i = dG - \sum N_i d\mu_i$．

VIII.5 題意により表面系では $d\gamma+n_1 d\mu_1+n_2 d\mu_2=0$(添字 1 は溶媒を指示)．これに溶液内部の式 $n_1^0 d\mu_1+n_2^0 d\mu_2=0$ をつかい $d\mu_1$ を消去．希薄溶液では $n_1/n_1^0\simeq 1$．(溶質が表面に集まりやすい溶

液の表面張力は純粋溶媒より減少し, 逆の場合には増大する.)

VIII. 7 ある不純物準位に関する大きな状態和は, スピンの違う電子が独立な場合は $(1+y_1)(1+y_2)$ だが, どちらかだけしか占められない場合には $(1+y_1+y_2)$ となる. y_1, y_2 はスピンを区別した電子の y パラメターである.

IX. 1 (1) VdW 状態方程式から膨張率 $\alpha=RV^2(V-b)/[RTV^3-2a(V-b)^2]$, 圧縮率 $\kappa_T=(V-b)a/R$. これらを問題 I. 4 (1) に代入. (3) $\alpha T=1$ から $RTbV^2=2a(V-b)^2$. この式を利用して状態方程式の V を消去する. (40.6) をつかう.

IX. 2 圧力 p の Taylor 展開では (40.5) を考慮して, $(T-T_c)^m$, $(V-V_c)^n$, これらの積の初項を取り上げる. $\partial p/\partial V=\gamma(T_c-T)-(\beta/2)(V-V_c)^2$ は $T>T_c$ では負であるので, $\beta>0$, $\gamma>0$. 他方, $\alpha>0$ は (5.18) により正の膨張率を仮定している. これは普遍的な法則ではないが, $T>T_c$ の経験事実に合っている. $T<T_c$ における流体: 図 IX. 4 を参照して, 気液の平衡条件 (40.3) に $Vdp=d(pV)-pdV$ をつかう. 展開式を代入して積分し, 液体 (体積 V_1) と気体 (体積 V_3) がつりあう圧力を $p_0=p_c-\alpha(T_c-T)$ と置けば,
$$(V_1+V_3-2V_c)[(\gamma/2)(T_c-T)-(\beta/24)\{(V_1-V_c)^2+(V_3-V_c)^2\}] = 0. \qquad (A)$$
もし V_1, V_3 での圧力が上の p_0 であるなら, p の展開式は $\gamma(T_c-T)(V-V_c)-(\beta/6)(V-V_c)^3=0$ となる. この式の 2 根で (A) をみたすのが V_3 と V_1 である. $(V_3-V_1\propto(T_c-T)^\beta$ における指数 $\beta=1/2$ を臨界指数という. 合金や磁性体スピンの秩序パラメターも転移点の近くで同じ指数をもち (225, 250 ページ), 流体の臨界現象は格子上の 2 次相転移と相似である. 実験による流体の臨界指数 β は 1/3 の近くにあった. 最近発展した 2 次相転移の理論でも, 3 次元格子での臨界指数 β は 1/3 に近い.)

IX. 3 (4) 最初の式は (36.13) に, 次の式は (36.10) に相当する.

問題の略解と解説   291

$\exp(V\sum_l b_l z^l) = \sum_M (V\sum_l b_l z^l)^M/M! = \sum \prod_l (V b_l z^l)^{m_l}/m_l!$. 最後の式の総和はあらゆる $m_l = 0, 1, 2, \cdots$ についてとられ，$\sum_l l m_l = N$ をみたす項をまとめると $z^N \Omega_N$ になる.

IX. 5 (1) 積分を $\left(\int_0^1 + \int_1^\infty\right)[e^{-h\phi}-1]du = I_1 + I_2$ とわける. I_1 では $u<1$ だから，$\phi = e^{-u}/u \fallingdotseq (1-u)/u$ と展開できる. 変数変換 $h/u = x$ のあと部分積分により

$$I_1 \simeq -he^h \int_h^\infty (e^{-x}/x)dx \sim h\ln h.$$

I_2 の積分 $(u>1)$ の中味は $h\phi$ のベキ級数で展開され，対数項は出てこない. (2) 正・負イオン対の $\mu = 2kT(\ln n_0 - h)$ により $d\mu$ から dh に移る. $n_0 \propto \kappa^2$，$h \propto \kappa$ より $n_0 \propto h^2$. $\therefore d\mu = 2kT(2-h)dh/h$.

X. 1 格子位置の原子を n 個えらぶ方法，これらを格子間位置に置く方法の数から S を求める. 自由エネルギー $F = n\chi - TS$ の極小条件は $n^2 = (N-n)(N_0-n)\exp(-\chi/kT)$.

X. 2 (1) 相互作用エネルギーは $\Delta E = Nz\chi_{AA}x/2$，また配置のエントロピーは $\Delta S/k = N_0 \ln N_0 - N \ln N - (N_0-N)\ln(N_0-N)$. N を1個増すと，ΔE は $z\chi_{AA}x$ だけ，ΔS は $k\ln[(1-x)/x]$ だけ変わる. (3) 気体分子の μ は (28.5) から $kT\ln p +$ (温度だけの関数) と求まる. この μ がパラジウム内プロトンの μ (問題(1)の μ_A における下添字 A を H で置きかえる) の2倍とつりあう. ($\chi_{HH}<0$ の場合，$\partial p/\partial x = 0$ をみたす2根が px 等温線上，$x=1/2$ の両側に現われる. 左側の山，右側の谷は温度が高くなるにつれて近づき，$T_c = z(-\chi_{HH})/4k$ で消える. パラジウムは水素を顕著に吸収する物質である. 上の近似理論に応じて，水素吸収の px 等温線は水平部分をもち，臨界点は 570 K，20気圧の近くにある.)

X. 3 (1) $\omega_i = [z/(z-1)][(z-1)/N_0]^{M-1}[N_0-(i-1)M]^M$ から，

$$\ln \prod_{i=1}^{N_2} \omega_i = N_2 \ln \frac{z}{z-1} + N_2(M-1)\ln\frac{z-1}{N_0} + M\sum_{i=0}^{N_2-1}\ln(N_0-Mi).$$

和を積分で置きかえると右辺第 3 項は

$$\simeq \int_0^{N_2} \ln(N_0 - Mx) M dx = N_0 \ln N_0 - N_1 \ln N_1 - (N_0 - N_1).$$

$N_0 = N_1 + MN_2$ を代入し $\ln \Omega(N_1, N_2) - \ln \Omega(0, N_2)$ を計算.

X.4 溶媒の化学ポテンシャル μ_1 が純粋溶媒の μ_1^0 から $\Delta\mu_1$ だけずれると,純粋溶媒とのつりあいは $\mu_1^0(T, p) + \Delta\mu_1 = \mu_1^0(T, p^0)$. ここで $\mu_1^0(T, p) - \mu_1^0(T, p^0) \fallingdotseq (p - p^0) V/N$. (44.9) の $\Delta\mu_1$ をつかう.

XI.1 熱力学体系の $C_V > 0$, $\kappa_T > 0$ (231, 235 ページ) が出発点である.

XI.4 (47.3) で p を x, $1 - p$ を y と置くと $\sum w_n$ は $\phi(x, y) = (x + y)^N$ となる. そして, $\sum n w_n = x \partial\phi/\partial x|_{x=p, y=1-p}$, $\sum n^2 w_n = x \partial/\partial x (x \partial\phi/\partial x)|_{x=p, y=1-p}$. Poisson 分布の $\langle n^2 \rangle = \langle n \rangle^2 + \langle n \rangle$.

XI.6 F が最小になる $M(\boldsymbol{r})$ では, $M(\boldsymbol{r})$ の微小変化 $\delta M(\boldsymbol{r})$ に対して

$$\delta F = 2 \int [AM\delta M + B(\nabla M \cdot \nabla \delta M)] dV = 0.$$

部分積分により $\int \delta M [AM - B\nabla^2 M] dV = 0$. これから $B \nabla^2 M = AM$. この式の球対称な解は (41.10) であり, $\kappa = (A/B)^{1/2}$. ここで (50.3), (50.20) から $A \propto (T - T_c)$.

XI.7 χ は (50.24) に比例する. 格子和を積分で置きかえると,

$$\langle (\Delta M)^2 \rangle \propto \int_0^\infty r^{-1/4} e^{-r/\xi} 2\pi r dr/v_0,$$

$v_0 =$ 単位細胞の '体積'. 積分は $\xi^{7/4}$ に比例し, $\chi \sim (T - T_c)^{-7/4}$. (指数 7/4 は臨界指数 γ であり, 2 次元系では平均場近似の $\gamma = 1$ から大きくずれる. 3 次元系の正確な γ は 4/3 に近い. 秩序パラメターの臨界指数も 2 次元系が平均場近似の 1/2 から最もずれる: $\beta = 1/8$.)

XI.8 (1) $\exp(K\sigma_i \sigma_{i+1})$ を K のベキ級数に展開し $(\sigma_i \sigma_{i+1})^2 = 1$ をつかう. (2) $(c + s\sigma_{i-1}\sigma_i)(c + s\sigma_i \sigma_{i+1})$ を $\sigma_i = \pm 1$ について加えた結果は $2(c^2 + s^2 \sigma_{i-1}\sigma_{i+1})$ となる. この操作をつぎつぎに実行する.

XII.2 $i \leq 2$ の場合の不等式(51.35)がなりたつ条件を考えよ.

XII.4 スピン系のエントロピー変化速度 $dS/dt = -(C/T\tau)\varDelta T$ で,

左辺 $= i\omega[(\partial S/\partial M)_{\mathscr{H}}\varDelta M + (\partial S/\partial \mathscr{H})_M \varDelta \mathscr{H}]$,

右辺 $= -(C/T\tau)[(\partial T/\partial M)_{\mathscr{H}}\varDelta M + (\partial T/\partial \mathscr{H})_M \varDelta \mathscr{H}]$.

これから $\varDelta M/\varDelta \mathscr{H}$ が得られる. $\omega\tau \ll 1$ の場合の $\varDelta M/\varDelta \mathscr{H}$ は右辺$=0$ に相当し等温磁化率 $(\partial M/\partial \mathscr{H})_T$ になる. 他方, $\omega\tau \gg 1$ の $\varDelta M/\varDelta \mathscr{H}$ は 左辺$=0$ に相当し断熱磁化率 $(\partial M/\partial \mathscr{H})_S$ になる. (熱伝導が振動に追随できなくなると等温過程から断熱過程に移る. 空気中の音速(6.13)が断熱圧縮率できまるのも同じ理由による.)

XII.6 (1) $x=2n/N$ を代入した(18.9)で, N はステップの総数 t/τ に, $2n$ は $+$ 向きと $-$ 向きステップ数の差 x/l に対応. 同じ対応で, $w(2n/N)d(2n/N) = w(x,t)dx$. (4) $\langle \dot{x}(t')\dot{x}(t'') \rangle = A(t', t'')$ と置く. $\int_0^t \int_0^t A(t', t'') dt' dt''$ への積分域 $t'' > t'$, $t'' < t'$ からの寄与はひとしい. $t'' > t'$ の積分で, $t'' = t' + s$ により積分変数を t'' から s に変え ($0 < s < t$), まず t' で積分する ($0 < t' < t-s$). $A(t', t'') = A(s)$ を使うと $\langle x^2(t) \rangle = 2\int_0^t A(s)(t-s) ds$. 相関時間 $\tau_c \ll t$ では, $t-s$ を t で近似, ∞ まで積分してよい. $A(s) = \langle \dot{x}^2 \rangle \exp(-s/\tau_c)$ では $D = \langle v^2 \rangle \tau_c/3$ となり, これは問題II.6の $D = \langle v \rangle l/3$ に対応する結果である. (輸送係数を時間相関関数で表わす一連の式を久保公式という.)

参　考　書

　初・中級コースに適当な本には＊印をつける．古典も紹介し，歴史的事項を補足する．

原島鮮：熱力学・統計力学(培風館)＊

久保・市村・碓井・橋爪：熱学・統計力学(裳華房)＊

戸田盛和：熱・統計力学(岩波書店)＊

小林・中山訳：ライフ 統計物理学の基礎，上，下(吉岡書店)＊

山下・福地訳：キッテル 熱物理学(丸善)＊

A. Sommerfeld: *Thermodynamics and Statistical Mechanics* (Academic Press)＊

J. E. Mayer and M. G. Mayer: *Statistical Mechanics* (Wiley)＊

G. H. Wannier: *Statistical Physics* (Dover)＊

R. P. Feynman: *Statistical Mechanics—A Set of Lectures* (Benjamin)

　研究所における講義のノートを編集．経路積分など多体系の取り扱いを明快に語る．

L. D. Landau and E. M. Lifshitz: *Statistical Physics, Part 1* (Pergamon)

　この有名な教科書は2冊本に膨張した．次の Part 2 とともに最近の成果を網羅する．

碓井恒丸訳：リフシッツ/ピタエフスキー 量子統計物理学(岩波書店)

R. H. Fowler and E. A. Guggenheim: *Statistical Thermodynamics* (Cambridge U. P.)

R. H. Fowler: *Statistical Mechanics* (Cambridge U. P.)

　1936年版(約850ページ)が普及版の形で最近復刊された．この書物では平衡分布を複素積分の方法でみちびく(Darwin-Fowler

の方法).Fowler は縮退した電子気体の状態方程式が白色倭星で重要なことを指摘し,天体物理学の新しい局面を開いた.

L. Boltzmann: *Lectures on Gas Theory* (University of California P.)

この本(独語版 1896-98)で,Boltzmann は H 定理(気体分子の衝突によって $H=\iint f(r, v) \ln f(r, v) dr dv$ は減少できるだけだということ)から分布 f の平衡形をみちびき,熱力学第2法則を確率法則だと論じた.同じ趣旨の論文(1877)で,彼は離散的なエネルギー $0, \varepsilon, 2\varepsilon, \cdots, p\varepsilon$ に分子をくばる問題を取り上げたが,非現実的だと考えた.この考案は Planck がエネルギー量子の道を開くのを容易にした.$S=k \ln W$ における自然定数 k の導入は Planck による.

J. W, Gibbs : *Elementary Principles in Statistical Mechanics —Developed with Special Reference to the Rational Foundation of Thermodynamics* (Dover)

この著作(1902)で Gibbs は,系の粒子群を考える Maxwell/Boltzmann に対して,系の集合を考える.この想像上の集合の時間的に定常な分布としてカノニカル分布をみちびき,熱力学の基本式とのつながりを示した.ミクロカノニカル,グランドカノニカル分布(集合)も出ている.実験より1自由度分大きい2原子分子気体の比熱など古典力学のパズルを避けて,系の力学的構造によらない形で統計力学を構築した.

* * *

中野・木村:相転移の統計熱力学(朝倉書店)

S. T. Ma: *Modern Theory of Critical Phenomena* (Benjamin)

転移点近傍での2次相転移の解明は,繰りこみ群(スケール変換)という技法によって70年代に発展し,他分野の研究にも大きな影響を与えた(たとえば次の本).テキストにある平均場近似が転

移の総体的な挙動をみる上で有効なことは変わらない.

久保亮五監修, 高野・中西訳: ドジャン 高分子の物理学――スケーリングを中心にして(吉岡書店)

米沢・渡部訳: ザイマン 乱れの物理学(丸善)

液体, アモルファスなど長距離秩序のない系の現代の諸問題を取り上げる.

E. M. Lifshitz and L. P. Pitaevskii: *Physical Kinetics* (Pergamon)

気体運動論からプラズマ, 固体内輸送現象までをカバーする新しい教科書.

N. Wax (ed.): *Selected Papers on Noise and Stochastic Processes* (Dover)

この中の S. Chandrasekhar の論文(1943)はテキスト(§55)の参考文献.

*　　　　*　　　　*

横田伊佐秋: 熱力学(岩波書店)*

山本・小田垣訳: キャレン 熱力学, 上, 下(吉岡書店)*

W. Schottky: *Thermodynamik* (Springer)

600ページの本(1929)であり, 少なくとも1回(1973)復刊された.

S. R. DeGroot and P. Mazur: *Non-Equilibrium Thermodynamics* (Dover)

M. Planck: *Thermodynamics* (Dover)

原書第7版(1922)の英訳. 第1版(1897)序文で熱力学の基本原理の力学的(統計的)解釈に否定的見解を表明した著者は, 第2版(1905)序文でそれを訂正する. 第3版(1910)序文で Nernst の熱定理(熱力学の第3法則)の重要性を指摘して第5版(1917)の本文に加え, その原子論的意味は量子仮説に見出されると同版の序文で述べた.

索 引

ページ数の右肩に*印をつけたものは問題の形であらわれたタームである

A

圧縮率
 断熱―― 22
 等温―― 22
Avogadro
 ――の規則 3
 ――の定数 31

B

ビリアル
 ――定理 75*
 ――展開 194
 第2――係数 194
 第3――係数 194
微視状態 67
 ――の数 78, 81
膨張率 3
Boltzmann
 ――因子 101
 ――の原理 83, 135
 ――の衝突方程式 267, 269
 ――定数 31
Bose-Einstein
 ――分布 147, 186
 ――凝縮 170
 ――統計 65
Boyle の法則 3
Bragg-Williams 近似 223
Brillouin 関数 120*
Brown 運動 49

分圧 114
分配関数→状態和
分子
 ――吹き出し 45
 ――気体 108
 ――の対称数 119*, 138

C

Carnot サイクル 14
Charles の法則 3
秩序パラメター 222
中性子の臨界磁気散乱 252
Clausius-Clapeyron の式 127, 220
Clausius の不等式 17
Curie
 ――の法則 249
 ――の定数 249
 ――温度 250
Curie-Weiss の法則 250

D

代表点 57
Dalton の法則 114
断熱 5
 ――変化 72
 ――可逆過程 11
 ――線 11
 ――消磁 139
 ――定理 72
Debye

――モデル　160
――の式　118
――温度　160
Debye-Hückel
　　――長さ　205
　　――の理論　208*
電解質溶液の理論　208*
電気伝導率　265
電気化学ポテンシャル　264
電離平衡　134
電離気体　201
電子気体　161
Dulong-Petit の法則　111, 161

E

Ehrenfest の式　229*
永久機関
　　第一種の――　5
　　第二種の――　17
Einstein
　　――モデル　111, 128
　　――の関係　282*
エネルギー
　　――状態密度　77
　　――準位　61
　　――等分配則　108
　　内部――　5, 30
エンタルピー　19
エントロピー　13, 24, 83, 180
　　――の生産速度　263
　　――の増加,最大性　85, 86
　　混合の――　111, 213, 227*
エルゴーディク　68, 119*
Euler-Maclaurin の総和公式　118*

F

Fermi-Dirac
　　――分布　145, 161, 186
　　――因子　163
　　――統計　65
Fermi 準位　162
フォノン気体　157
フォトン気体→光子気体
不確定性原理　60

G

外部座標　70
Γ 空間　58
Gauss 分布　39, 99*
Gibbs
　　――のエントロピー　180
　　――の自由エネルギー　20, 125
　　――のパラドクス　113
Gibbs-Duhem の関係　185, 188*
Grüneisen の近似　173*
グランド・カノニカル分布　183
凝縮
　　Bose-Einstein――　170
　　気体の――　198

H

配置
　　――状態和　116, 221
　　――空間　115
　　――座標　115
Hamilton
　　――方程式　55
　　――関数　55
反応熱　134
反転温度　196

平均変化
　粒子数の—— 278
平均自由行路　44, 53*
平衡
　——状態　1
　——定数　131, 142*
Helmholtzの自由エネルギー
　20, 100
非可逆過程　9, 85, 255
光の臨界散乱　237
比熱
　分子気体の——　108
　電子気体の——　166
　格子——　166
　Schottky——　118*
　単原子固体の——　111
　定圧——　6, 23
　定積——　6
開いた系　16
飽和蒸気　43, 126, 142*
表面張力　143*, 188*, 208*

I

易動度　50
Isingモデル　249
位相
　——平均　68
　——軌道　57
　——空間　57

J

磁化　246
　——率　246, 281*
　自発——　250
　強磁性体の——率　249
持続時間　279

蒸発熱　127, 142*
蒸発速度　42
蒸気圧　126
　固体の——　128
状態
　——変数　2
　——方程式　4
　——密度　77
　——量　5
状態和　100
　大きな——　183
Joule過程　9
Joule熱　263
Joule-Thomson過程　10, 195
準静的過程　7

K

化学平衡　130
化学ポテンシャル　123
　電気——　264
　理想気体の——　126
化学定数　137
可逆過程　9
　断熱——　11
　等温——　11
可逆性
　——と非可逆性　279
　微視的な——　148, 276
　力学的な——　276
解離エネルギー　130
解離熱　133
回転子　63, 106
拡散　281*
　——方程式　282*
　——定数　53*
環境系　121

カノニカル分布　177, 230
カノニカル集合　177
緩和時間　255, 271, 281*
結合系　16
基準振動　76*, 110, 172*
Kirchhoff の法則　157
気体定数　3
気体運動論　28
Knudsen の関係　258
黒体輻射　156
混合　111
　気体の——　111
恒温槽　175
高温展開　213
光子気体　152
古典
　——分布　102, 115
　——的な近似　102
　——統計　102
局所平衡の仮定　269
共役な関係　19

L

Lagrange の未定乗数法　95
Langevin 関数　117, 120*
Liouville の定理　58, 75*
Loschmidt のパラドクス　279

M

Maxwell
　——の関係　21
　——の規則　200
　——の速度分布　36
Maxwell-Boltzmann
　——分布　96
　——統計　66, 151
　補正された——統計　66
ミクロ・カノニカル集合　68, 180
μ 空間　58

N

内部磁場　249
内部摩擦　45
粘性率　46
熱
　——伝導率　48, 265, 273
　——電気効果　263
　——電能　266
　——輻射　152
　——平衡　2
　——起電力　266
　——の仕事当量　6, 7
　——量　5
　——雑音　242
熱力学
　——の第零法則　2
　——の第一法則　5
　——の第二法則　12
　——の第三法則　135
　——的な力　71
　——的な温度　14
　——的な特性関数　21
2 相分離　215
2 相平衡　126
2 体密度　245

O

Ohm の法則　265
温度　2
　経験——　3
　気体温度計の——　3
　絶対——　14

索　引

Onsager
　——の相反関係　257
　——の相反定理　262, 274
オルソ水素　119*

P

パラ水素　119*
Pauli の禁制原理　65
Peltier 係数　266, 274
Peltier 熱　266
Planck
　——の輻射公式　154
　——の定数　61
Poincaré の再帰定理　279
Poisson 分布　238, 277
Poisson の式　11
p-V 線図　7

R

Raoult の法則　218
Richardson 効果　167
臨界
　——圧力　201
　——温度　201
　——点　198, 200
　——溶体　219
理想系　71, 92
理想気体　4, 28, 104, 181, 185
量子
　——状態　60
　——気体　144
　——統計　102

S

Sackur-Tetrode の式　104, 136
Saha の式　134

再帰時間　279
正準共役　56
遷移確率　277
　——速度　259
　条件つき——　277
接触電位差　265
仕事関数　167
示強性　18
振動子　58, 62, 105
浸透圧　229*
示量性　18
質量作用の法則　131
詳細なつりあい　35, 94, 148, 261
衝突　34
　——方程式　269
　——時間　275
　——回数　43, 148
縮退　64
　——した電子気体　163
　——した気体　144
相　126
　——平衡　126
　——律　188*
　——転移　189, 254*
　1次の——転移　226
　2次の——転移　226
相関　244, 248
　——関数　244
　時間的な——関数　275
　密度の——　242
速度
　——分布　32
　——分布函数　33
　——空間　33
双極子分子　115, 116
双極子気体の誘電率　115

相応状態の原理　206*
Stefan-Boltzmann の法則　156
Stirling の公式　80
スピン　63

T

転移
　——温度　221
　合金の秩序-無秩序——　221
Thomson　14
　——熱　267
　——の第1の関係　267
　——の第2の関係　267
閉じた系　16
等確率の原理　67
逃散能　206*

U

運動量　55
　——空間　77, 115
　——の量子化　62
　角——　55, 64

V

Van der Waals
　——気体　197
　——の状態方程式　197
　——等温線　199
Van't Hoff の式　133

W

Weiss 近似　251

Wiedemann-Franz の法則　274

Y

溶液　219
　電解質——　208*
　希薄——　219
　希薄——の沸点上昇　221
　正則——　219
溶体　209
　——のあらい理論　212
　——の蒸気圧　216
　理想——　218
融解曲線　128
融解熱　128
ゆらぎ　230
　電流の——　241
　エネルギーの——　230
　輻射場の——　242
　変化の——　278
　磁化の——　246
　密度の——　236
　温度の——　232
　粒子数の——　239, 278
　体積の——　232
輸送方程式　271
輸送係数　272

Z

Zermelo のパラドクス　279
絶対活動度　183

■岩波オンデマンドブックス■

物理テキストシリーズ 10
統計力学

1967 年 8 月 5 日	第 1 刷発行
1993 年 9 月 8 日	新装版第 1 刷発行
2010 年 5 月 6 日	第 11 刷発行
2019 年 1 月 10 日	オンデマンド版発行

著者　中村 伝 (なかむら つとう)

発行者　岡本 厚

発行所　株式会社 岩波書店
〒101-8002　東京都千代田区一ツ橋 2-5-5
電話案内　03-5210-4000
http://www.iwanami.co.jp/

印刷／製本・法令印刷

Ⓒ 中村洋 2019
ISBN 978-4-00-730848-2　　Printed in Japan